高等职业教育大数据工程技术系列教材

U0783966

Hadoop 大数据平台
搭建与应用

（工作手册式）

（微课版）

时东晓 李 强 主 编

孔宇彦 王 圆 彭之军 王月梅 张良均 副主编

電子工業出版社

Publishing House of Electronics Industry

北京·BEIJING

内 容 简 介

本书为高等职业教育计算机类新形态——工作手册式教材，内容包括基础环境的搭建与配置，Hadoop 完全分布式集群的搭建与运行，Hadoop 核心组件的应用案例，Hive 组件的安装、配置与应用，ZooKeeper 的安装、配置与应用，HBase 的安装、配置与应用，Sqoop 组件的安装、配置与应用，Flume 组件的安装、配置与应用，Kafka 的安装、配置与应用，Spark 的安装、配置与应用，广电大数据用户画像。本书采用项目式设计，以项目学习目标、任务描述、任务分析和任务实施作为立体化工作指南。本书由校企联合开发，融合了大数据平台运维的"1+X"技能考证、大数据运维工程师岗位证书考试等内容，从实用出发，通俗易懂，难度适宜，便于开展理论实践一体化、岗课赛证融通教学。本书配有电子教学课件、微课视频、项目素材（代码和数据等）和考试题库等数字资源。

本书可以作为高职院校大数据技术、软件技术、计算机应用技术等专业学生的课程教材，帮助学生系统学习专业技能；也可以作为准备参加职业技能大赛和职业技能等级证书考试学生的参考书，帮助学生提高需要掌握的基本技能；还可以作为有一定基础的在职技术人员的工作手册。

图书在版编目（CIP）数据

Hadoop 大数据平台搭建与应用：工作手册式：微课版 / 时东晓，李强主编. —北京：电子工业出版社，2023.8

高等职业教育大数据工程技术系列教材

ISBN 978-7-121-46144-6

Ⅰ. ①H… Ⅱ. ①时… ②李… Ⅲ. ①数据处理软件－高等职业教育－教材 Ⅳ. ①TP274

中国国家版本馆 CIP 数据核字（2023）第 153435 号

责任编辑：杨永毅
印　　刷：三河市君旺印务有限公司
装　　订：三河市君旺印务有限公司
出版发行：电子工业出版社
　　　　　北京市海淀区万寿路 173 信箱　　　　邮编：100036
开　　本：787×1 092　　1/16　　印张：17　　字数：457 千字
版　　次：2023 年 8 月第 1 版
印　　次：2025 年 6 月第 3 次印刷
印　　数：500 册　　定价：55.00 元

凡所购买电子工业出版社图书有缺损问题，请向购买书店调换。若书店售缺，请与本社发行部联系，联系及邮购电话：（010）88254888，88258888。

质量投诉请发邮件至 zlts@phei.com.cn，盗版侵权举报请发邮件至 dbqq@phei.com.cn。

本书咨询联系方式：（010）88254570，xujj@phei.com.cn。

前　言

大数据技术发展到今日，其应用已渗透到各行各业，大数据价值不断凸显，数据驱动决策和社会智能化程度大幅度提高，大数据产业迎来快速发展，大数据技术迎来大规模应用。

中国特色社会主义进入新时代，实现中华民族伟大复兴的中国梦开启新征程。党中央决定实施国家大数据战略，吹响了加快发展数字经济、建设数字中国的号角。党的二十大报告中指出："建设现代化产业体系"，并做出了"推动战略性新兴产业融合集群发展，构建新一代信息技术、人工智能、生物技术、新能源、新材料、高端装备、绿色环保等一批新的增长引擎"的战略部署，为我国构筑大数据时代国家综合竞争新优势指明了方向。

随着我国大数据战略谋篇布局的不断展开，国家高度重视并不断完善大数据政策支撑，大数据产业加速发展，大致经历了 4 个不同阶段（预热阶段、起步阶段、落地阶段和审核阶段），正逐步从数据大国向数据强国迈进。

随之带来新的问题之一是大数据人才需求量呈现指数级的暴增，相应的岗位要求也呈现了高、中、低复合型的需求模式。新时代对职业教育高质量发展提出了新要求，也给职业院校"三教"改革赋予了新内涵，其中，如何以服务的理念、系统的思维、科学的态度、务实的精神，规划设计出标本兼治的"三教"改革整体推进举措，是职业院校能否把握高质量发展新机遇、新挑战的关键。以"资源互通"为依据创新教材资源开发机制，激发教材资源开发活力，是职业院校解决教材资源开发机制不畅，内容与企业需求融合不足的必然要求。

本书以广州城市职业学院为主导单位，联合广东泰迪科技有限公司进行校企合作，采用新形态工作手册式方式，选用企业一线真实、有效的项目案例资源，融合大数据平台运维的"1+X"技能考证、大数据运维工程师岗位证书考试等内容，与广东省其他几所兄弟院校大数据技术专业一线教师共同编写。

另外，在本书编写过程中，特别是在搭建 Hadoop 生态平台组件的过程中，参考了许多其他相关教材和网上一些常见问题解决方案，吸收了许多专家的观点，但为了行文方便，不便一一注明。在此，特向在本书中引用和参考的已注明及未注明的教材、文章的作者表示诚挚的谢意。

本书由时东晓和李强担任主编，由孔宇彦、王圆、彭之军、王月梅和张良均担任副主编。本书得到广州城市职业学院教务处的鼓励和资助，在此深表谢意。

为了方便教师教学，本书配有电子教学课件、微课视频、项目素材等数字资源，请有此需要的教师登录华信教育资源网（www.hxedu.com.cn）注册后免费下载，如果有问题，可在网站的留言板中留言或与电子工业出版社联系（hxedu@phei.com.cn）。

虽然编者精心组织，细致编写，但是疏漏之处在所难免；同时由于编者水平有限，书中也存在诸多不足之处，恳请广大读者朋友们给予批评和指正，以便在今后的修订中不断改进。

编　者

目　录

基础环境的搭建与配置

项目介绍

Linux，全称为 GNU/Linux，是一套免费使用和自由传播的类 UNIX 操作系统，是一个基于 POSIX 的多用户、多任务、多线程和多 CPU 的操作系统。Linux 操作系统不仅系统性能稳定，而且是开源软件，其核心防火墙组件性能高效、配置简单，保证了系统的安全。

由于 Linux 操作系统在安全性、稳定性等方面的优秀表现，因此其在服务器领域扮演着十分重要的角色。更重要的是，因为 Linux 操作系统开放权限，让用户能自由地使用 Linux 操作系统，在命令运行错误时能根据错误提示找到原因，所以一般都将 Hadoop 环境部署在 Linux 操作系统上。

在 Linux 操作系统中，当今最受欢迎的主流免费操作系统当属 Ubuntu 和 CentOS。

Ubuntu 是一个以桌面应用为主的 Linux 操作系统；CentOS 是一款企业级 Linux 发行版，使用红帽企业级 Linux 操作系统中的免费源代码重新构建而成。对初学者来说，CentOS 更适合入门，编者经过一些比较和调研后，建议选择 CentOS 操作系统。

本项目的主要目标为提供一个搭建 Hadoop 大数据平台部署的基础环境的指南，由于本书主要面向应用型和职业教育类的学生，因此本项目将主要介绍在 Windows 操作系统上搭建 Hadoop 平台需要的 3 个节点的 CentOS 虚拟机环境、使用 SSH 工具连接虚拟机及配置 Hadoop 平台基础环境。

任务安排

任务 1.1　搭建虚拟机
任务 1.2　配置连接工具
任务 1.3　配置 Hadoop 平台基础环境

学习目标

（1）熟悉搭建与配置虚拟机的方法。
（2）熟悉使用 Xshell 和 Xftp 工具的方法。
（3）掌握配置 Hadoop 平台基础环境的操作。
（4）掌握配置 SSH 免密登录的操作。
（5）掌握安装与配置 JDK 的操作。

任务 1.1　搭建虚拟机

项目 1 任务 1.1 搭建虚拟机

🔵 任务描述

本书的任务是学习 Hadoop 完全分布式集群环境部署及其生态圈主要组件的安装配置和应用。在 Hadoop 环境中，所有的服务器节点仅分为两种角色，分别是 master（主节点，1 个）和 slave（从节点，多个）。因为当 Hadoop 集群数为 $2n+1$ 时容错性能是较好的，又考虑到大部分读者的计算机配置条件，所以编者取 $n=1$，集群数为 3 个节点，即集群架构包含 1 个主节点和 2 个从节点，节点基本信息如表 1-1 所示。其中，IP 地址请参考 1.1.3 节，根据本地实际情况设置。

表 1-1　集群节点信息

序　号	主　机　名	IP 地址
1	master	192.168.88.181
2	slave1	192.168.88.182
3	slave2	192.168.88.183

本任务将完成在 Windows 操作系统上搭建 Hadoop 完全分布式集群环境需要的 3 个节点的 CentOS 虚拟机。

🔵 任务分析

本任务要求读者计算机的基本配置为 Windows 7 及以上操作系统（64 位）、8GB 以上的内存、100GB 以上的可用磁盘。

本任务利用虚拟机软件先创建 master 节点的虚拟机，并进行基本的网络配置；在 master 节点的基础上克隆 slave1 节点和 slave2 节点，并进行相应的网络配置修改，以便 SSH 远程终端工具能够正常连接访问。

🔵 任务实施

1.1.1　安装虚拟机软件

虚拟机软件可以在计算机平台和终端用户之间建立一种环境，而终端用户基于这个软件所建立的环境来操作软件。常用虚拟机软件有 VirtualBox、VMware Workstation、Virtual PC 等，其中 VMware Workstation 是一款功能强大的桌面虚拟机软件，为用户提供在单一的桌面上同时运行不同操作系统的功能，以及进行开发、测试、部署新的应用程序的最佳解决方案。VMware Workstation 可以在一台实体机器上模拟完整的网络环境，其更好的灵活性与先进的技术胜过了市面上其他的虚拟机软件。

本任务选择 VMware Workstation Pro 16 作为虚拟机软件，读者可以从其官网下载。

双击虚拟机软件的软件包，如图 1-1 所示，开始安装。

VMware-workstation-full-16.1.0-17198959.exe	2022-11-7 16:59	应用程序

图 1-1　虚拟机软件的软件包

进入安装向导窗口后，单击"下一步"按钮，如图 1-2 所示。

在如图 1-3 所示的窗口中，勾选"我接受许可协议中的条款"复选框，并单击"下一步"按钮。

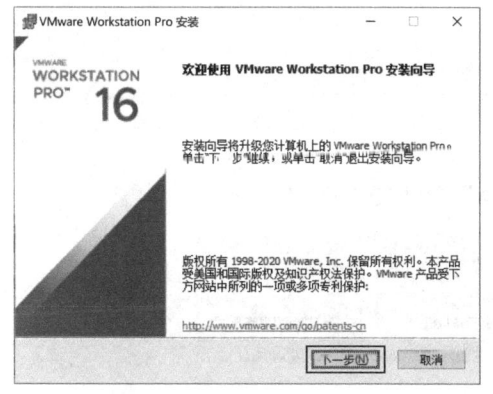

图 1-2　虚拟机软件安装过程 1

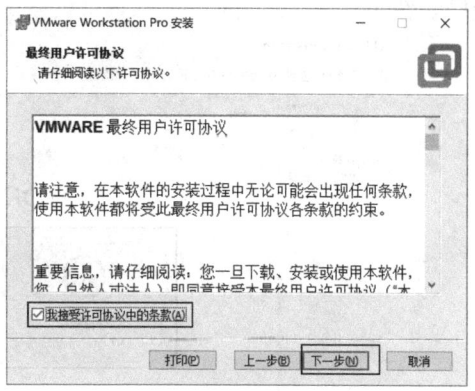

图 1-3　虚拟机软件安装过程 2

在如图 1-4 所示的窗口中，单击右上角的"更改..."按钮，设置软件安装的路径，建议安装在非系统盘下，具体路径由读者自行设置，如果采用默认目录安装，则可以直接单击"下一步"按钮。

在如图 1-5 所示的窗口中，将用户体验设置均取消，单击"下一步"按钮，在弹出的窗口中直接单击"下一步"按钮，在弹出的窗口中单击"安装"按钮，开始软件的安装过程。

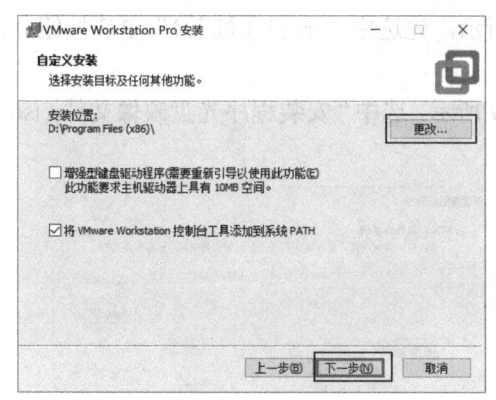

图 1-4　虚拟机软件安装过程 3

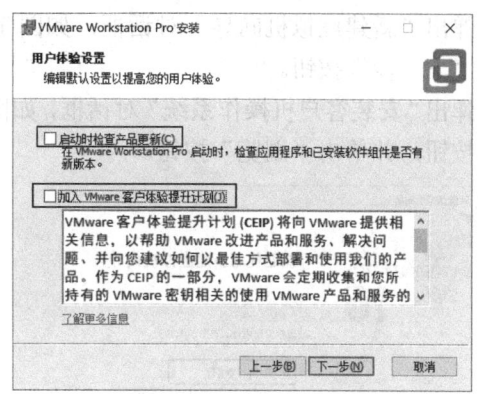

图 1-5　虚拟机软件安装过程 4

软件安装过程结束后，出现如图 1-6 所示的窗口，单击"完成"按钮完成软件的安装。

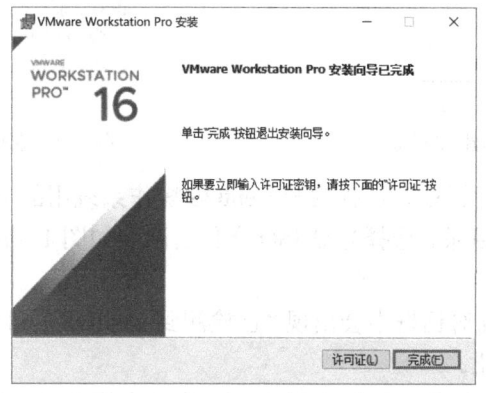

图 1-6　虚拟机软件安装过程 5

1.1.2　安装 master 节点虚拟机

在程序菜单中打开 VMware 16 虚拟机，弹出使用页面，如图 1-7 所示，选择"创建新的虚拟机"选项。

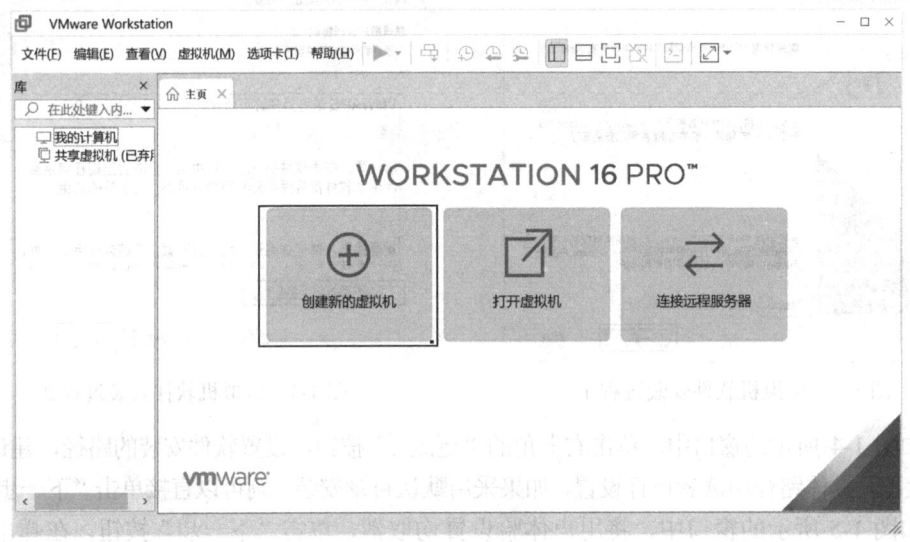

图 1-7　虚拟机创建过程 1

弹出"新建虚拟机向导"对话框，如图 1-8 所示，先选中"典型（推荐）"单选按钮，再单击"下一步"按钮。

弹出"安装客户机操作系统"对话框，如图 1-9 所示，选中"安装程序光盘映像文件（iso）"单选按钮，并单击"浏览"按钮。

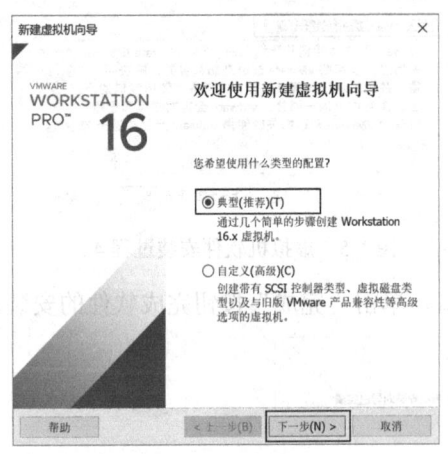

图 1-8　虚拟机创建过程 2

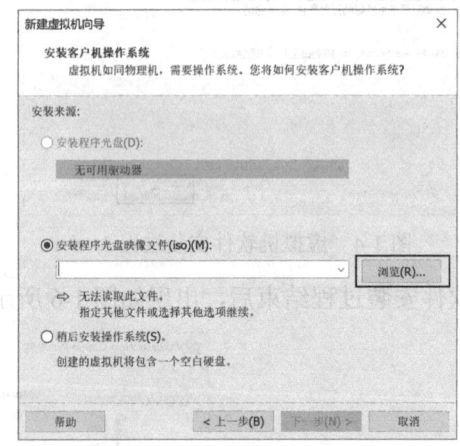

图 1-9　虚拟机创建过程 3

弹出选择光盘文件的对话框，选择安装 CentOS 操作系统用的 ISO 文件。如图 1-10 所示，打开光盘 ISO 文件所在的目录，选择光盘 ISO 文件后回到如图 1-9 所示的对话框中，单击"下一步"按钮。

如果光盘文件有效，则对话框中会出现"已检测到 CentOS 7 64 位。"提示信息，如图 1-11 所示，单击"下一步"按钮。

弹出"命名虚拟机"对话框，如图 1-12 所示，在"虚拟机名称"文本框中输入"master"，在"位置"文本框中输入 master 虚拟机文件要存储的目录。编者在本地 E 盘创建了一个\hadoop big data 目录，并在该目录下创建了 master、slave1 和 slave2 文件夹，此处选择 master 文件夹，单击"下一步"按钮。

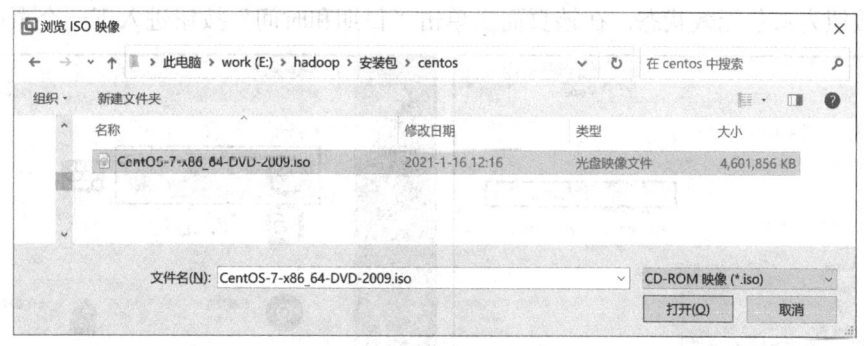

图 1-10　虚拟机创建过程 4

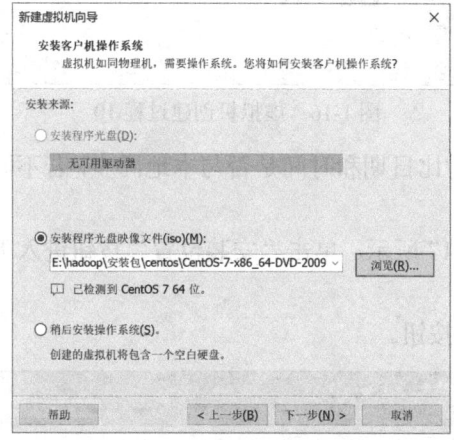

图 1-11　虚拟机创建过程 5

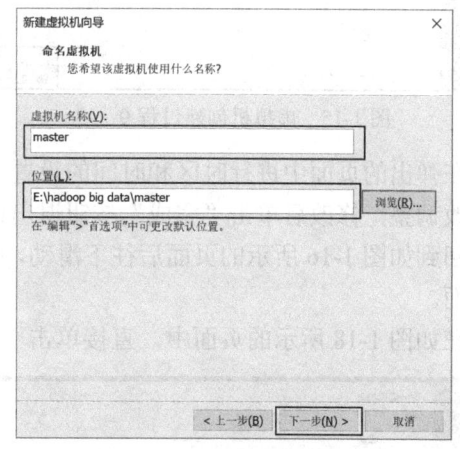

图 1-12　虚拟机创建过程 6

弹出"指定磁盘容量"对话框，如图 1-13 所示，设置"最大磁盘大小"为建议的 20GB，并选中"将虚拟机磁盘拆分成多个文件"单选按钮，单击"下一步"按钮。

弹出"已准备好创建虚拟机"对话框，如图 1-14 所示，可以看到前面配置的相关信息，如虚拟机的名称和位置等，单击"完成"按钮。

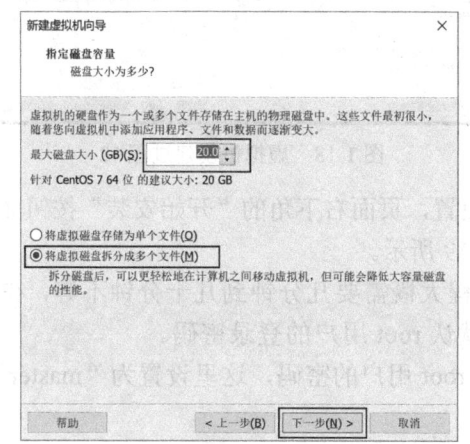

图 1-13　虚拟机创建过程 7

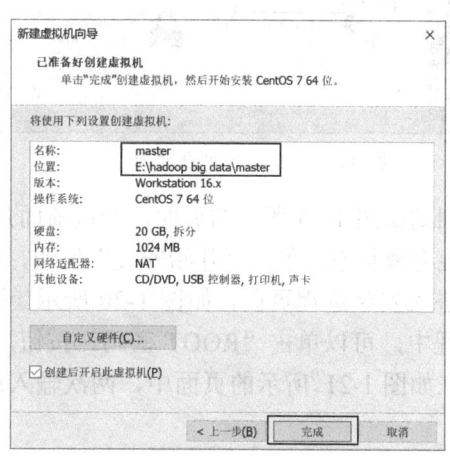

图 1-14　虚拟机创建过程 8

开始虚拟机的安装过程，这个过程视读者的系统情况不同而安装时间也不同，直到出现如图 1-15 所示的页面，选择语言为"中文"→"简体中文（中国）"，单击"继续"按钮。

安装程序进行一个简短的加载过程后，会出现如图 1-16 所示的页面，此时右下角的"开始安装"按钮为灰色无效状态，在该页面上单击"日期和时间"按钮进入下一个页面。

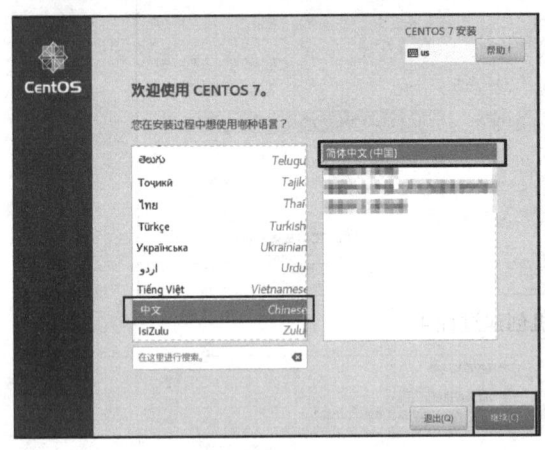

图 1-15　虚拟机创建过程 9

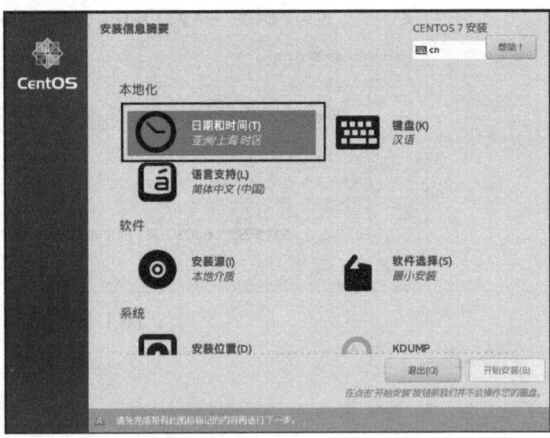

图 1-16　虚拟机创建过程 10

在弹出的页面中进行时区和时间的设置，注意对比日期和时间是否与本地同步，若不同步请修改调整，修改后单击"完成"按钮退出该页面。

回到如图 1-16 所示的页面后往下滑动，如图 1-17 所示，单击"安装位置"按钮进入下一个页面。

在如图 1-18 所示的页面中，直接单击"完成"按钮。

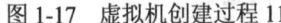

图 1-17　虚拟机创建过程 11

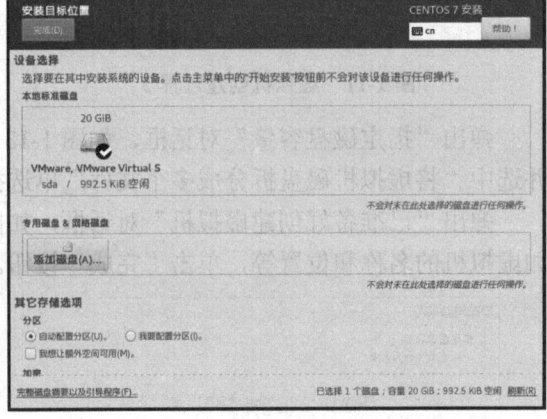

图 1-18　虚拟机创建过程 12

回到如图 1-16 所示的页面，经过前面几项的设置，页面右下角的"开始安装"按钮变成了蓝色有效状态，单击"开始安装"按钮，如图 1-19 所示。

进入安装进程页面，如图 1-20 所示。这个过程大概需要几分钟到几十分钟不等，在这个过程中，可以单击"ROOT 密码"按钮，设置默认 root 用户的登录密码。

在如图 1-21[①]所示的页面中，两次输入同一个 root 用户的密码，这里设置为"master"，

---

① 本书中"帐户"正确的写法应为"账户"。

单击"完成"按钮，回到安装进程页面继续等待。

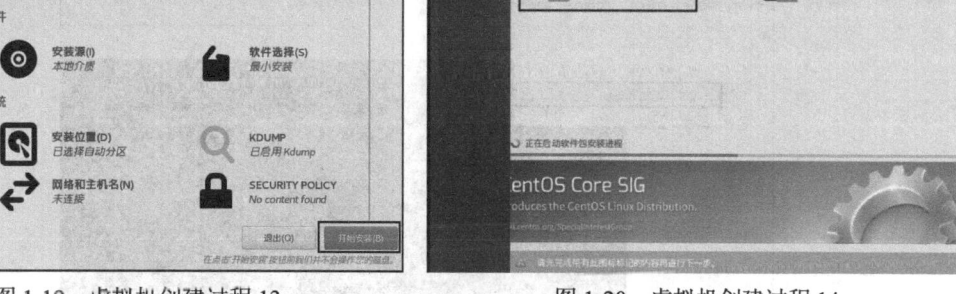

图 1-19　虚拟机创建过程 13　　　　　　　　图 1-20　虚拟机创建过程 14

安装完成后，会出现如图 1-22 所示的页面，单击"重启"按钮，即可进入虚拟机节点的设置任务。

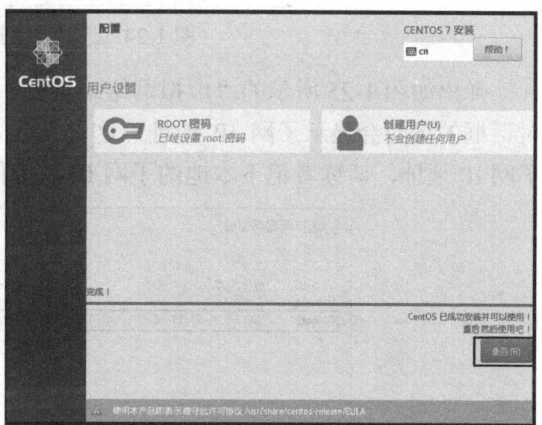

图 1-21　虚拟机创建过程 15　　　　　　　　图 1-22　虚拟机创建过程 16

1.1.3　配置 master 节点的网络

创建的 master 节点虚拟机虽然可以正常使用了，但是该虚拟机的 IP 地址是动态生成的，在不断的开/停过程中很容易改变，不利于实际应用，因此需要对该节点的网络环境进行配置。

1. 登录系统

接 1.1.2 节，重启后，会出现如图 1-23 所示的页面，该页面上的"localhost login:"表示输入登录的用户名，这里输入默认的 root 用户名，并按回车键，会提示"Password:"，表示输入 1.1.2 节中所设置的密码，这里设置为"master"，请读者特别注意，在这里输入密码，光标不会动，也不会显示输入的密码，请在输入完整的密码后按回车键，如果输入错误则提示重新输入用户和密码。

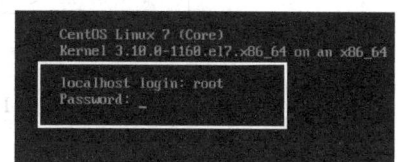

图 1-23　master 节点登录首页

2．查看网络配置信息

输入正确的用户密码后，进入 Linux 操作系统的交互终端，选择"编辑"→"虚拟网络编辑器"命令，如图 1-24 所示。

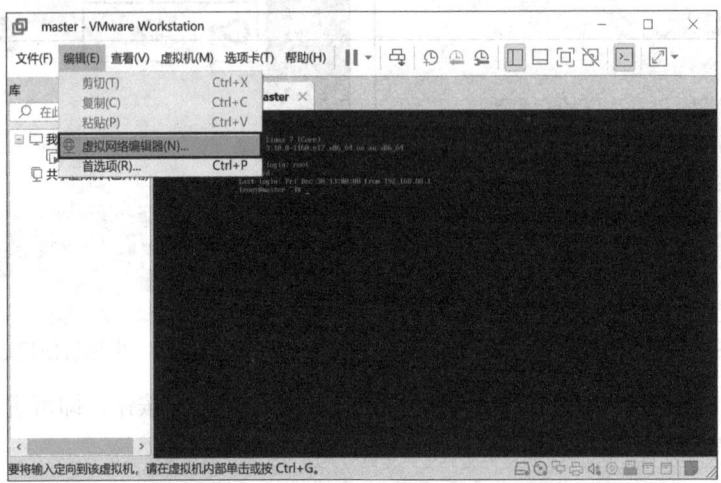

图 1-24　选择"虚拟网络编辑器"命令

弹出如图 1-25 所示的"虚拟网络编辑器"对话框，选择图 1-25 中的 VMnet8 NAT 模式，对话框的下面会显示子网 IP 地址，这里设置为"192.168.88.0"（在后面的配置中会参考这个子网 IP 地址，请读者记下本地的子网 IP 地址信息，后面的配置中据此进行调整）。

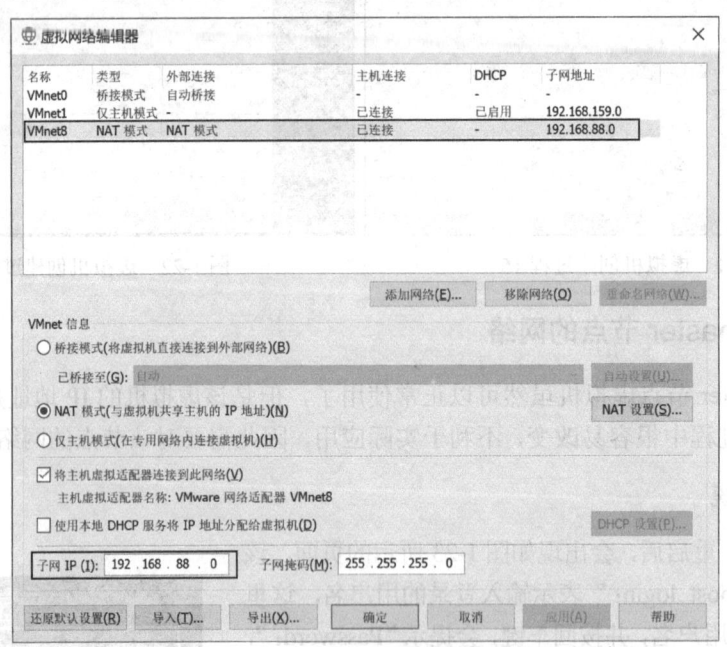

图 1-25　"虚拟网络编辑器"对话框

3．设置节点 IP 地址

在 master 节点的设置页面中，输入"service network restart"命令重启网络，结果如图 1-26 所示。

图 1-26　master 节点的设置页面

修改 IP 地址命令如代码 1-1 所示。

代码 1-1　修改 IP 地址命令

```
vi /etc/sysconfig/network-scripts/ifcfg-ens33
```

执行代码 1-1，如果打开的是一个空白的文件，则说明地址或文件名输入错误，请退出后重新输入；输入正确的地址或文件名会出现网络配置信息，如图 1-27 所示。

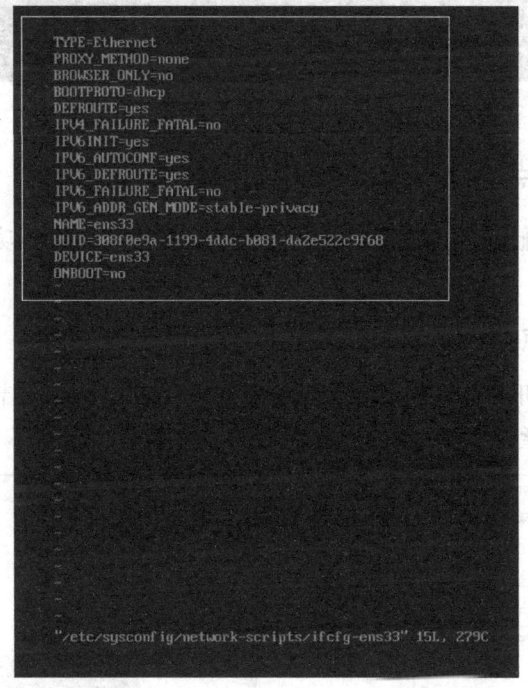

图 1-27　master 节点的 IP 地址修改

进入配置文件后，修改内容，如表 1-2 所示。其中，"192.168.88"请改为读者自己在上一步骤中记下的本地的子网 IP 地址信息，如上一步骤中的子网 IP 地址是"192.168.88.0"，此处的 IPADDR 就改为"192.168.88.181"，GATEWAY 也就改为"192.168.88.2"。

表 1-2　IP 地址设置修改内容

#将下面两项的配置进行修改
BOOTPROTO=static
ONBOOT=yes
#在文件末尾添加以下内容
IPADDR= 192.168.88.181

续表

NETMASK=255.255.255.0
GATEWAY=192.168.88.2
DNS1=8.8.8.8

保存配置文件后，再次输入"service network restart"命令重启网络，如果没有提示出错，则输入"ip a"命令后按回车键，可以在显示的内容中找到如图 1-28 所示的 IP 地址"192.168.88.181"，说明 IP 地址配置成功。

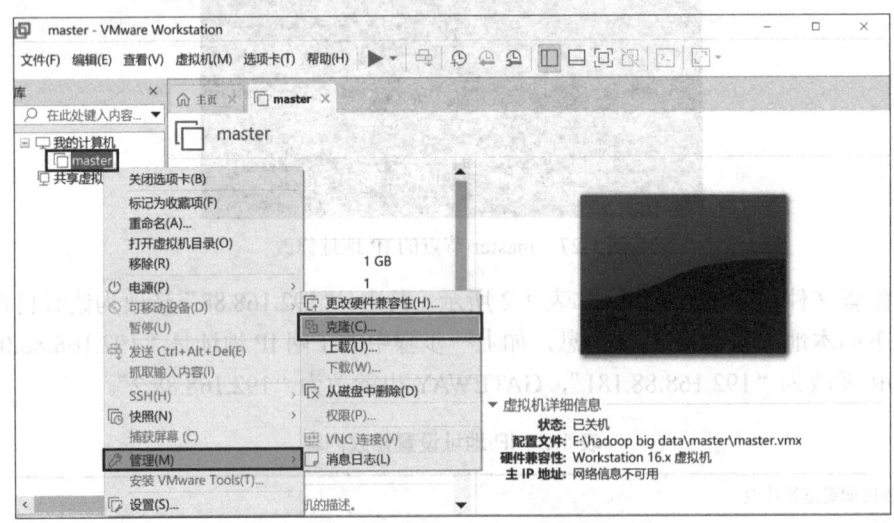

图 1-28　master 节点的 IP 地址查询

1.1.4　克隆 slave 节点

master 节点的网络配置完成之后，可以使用虚拟机软件的克隆功能在此基础上克隆两个 slave 节点。

1. 克隆 slave1 节点

将 master 节点虚拟机关机，并双击 master 节点后，右击 master 节点，在弹出的快捷菜单中选择"管理"→"克隆"命令，如图 1-29 所示。

图 1-29　克隆 slave1 节点 1

进入如图 1-30 所示的页面，选中"虚拟机中的当前状态"单选按钮，单击"下一页"按钮。

进入如图 1-31 所示的页面，选中"创建完整克隆"单选按钮，单击"下一页"按钮。

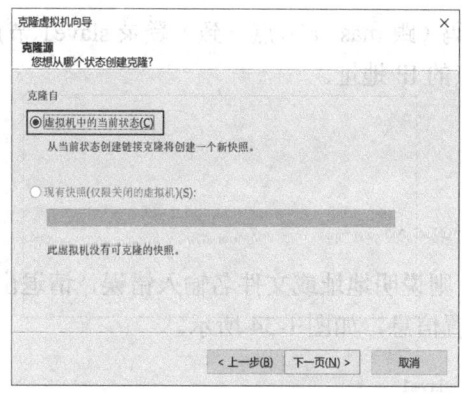
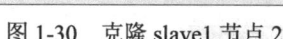

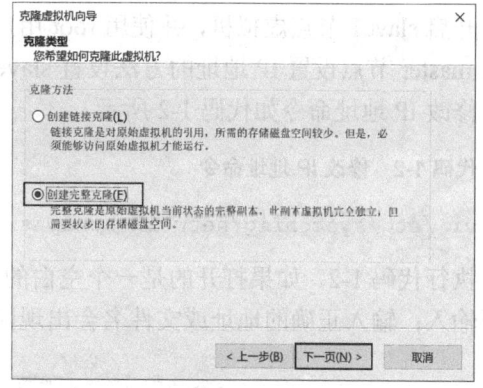

图 1-30　克隆 slave1 节点 2　　　　　　　　图 1-31　克隆 slave1 节点 3

将虚拟机名称改为"slave1"，单击"位置"文本框后的"浏览"按钮，进入虚拟机存放路径下，这里选择"E:\hadoop big data\slave1"的文件夹，并确定使用该文件夹，效果如图 1-32 所示，单击"完成"按钮。

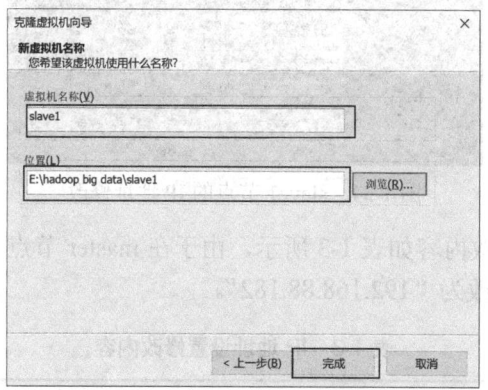

图 1-32　克隆 slave1 节点 4

克隆节点很快，完成后即可在左边的节点导航中显示 slave1 节点，如图 1-33 所示。

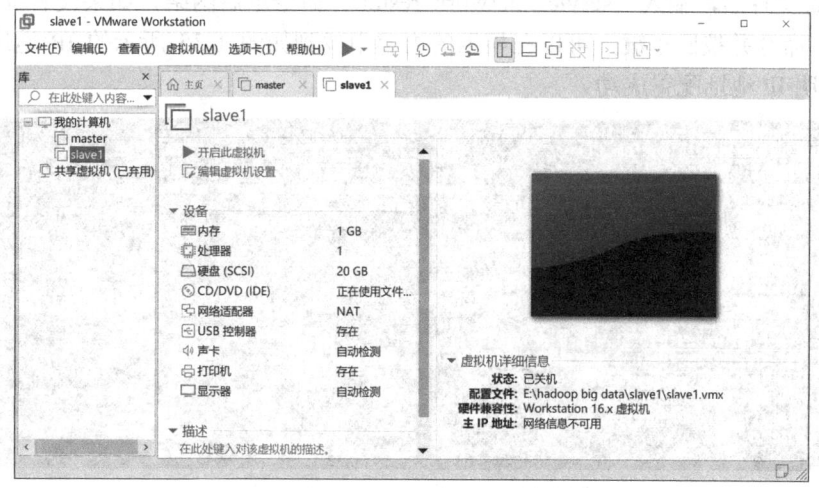

图 1-33　克隆 slave1 节点 5

2. 修改 slave1 节点的 IP 地址

开启 slave1 节点虚拟机，并使用 root 用户和密码（跟 master 节点一致）登录 slave1 节点，参考 master 节点设置 IP 地址的方法设置 slave1 节点的 IP 地址。

修改 IP 地址命令如代码 1-2 所示。

代码 1-2　修改 IP 地址命令

```
vi /etc/sysconfig/network-scripts/ifcfg-ens33
```

执行代码 1-2，如果打开的是一个空白的文件，则说明地址或文件名输入错误，请退出后重新输入；输入正确的地址或文件名会出现网络配置信息，如图 1-34 所示。

图 1-34　slave1 节点的 IP 地址修改

进入配置文件后，修改内容如表 1-3 所示，由于在 master 节点上已经配置了必需的内容，因此这里只需将 IPADDR 改为"192.168.88.182"。

表 1-3　IP 地址设置修改内容

#将 slave1 节点的 IP 地址改为
IPADDR=192.168.88.182

保存配置文件后，输入"service network restart"命令重启网络，如果没有提示出错，则输入"ip a"命令并按回车键，可以在显示的内容中找到如图 1-35 所示的 IP 地址"192.168.88.182"，说明 IP 地址配置成功。

```
[root@localhost ~]# service network restart
Restarting network (via systemctl):                        [  OK  ]
[root@localhost ~]# ip a
1: lo: <LOOPBACK,UP,LOWER_UP> mtu 65536 qdisc noqueue state UNKNOWN group default qlen 1000
    link/loopback 00:00:00:00:00:00 brd 00:00:00:00:00:00
    inet 127.0.0.1/8 scope host lo
       valid_lft forever preferred_lft forever
    inet6 ::1/128 scope host
       valid_lft forever preferred_lft forever
2: ens33: <BROADCAST,MULTICAST,UP,LOWER_UP> mtu 1500 qdisc pfifo_fast state UP group default qlen 10
00
    link/ether 00:0c:29:b4:12:74 brd ff:ff:ff:ff:ff:ff
    inet 192.168.88.182/24 brd 192.168.88.255 scope global noprefixroute ens33
       valid_lft forever preferred_lft forever
    inet6 fe80::340f:56d2:426c:7e1e/64 scope link noprefixroute
       valid_lft forever preferred_lft forever
[root@localhost ~]#
```

图 1-35　slave1 节点的 IP 地址查询

3. 克隆 slave2 节点

参考克隆 slave1 节点的步骤，克隆 slave2 节点，其中 slave2 节点的虚拟机名称和位置如图 1-36 所示。

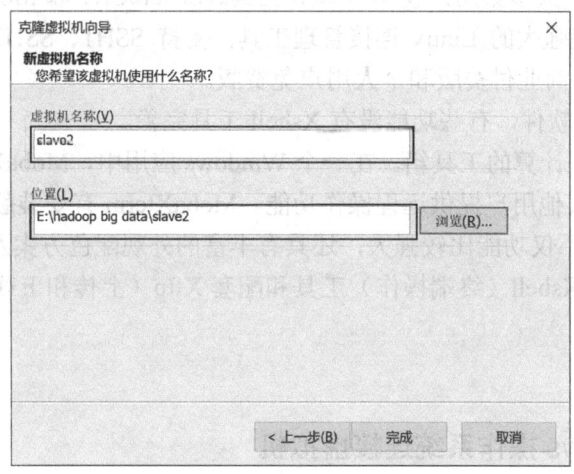

图 1-36 克隆 slave2 节点

4. slave2 节点的 IP 地址设置

开启 slave2 节点虚拟机，并使用 root 用户名和密码（跟 master 节点一致）登录 slave2 节点，参考 slave1 节点设置 IP 地址的方法设置 slave2 节点的 IP 地址（192.168.88.183）。

执行"ip a"命令后，运行结果会出现如图 1-37 所示的 IP 地址"192.168.88.183"，说明 IP 地址配置成功。

```
[root@localhost ~]# service network restart
Restarting network (via systemctl):                        [  OK  ]
[root@localhost ~]# ip a
1: lo: <LOOPBACK,UP,LOWER_UP> mtu 65536 qdisc noqueue state UNKNOWN group default qlen 1000
    link/loopback 00:00:00:00:00:00 brd 00:00:00:00:00:00
    inet 127.0.0.1/8 scope host lo
       valid_lft forever preferred_lft forever
    inet6 ::1/128 scope host
       valid_lft forever preferred_lft forever
2: ens33: <BROADCAST,MULTICAST,UP,LOWER_UP> mtu 1500 qdisc pfifo_fast state UP group default qlen 10
00
    link/ether 00:0c:29:c4:21:41 brd ff:ff:ff:ff:ff:ff
    inet 192.168.88.183/24 brd 192.168.88.255 scope global noprefixroute ens33
       valid_lft forever preferred_lft forever
    inet6 fe80::340f:56d2:426c:7e1e/64 scope link tentative noprefixroute dadfailed
       valid_lft forever preferred_lft forever
    inet6 fe80::46d1:2142:8ea2:9142/64 scope link noprefixroute
       valid_lft forever preferred_lft forever
[root@localhost ~]# _
```

图 1-37 slave2 节点的 IP 地址查询

任务 1.2 配置连接工具

➜ 任务描述

项目 1 任务 1.2 配置连接工具

如今，大多数用户使用的操作系统是 Windows 操作系统，想要连接 Linux 服务器进行文件之间的传送，在 Linux 虚拟机操作系统中进行相关的操作不方便，需要借助一些 Secure Shell 软件（SSH）完成。本任务将完成终端操作软件的连接访问和上传下载文件工具的使用。

➡ 任务分析

关于 SSH 客户端，大多数用户使用 Xshell 工具、SecureCRT 和 MobaXterm 等。

Xshell 是一款功能强大的 Linux 连接管理工具，支持 SSH1、SSH2、Microsoft Windows 平台的 Telnet 协议，有商业付费版和个人用户免费版。

SecureCRT 是收费软件，有些功能没有 Xshell 工具完善。

MobaXterm 是远程计算的工具箱。在一个 Windows 应用中，MobaXterm 为程序员、网站管理员、IT 管理员及其他用户提供远程操作功能。MobaXterm 有安装版和纯绿色免安装版。

由于 Xshell 工具不仅功能比较强大，还具有丰富的外观配色方案及样式选择，推荐读者优先使用 SSH 客户端 Xshell（终端操作）工具和配套 Xftp（上传和下载操作）工具。

➡ 任务实施

1.2.1 测试 Windows 操作系统连接虚拟机

在 Windows 操作系统中，以管理员身份打开命令提示符窗口，分别测试 3 台虚拟机节点的网络配置是否成功。分别执行代码 1-3 中的命令。代码 1-3 中的 IP 地址请读者务必改为本地虚拟机配置的 IP 地址。

代码 1-3 测试网络配置

```
ping 192.168.88.181
ping 192.168.88.182
ping 192.168.88.183
```

执行代码 1-3 后，如果网络配置成功，则出现如图 1-38 所示的信息。

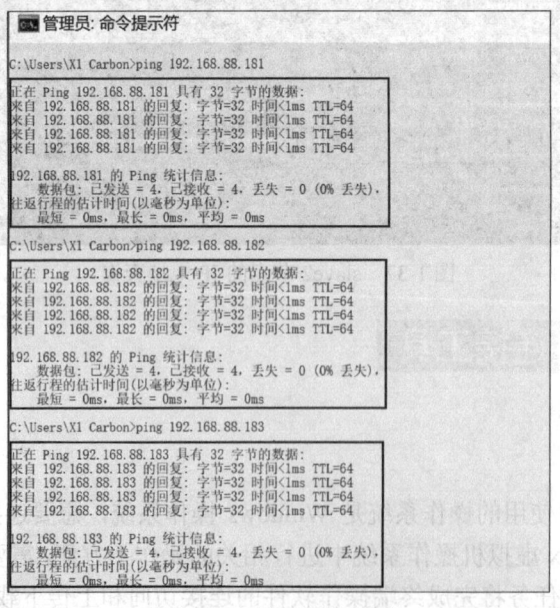

图 1-38 测试网络配置

1.2.2 使用 Xshell 工具

本书使用 Xshell 工具作为连接 Linux 服务器的终端软件，使用的版本为 Xshell 7.0，由于该软件的安装比较简单，因此默认读者已经自行安装好该软件。

1. 连接 master 节点

打开 Xshell 工具后，单击左上角的"增加图表" 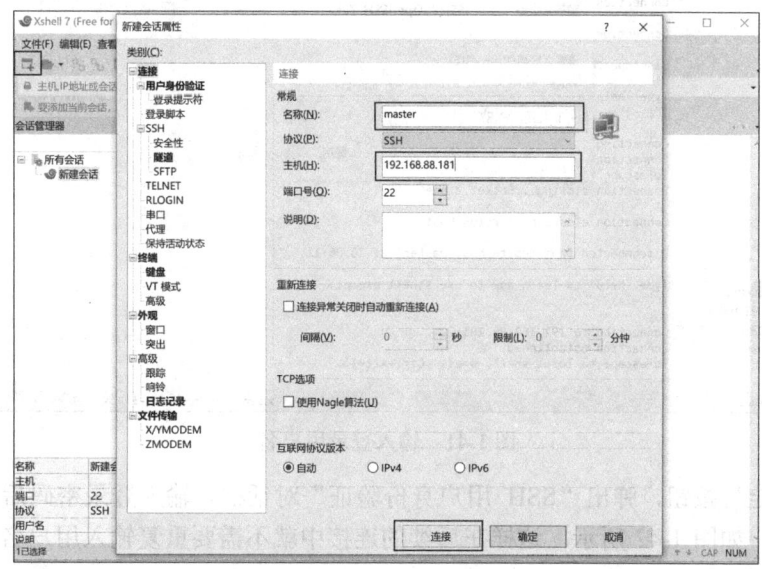 按钮，弹出"新建会话属性"对话框，创建新的连接，如图 1-39 所示。在"名称"文本框中输入连接名称"master"（这个名字为连接别名，可以随意命名，为了区分，这里命名为"master"），在"主机"文本框中输入 master 节点中设置的 IP 地址，此处为"192.168.88.181"，单击"连接"按钮进入下一个对话框。

图 1-39　Xshell 工具新建连接

第一次连接虚拟机时会弹出如图 1-40 所示的对话框，建议单击"接受并保存"按钮注册相关的信息，并保存注册的用户名和密码。

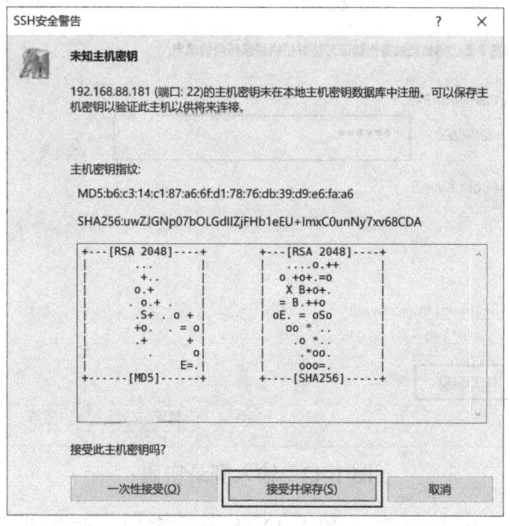

图 1-40　"SSH 安全警告"对话框

双击 master 节点，会弹出输入登录用户名的对话框，输入"root"，并勾选"记住用户名"复选框，如图 1-41 所示。

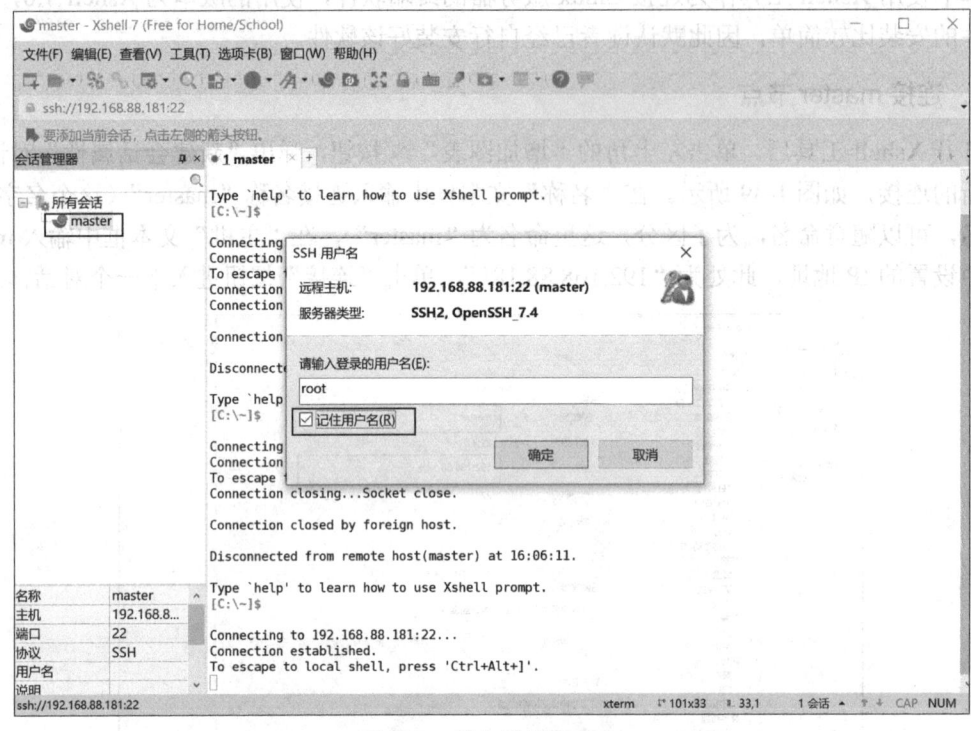

图 1-41　输入登录用户名

单击"确定"按钮，弹出"SSH 用户身份验证"对话框，输入登录密码后，勾选"记住密码"复选框，如图 1-42 所示。这样在后续的连接中就不需要重复输入用户名和密码了，单击"确定"按钮。

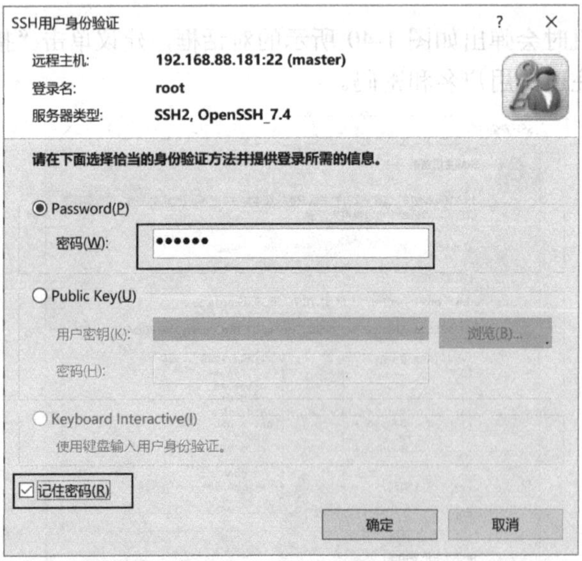

图 1-42　输入登录密码

输入登录密码并确定之后会出现如图 1-43 所示的窗口，说明连接成功。

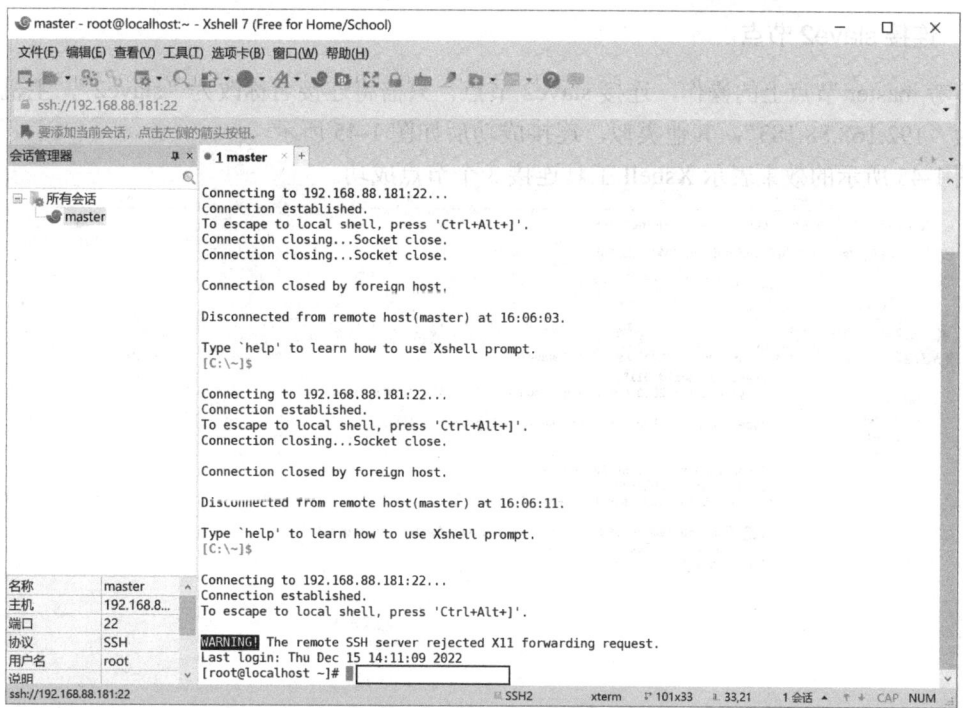

图 1-43　Xshell 工具连接 master 节点的窗口

2. 连接 slave1 节点

参考 master 节点上的操作，连接 slave1 节点，只需将连接名称改为 "slave1"，主机 IP 地址改为 "192.168.88.182"，其他类似，连接成功后如图 1-44 所示。

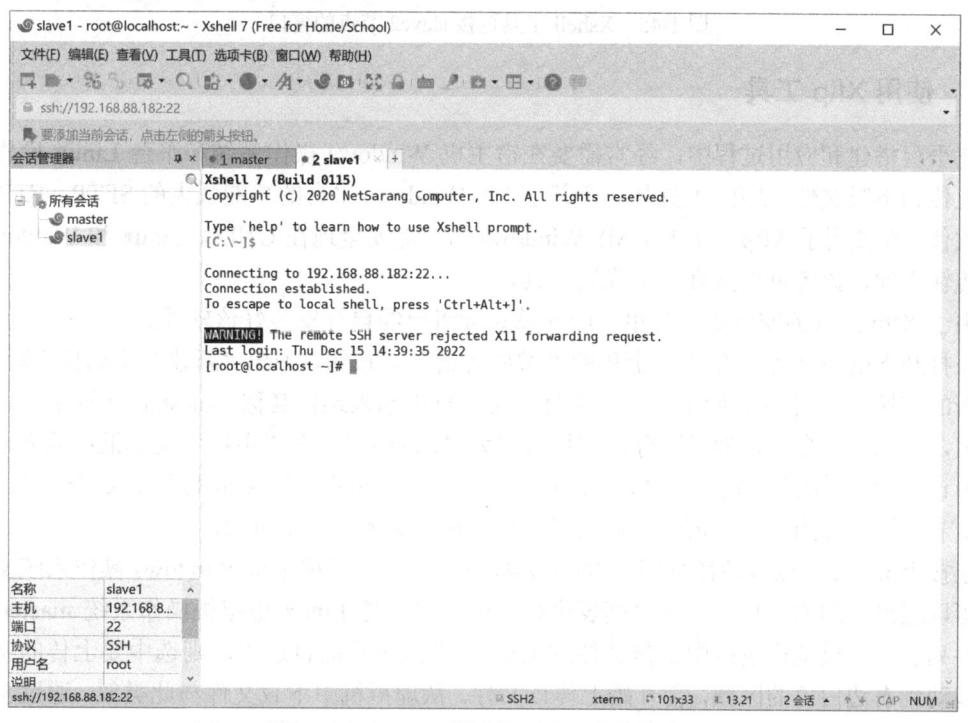

图 1-44　Xshell 工具连接 slave1 节点的窗口

3. 连接 slave2 节点

参考 master 节点上的操作，连接 slave2 节点，只需将连接名称改为 "slave2"，主机 IP 地址改为 "192.168.88.183"，其他类似，连接成功后如图 1-45 所示。

图 1-45 所示的效果表示 Xshell 工具连接 3 个节点成功。

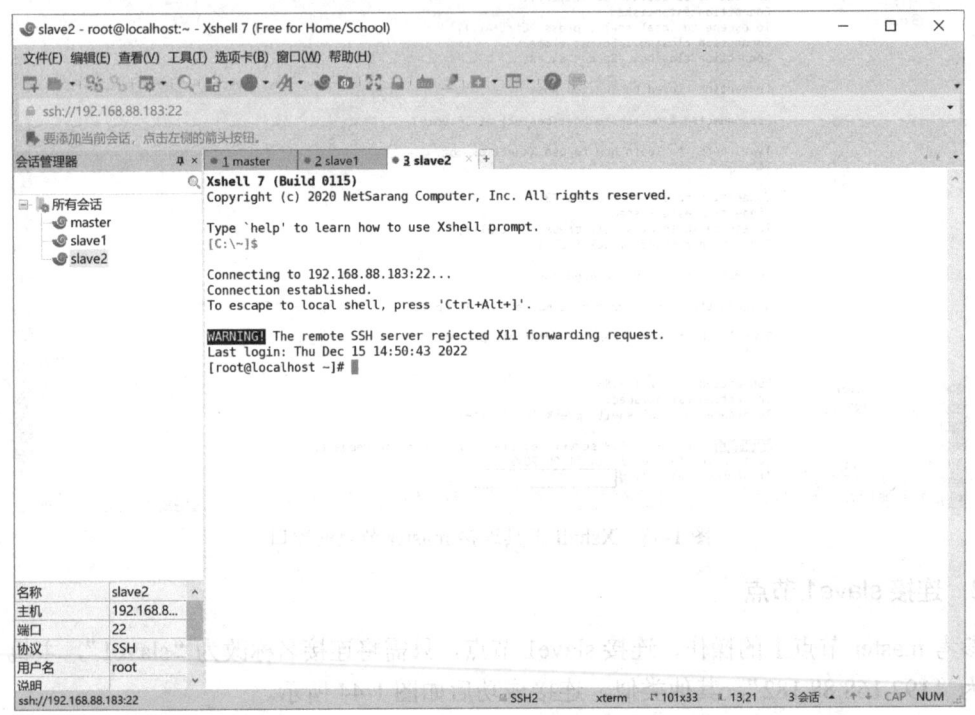

图 1-45　Xshell 工具连接 slave2 节点的窗口

1.2.3　使用 Xftp 工具

在平台搭建和应用过程中，经常需要在宿主机 Windows 操作系统和平台 Linux 操作系统之间上传和下载文件。Xftp 工具是一个基于 MS Windows 平台的功能强大的 SFTP、FTP 文件传输软件。在使用了 Xftp 工具后，MS Windows 用户能安全地在 UNIX、Linux 和 Windows PC 之间传输文件，读者可以从官网下载该工具。

由于 Xftp 工具的安装比较简单，因此默认读者已经自行安装好该软件。

在打开 Xftp 工具后，单击左上角的"增加会话" 🔲 按钮，弹出"新建会话属性"对话框，创建新的连接，如图 1-46 所示。在"名称"文本框中输入连接名称"master"（这个名字为连接别名，可以随意命名，为了区分，这里命名为"master"），在"主机"文本框中输入 master 节点中设置的 IP 地址，此处为"192.168.88.181"，在"用户名"文本框中输入"root"，输入 master 节点的 root 用户登录密码，单击"连接"按钮进入下一个页面。

连接上 master 节点以后的页面，如图 1-47 所示，左边是宿主机 Windows 操作系统文件列表，可以通过上面的"目录"下拉列表进行修改；右边是 Linux 虚拟机操作系统 master 节点的文件列表。如果从宿主机中上传文件到 master 节点指定的目录中，则选中要上传的文件并将其拖动到右边白色的区域，会开始上传该文件。从虚拟机中下载文件与此类似，通过文件路径定位要下载的文件后，选中文件并将其拖到要下载的目标文件夹中即可。

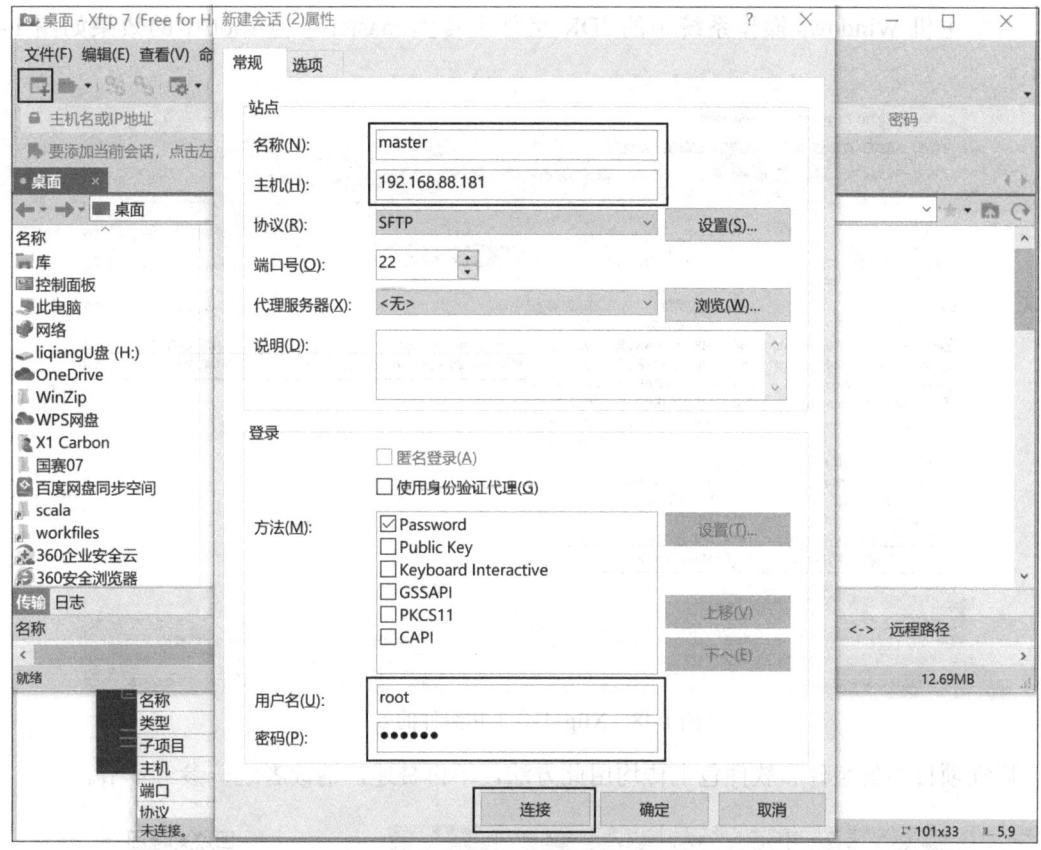

图 1-46　Xftp 工具新建连接

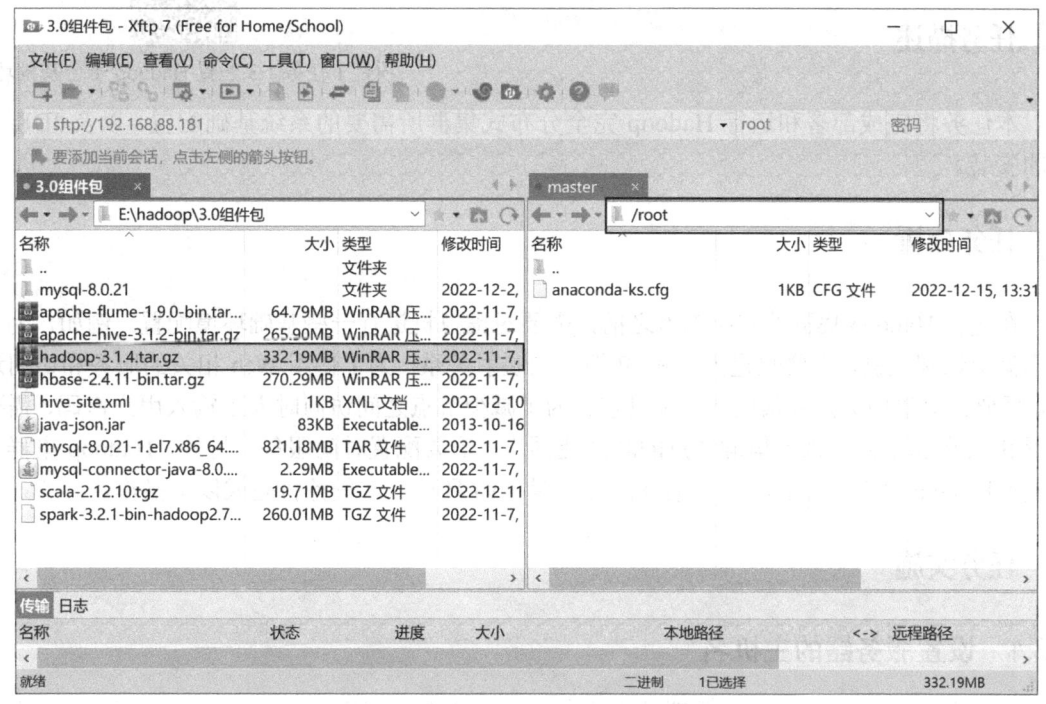

图 1-47　Xftp 工具上传和下载页面

将宿主机 Windows 操作系统中的 JDK 组件上传到 master 节点/root/中的效果如图 1-48 所示。

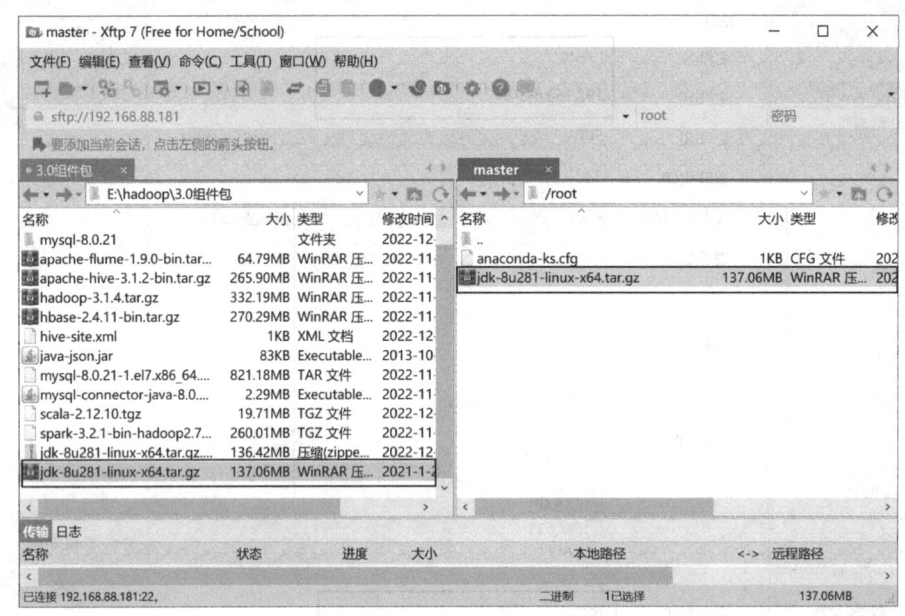

图 1-48　Xftp 工具上传组件的效果

后续项目中的组件和软件包上传均用此方法，不再赘述，请读者统一参考本节。

任务 1.3　配置 Hadoop 平台基础环境

任务描述

项目 1 任务 1.3 配置 Hadoop 平台基础环境

本任务将完成部署和运行 Hadoop 完全分布式集群所需要的系统基础配置，以及 JDK 环境的安装。

任务分析

在进行 Hadoop 集群的安装部署之前，需要对虚拟机进行一些基础环境配置。例如，为了在集群中识别主机，需要配置主机和 IP 地址的映射关系；为了使用 Web 相关的服务和访问连接，需要在集群中关闭并禁用防火墙功能；为了减少节点之间访问时人工输入用户密码，需要配置 SSH 免密登录；为了集群节点的时间能同步，需要配置时间服务。另外，Hadoop 集群主要是使用 Java 语言编写的，部署集群需要配置 Java 环境，本任务将完成以上操作。

任务实施

1.3.1　设置服务器的主机名

根据表 1-1 可知，Hadoop 集群的 3 个节点的主机名分别为 master、slave1、slave2，本节将分别设置这 3 个节点的主机名。

1. 修改 master 节点的主机名

执行代码 1-4 中的"hostnamectl"命令，在 master 节点中修改主机名为"master"，并执行"bash"命令刷新主机名，可以看到@后面的主机名由"localhost"变成了"master"，效果如图 1-49 所示。

代码 1-4 修改 master 节点的主机名

```
hostnamectl set-hostname master
bash
```

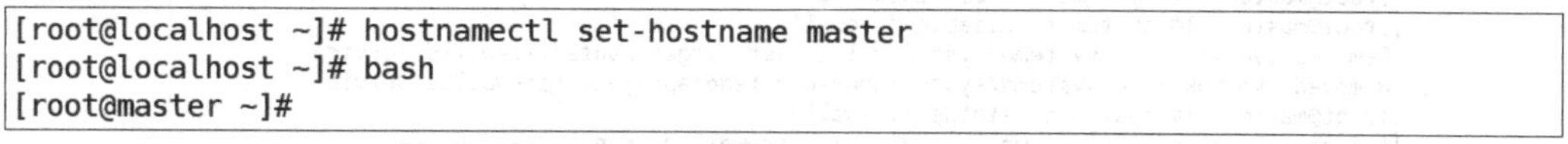

```
[root@localhost ~]# hostnamectl set-hostname master
[root@localhost ~]# bash
[root@master ~]#
```

图 1-49 修改 master 节点的主机名

2. 修改 slave1 节点的主机名

执行代码 1-5 中的"hostnamectl"命令，在 slave1 节点中修改主机名为"slave1"，并执行"bash"命令刷新主机名，可以看到@后面的主机名由"localhost"变成了"slave1"，效果如图 1-50 所示。

代码 1-5 修改 slave1 节点的主机名

```
hostnamectl set-hostname slave1
bash
```

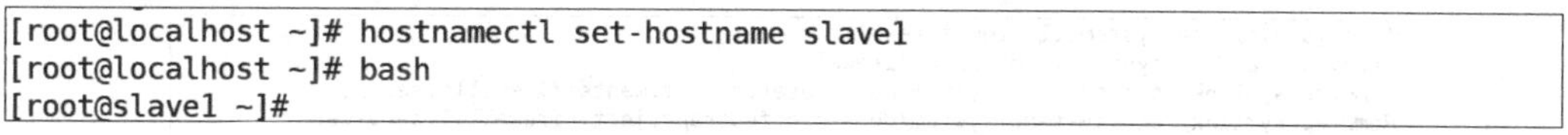

```
[root@localhost ~]# hostnamectl set-hostname slave1
[root@localhost ~]# bash
[root@slave1 ~]#
```

图 1-50 修改 slave1 节点的主机名

3. 修改 slave2 节点的主机名

执行代码 1-6 中的"hostnamectl"命令，在 slave2 节点中修改主机名为"slave2"，并执行"bash"命令刷新主机名，可以看到@后面的主机名由"localhost"变成了"slave2"，效果如图 1-51 所示。

代码 1-6 修改 slave2 节点的主机名

```
hostnamectl set-hostname slave2
bash
```

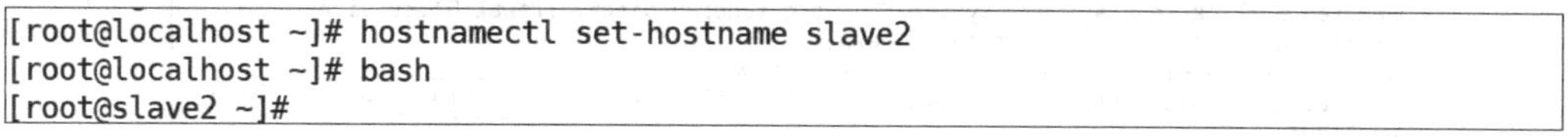

```
[root@localhost ~]# hostnamectl set-hostname slave2
[root@localhost ~]# bash
[root@slave2 ~]#
```

图 1-51 修改 slave 2 节点的主机名

1.3.2 关闭并禁用防火墙

Hadoop 集群可以在 Web 页面中进行管理，但需要关闭防火墙，否则会打不开 Web 页面，也会造成 Hadoop 后台运行脚本出现一些不好解决的、莫名的错误。

为了重启系统后不再打开防火墙，建议禁用防火墙。

执行代码 1-7 中的"systemctl"命令，在 master 节点中分别关闭并禁用防火墙，同时为了确认是否操作成功，可以查看防火墙是否为 disabled（禁用）及 inactive（关闭）的状态，效果如图 1-52 所示。

代码 1-7　关闭、禁用、查看防火墙状态

```
systemctl stop firewalld
systemctl disable firewalld
systemctl status firewalld
```

```
[root@master ~]# systemctl stop firewalld
[root@master ~]# systemctl disable firewalld
Removed symlink /etc/systemd/system/multi-user.target.wants/firewalld.service.
Removed symlink /etc/systemd/system/dbus-org.fedoraproject.FirewallD1.service.
[root@master ~]# systemctl status firewalld
● firewalld.service - firewalld - dynamic firewall daemon
   Loaded: loaded (/usr/lib/systemd/system/firewalld.service; disabled; vendor preset:
enabled)
   Active: inactive (dead)
     Docs: man:firewalld(1)

12月 15 15:07:36 localhost.localdomain systemd[1]: Starting firewalld - dynamic fi....
12月 15 15:07:37 localhost.localdomain systemd[1]: Started firewalld - dynamic fir....
12月 15 15:07:38 localhost.localdomain firewalld[697]: WARNING: AllowZoneDrifting ....
12月 15 16:51:02 master systemd[1]: Stopping firewalld - dynamic firewall daemon...
12月 15 16:51:02 master systemd[1]: Stopped firewalld - dynamic firewall daemon.
Hint: Some lines were ellipsized, use -l to show in full.
[root@master ~]#
```

图 1-52　master 节点的防火墙设置

重复以上步骤，关闭并禁用 slave1 节点和 slave2 节点的防火墙，状态如图 1-53 和图 1-54 所示。

```
[root@slave1 ~]# systemctl stop firewalld
[root@slave1 ~]# systemctl disable firewalld
Removed symlink /etc/systemd/system/multi-user.target.wants/firewalld.service.
Removed symlink /etc/systemd/system/dbus-org.fedoraproject.FirewallD1.service.
[root@slave1 ~]# systemctl status firewalld
● firewalld.service - firewalld - dynamic firewall daemon
   Loaded: loaded (/usr/lib/systemd/system/firewalld.service; disabled; vendor preset:
enabled)
   Active: inactive (dead)
     Docs: man:firewalld(1)

12月 15 14:39:24 localhost.localdomain systemd[1]: Starting firewalld - dynamic fi....
12月 15 14:39:25 localhost.localdomain systemd[1]: Started firewalld - dynamic fir....
12月 15 14:39:25 localhost.localdomain firewalld[695]: WARNING: AllowZoneDrifting ....
12月 15 16:53:59 slave1 systemd[1]: Stopping firewalld - dynamic firewall daemon...
12月 15 16:54:00 slave1 systemd[1]: Stopped firewalld - dynamic firewall daemon.
Hint: Some lines were ellipsized, use -l to show in full.
[root@slave1 ~]#
```

图 1-53　slave1 节点的防火墙设置

```
[root@slave2 ~]# systemctl stop firewalld
[root@slave2 ~]# systemctl disable firewalld
Removed symlink /etc/systemd/system/multi-user.target.wants/firewalld.service.
Removed symlink /etc/systemd/system/dbus-org.fedoraproject.FirewallD1.service.
[root@slave2 ~]# systemctl status firewalld
● firewalld.service - firewalld - dynamic firewall daemon
   Loaded: loaded (/usr/lib/systemd/system/firewalld.service; disabled; vendor preset:
enabled)
   Active: inactive (dead)
     Docs: man:firewalld(1)

12月 15 14:50:31 localhost.localdomain systemd[1]: Starting firewalld - dynamic fi....
12月 15 14:50:32 localhost.localdomain systemd[1]: Started firewalld - dynamic fir....
12月 15 14:50:33 localhost.localdomain firewalld[702]: WARNING: AllowZoneDrifting ....
12月 15 16:54:42 slave2 systemd[1]: Stopping firewalld - dynamic firewall daemon...
12月 15 16:54:42 slave2 systemd[1]: Stopped firewalld - dynamic firewall daemon.
Hint: Some lines were ellipsized, use -l to show in full.
[root@slave2 ~]#
```

图 1-54　slave2 节点的防火墙设置

1.3.3 修改主机 IP 地址映射文件

本节的操作前提是已经成功完成各个节点的网络配置。本节将在虚拟机所有节点中修改主机 IP 地址映射文件，同时为了在宿主机中使用浏览器通过节点名称访问 Web 页面，需要在宿主机中进行配置更改。

1. 修改虚拟机节点的主机 IP 地址映射文件

执行代码 1-8 中的"vi"命令，先在 master 节点中修改主机 IP 地址映射文件。

代码 1-8 修改主机 IP 地址映射文件

```
vi /etc/hosts
```

根据表 1-1 可知，Hadoop 集群的 3 个节点的主机名分别为 master、slave1、slave2，IP 地址分别为 192.168.88.181、192.168.88.182、192.168.88.183，读者需要根据本地的实际 IP 地址做相应的修改。在 hosts 文件的末尾添加内容，如表 1-4 所示，保存并退出。

表 1-4 主机 IP 地址映射文件

```
192.168.88.181 master
192.168.88.182 slave1
192.168.88.183 slave2
```

修改以后的文件，为了 3 个节点中的内容一致且不出错，采取在 master 节点中执行"scp"命令向 slave1 节点和 slave2 节点分发文件的方式，如代码 1-9 所示。由于 master 节点是第一次连接 slave1 节点和 slave2 节点，因此需要输入"yes"确定信任连接。因为目前还没有设置 SSH 免密登录，所以在执行代码 1-9 中的命令之后，需要输入目标节点的 root 用户密码，如图 1-55 所示。

代码 1-9 发送主机 IP 地址映射配置到 slave 节点上

```
scp /etc/hosts root@slave1:/etc/
scp /etc/hosts root@slave2:/etc/
```

```
[root@master ~]# scp /etc/hosts root@slave1:/etc/
The authenticity of host 'slave1 (192.168.88.182)' can't be established.
ECDSA key fingerprint is SHA256:4hjOph4QBVjvOMFxHxVrj+69Rioj0edhlJvCm184GxE.
ECDSA key fingerprint is MD5:cb:ae:06:25:f1:d5:8e:68:ed:c9:41:94:1b:c6:2c:9f.
Are you sure you want to continue connecting (yes/no)? yes
Warning: Permanently added 'slave1,192.168.88.182' (ECDSA) to the list of known hosts.
root@slave1's password:
hosts                                             100%  229   160.9KB/s   00:00
[root@master ~]# scp /etc/hosts root@slave2:/etc/
The authenticity of host 'slave2 (192.168.88.183)' can't be established.
ECDSA key fingerprint is SHA256:4hjOph4QBVjvOMFxHxVrj+69Rioj0edhlJvCm184GxE.
ECDSA key fingerprint is MD5:cb:ae:06:25:f1:d5:8e:68:ed:c9:41:94:1b:c6:2c:9f.
Are you sure you want to continue connecting (yes/no)? yes
Warning: Permanently added 'slave2,192.168.88.183' (ECDSA) to the list of known hosts.
root@slave2's password:
hosts                                             100%  229   163.6KB/s   00:00
[root@master ~]#
```

图 1-55 输入目标节点的 root 用户密码

2. 修改宿主机的主机 IP 地址映射文件

在宿主机 Windows 操作系统中，进入 C:\Windows\System32\drivers\etc 目录，该目录下有

一个 hosts 文件，如图 1-56 所示。

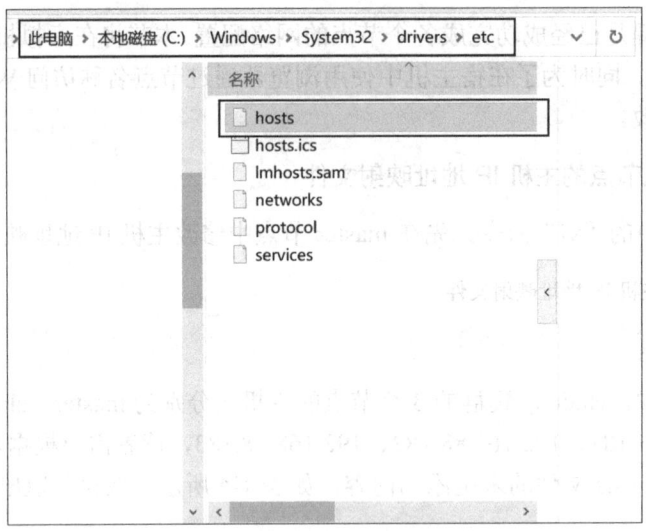

图 1-56　宿主机的主机 IP 地址映射文件 hosts

右击"hosts"文件，在弹出的快捷菜单中选择以记事本或写字板的方式打开该文件，在该文件末尾中添加表 1-4 中的信息，效果如图 1-57 所示，保存并退出。

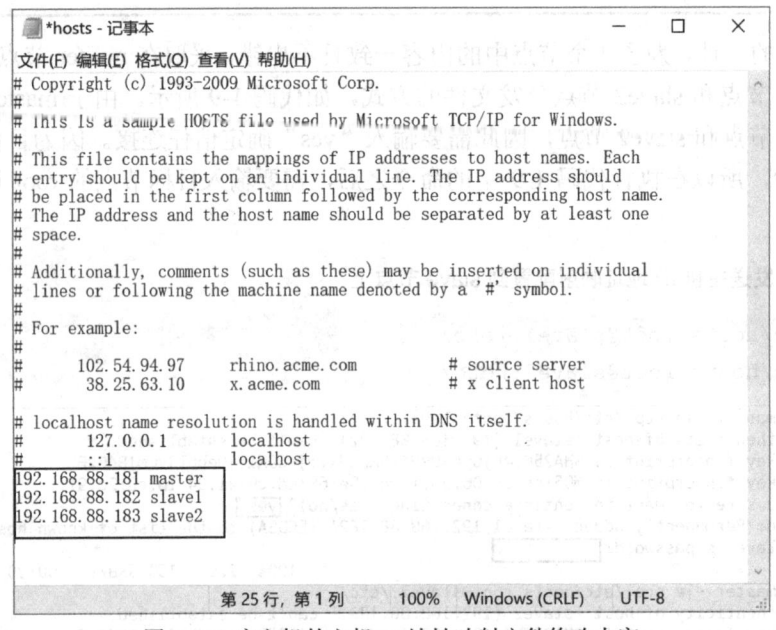

图 1-57　宿主机的主机 IP 地址映射文件修改内容

说明：如果跳过本步骤，则后续使用浏览器打开 Web 页面时将节点名称改为 IP 地址即可。

1.3.4　配置 SSH 免密登录

集群节点之间因为各种需要，会互相访问，如在节点之间执行"scp"命令发送文件，或者在一键启动 Hadoop 集群时，默认情况下需要手动输入很多次密码，特别是节点比较多的情况下，更是烦琐，所以在集群节点之间设置互相 SSH 免密登录会比较方便。

1. 查看 SSH 服务状态

CentOS 7 默认安装了 SSH 服务，可以执行代码 1-10 中的命令查看 SSH 服务的状态，如果已经安装好该服务，则查看效果如图 1-58 所示。在图 1-58 中，"active (running)"表示 SSH 服务正在运行中，其他节点类似。

代码 1-10　修改主机 IP 地址映射文件

```
systemctl status sshd
```

```
[root@master ~]# systemctl status sshd
● sshd.service - OpenSSH server daemon
   Loaded: loaded (/usr/lib/systemd/system/sshd.service; enabled; vendor preset: enable
d)
   Active: active (running) since 四 2022-12-15 15:07:39 CST; 4h 39min ago
     Docs: man:sshd(8)
           man:sshd_config(5)
 Main PID: 1039 (sshd)
   CGroup: /system.slice/sshd.service
           └─1039 /usr/sbin/sshd -D

12月 15 15:07:39 localhost.localdomain systemd[1]: Starting OpenSSH server daemon...
12月 15 15:07:39 localhost.localdomain sshd[1039]: Server listening on 0.0.0.0 por....
12月 15 15:07:39 localhost.localdomain sshd[1039]: Server listening on :: port 22.
12月 15 15:07:39 localhost.localdomain systemd[1]: Started OpenSSH server daemon.
```

图 1-58　SSH 服务状态

2. 在 3 个节点上生成密钥对

在 3 个节点上分别执行"ssh-keygen"命令，其中"-t rsa"表示使用 RSA（非对称加密）算法，"-P''"表示提供旧密码短语为空，如代码 1-11 中的生成密钥对命令，在交互过程中会提示密钥对存放路径，默认放在/root/.ssh/id_rsa 目录下，直接按回车键选择存放在该目录下，生成 ssh-keygen 后显示的 randomart 是刚刚生成的密钥的图形表示，这个没有实际的含义，通过这种方式表示生成密钥对成功。

代码 1-11　生成密钥对

```
ssh-keygen -t rsa -P ''
```

在 master 节点上生成密钥对，如图 1-59 所示。

```
[root@master ~]# ssh-keygen -t rsa -P ''
Generating public/private rsa key pair.
Enter file in which to save the key (/root/.ssh/id_rsa):    直接按回车键
Your identification has been saved in /root/.ssh/id_rsa.
Your public key has been saved in /root/.ssh/id_rsa.pub.
The key fingerprint is:
SHA256:rcG76NhmAdbuHeATS5xyVQyrbRHDtpzNqWZ89v4Fsz4 root@master
The key's randomart image is:
+---[RSA 2048]----+
|          .++.    |
|           ++.    |
|        o =o= .   |
|       + O++o+    |
|      . B.=S..  o |
|       *.*+o    + |
|      . *o+ .  .. |
|       o+... ..E. |
|       .++ . ...o.|
+----[SHA256]-----+
```

图 1-59　在 master 节点上生成密钥对

在 slave1 节点上生成密钥对，如图 1-60 所示。

```
[root@slave1 ~]# ssh-keygen -t rsa -P ''
Generating public/private rsa key pair.
Enter file in which to save the key (/root/.ssh/id_rsa):    直接按回车键
Created directory '/root/.ssh'.
Your identification has been saved in /root/.ssh/id_rsa.
Your public key has been saved in /root/.ssh/id_rsa.pub.
The key fingerprint is:
SHA256:7XF3b/xztriGDfpyvd3iLaPE7MsyStKJKgoqd88Wfok root@slave1
The key's randomart image is:
+---[RSA 2048]----+
|                 |
|                 |
|                 |
|         .       |
|        S o ..   |
|         o o * . o.|
|.       .oo+.o O +|
|+ o .oEoooo* +*+=|
|+o o.oo...++*B+BB|
+----[SHA256]-----+
```

图 1-60　在 slave1 节点上生成密钥对

在 slave2 节点上生成密钥对，如图 1-61 所示。

```
[root@slave2 ~]# ssh-keygen -t rsa -P ''
Generating public/private rsa key pair.
Enter file in which to save the key (/root/.ssh/id_rsa):    直接按回车键
Created directory '/root/.ssh'.
Your identification has been saved in /root/.ssh/id_rsa.
Your public key has been saved in /root/.ssh/id_rsa.pub.
The key fingerprint is:
SHA256:h3gF6USm0zsQwXfbSQqLRCICi9tCMNQnMAdDoJPzyks root@slave2
The key's randomart image is:
+---[RSA 2048]----+
|@B=..o+o+.       |
|+=++ oo==..      |
|B. o.+=.+.= .    |
|.*    .+o+o o    |
|o o     . S .    |
|.o       . o     |
|.E               |
|..               |
|.                |
+----[SHA256]-----+
```

图 1-61　在 slave2 节点上生成密钥对

3. 查看密钥对

在上述操作中，默认将密钥对存放在/root/.ssh 目录下，其中.ssh 目录是一个隐藏文件夹。通过执行代码 1-12 中的命令可以查看/root/.ssh 目录下是否有两个刚生成的密钥对文件。

代码 1-12　查看密钥对

```
cd /root/.ssh/
ls
```

在 3 个节点上执行代码 1-12 中的命令，都可以看到如图 1-62 所示的密钥对，其中 id_rsa 为私钥，id_rsa.pub 为公钥。

```
[root@master ~]# cd /root/.ssh/
[root@master .ssh]# ls
id_rsa  id_rsa.pub  known_hosts
[root@master .ssh]#
```

图 1-62　密钥对

图 1-62 所示为 master 节点的查看效果，slave1 节点和 slave2 节点的查看效果与此类似，读者可以自行查看。

4. 在 master 节点上收集 slave1 节点的公钥

在 master 节点上收集 slave1 节点的公钥，由于公钥的名称一样，因此将收集的 slave1 节点的公钥存放到/root/.ssh/目录下，并命名为"1.pub"。在收集过程中，需要手动输入 slave1 节点的 root 用户密码，执行代码 1-13 中的命令收集公钥。

代码 1-13　收集 slave1 节点的公钥

```
cd /root/.ssh/
scp root@slave1:~/.ssh/id_rsa.pub ./1.pub
ls
```

查看收集到的公钥，如图 1-63 所示。

```
[root@master .ssh]# cd /root/.ssh/
[root@master .ssh]# scp root@slave1:~/.ssh/id_rsa.pub ./1.pub
root@slave1's password:
id_rsa.pub                                           100%  393   514.6KB/s   00:00
[root@master .ssh]# ls
1.pub  id_rsa  id_rsa.pub  known_hosts
[root@master .ssh]#
```

图 1-63　收集 slave1 节点的公钥

5. 在 master 节点上收集 slave2 节点的公钥

在 master 节点上收集 slave2 节点的公钥，由于公钥的名称一样，因此将收集的 slave2 的公钥存放到/root/.ssh/目录下，并命名为"2.pub"，在收集过程中需要手动输入 slave2 节点的 root 用户密码，执行代码 1-14 中的命令收集公钥。

代码 1-14　收集 slave2 节点的公钥

```
cd /root/.ssh/
scp root@slave2:~/.ssh/id_rsa.pub ./2.pub
ls
```

查看收集到的公钥，如图 1-64 所示。

```
[root@master .ssh]# cd /root/.ssh/
[root@master .ssh]# scp root@slave2:~/.ssh/id_rsa.pub ./2.pub
root@slave2's password:
id_rsa.pub                                           100%  393   330.0KB/s   00:00
[root@master .ssh]#
[root@master .ssh]# ls
1.pub  2.pub  id_rsa  id_rsa.pub  known_hosts
[root@master .ssh]#
```

图 1-64　收集 slave2 节点的公钥

6. 在 master 节点上制作白名单

现在 master 节点的/root/.ssh/目录下有 3 个节点的公钥，需要将这 3 个公钥追加到白名单文件 authorized_keys 中，并修改文件的权限为 700（rwx-------），表示所有者可读写可执行、其他用户没有访问权限。如果该文件权限太大，那么 SSH 服务会拒绝工作，出现无法通过密钥文件进行登录认证的情况。执行代码 1-15 中的命令，制作和赋权白名单，并使用"cat"命令查看白名单文件中的内容。

代码 1-15　制作和赋权白名单

```
cd /root/.ssh/
cat id_rsa.pub 1.pub 2.pub>> authorized_keys
```

```
chmod 700 authorized_keys
cat  authorized_keys
```

执行代码 1-15 中的命令后的效果如图 1-65 所示，authorized_keys 文件中的内容为 3 个节点的公钥信息，表示收集成功。

```
[root@master .ssh]# cd /root/.ssh/
[root@master .ssh]# cat id_rsa.pub 1.pub 2.pub>> authorized_keys
[root@master .ssh]# chmod 700 authorized_keys
[root@master .ssh]# cat authorized_keys
ssh-rsa AAAAB3NzaC1yc2EAAAADAQABAAABAQDLiqcRERfilsQTUEQIcIx/guQAnaYseVPiAtwk2Y8zP8AjnScY+JYI85Ocu
i1dDRyw5ddsqlgwfP4X3du24g408203Q9tW/TBWaVL+tldSiIZXm8GXu/gugfHORnt/6JqtgeCqgFLrxvOh28VFWOpRn3ft5t
+T4qCDHg9gUpMR1rqEAS4N4/Am0kEgkl4uLGe7L/KDQduJPjCXpY+IC7wyl9/6WxRhlUS6YUs3aFyC/ssSIAvf3eK6vx6bg+u
+NMJQLmAej4d+xqtbixB0exov4YCBenm7sRArgGQAE53dWDnxCHRE9otvHwrt1iHBukZ6TNGYE5Q2E3uhes9aGBJp root@ma
ster
ssh-rsa AAAAB3NzaC1yc2EAAAADAQABAAABAQDMG2vXYifnzl2f/1DjeCocStDztZDfLLvFzZ3HldWGSz88LJH8wsCvzZs3ff
rA5plDixtkmbS9XZaWrENP1fr1NaLV3jBZrpYSMAkuAXUpJK3ntrUZf2+GcNeoBqvZb3y/2oB8ba7/mmQcSeTHTlQWTiKrQde
KdA9a0OSgicm/PRZQIYJAF2L5VMQQPwjLrwt+ASCYMJ7XmuSeXDcPWeN0E1Er59xB2ptPGUOBZ0h/YI7QMTNJI+vRef3C2HI/
nGxMt9X2wn6x4G4z2LmVUYdeVBbguiVVyGn7t0594Si6dYT3Q69vVNACOY6pzU/NOcsdTA3YW9fqBdWAjRiqomS+v root@sl
ave1
ssh-rsa AAAAB3NzaC1yc2EAAAADAQABAAABAQDk1ygBdq3BOzu1tQ0Bb15LB4RY88pRmUbS4ulx+MM/ZZYKK6wdCsRoNk9Gi
g5Glfl0ZNImvPSXdRZqS33slEB2Z8LwpnQZWJmX+NY2X6etmZ3sfrkQxNnE4iuRJmUpLZEwUQUHHdUDxgDzRRxITjMqMI3jUz
9o5V3OU/16+eywuM7jaIel3g2HEvlq/tOiQR0Tjo36jYHbxFeIjya2ZGhEBUV8+epgrNepPU/+3NosnhNuyMLxhKcF6/FVNg8
xSQMOK+ZAzlf8i8PMw2BeqMWghu1fsOdZSRDRTrVJ+2HS3TC8Dic6FdIiJ2wTn1tSV8FvXl1YpK9huJz30A9IUzUT root@sl
ave2
[root@master .ssh]#
```

图 1-65　白名单文件中的内容

7. 将白名单文件分发给其他节点

需要将白名单文件分发到 slave1 节点和 slave2 节点上才能互相拥有对方的公钥，实现 SSH 免密登录。执行代码 1-16 的命令，将白名单文件分发给 slave1 节点和 slave2 节点，这时需要手动输入各自的 root 用户密码。

代码 1-16　分发白名单文件

```
scp /root/.ssh/authorized_keys slave1:/root/.ssh/
scp /root/.ssh/authorized_keys slave2:/root/.ssh/
```

8. 验证 SSH 免密登录

如果以上的设置步骤成功，那么现在 3 个节点就可以使用 SSH 免密登录了。

执行代码 1-17 中的命令，在 master 节点上连接本地主机，效果如图 1-66 所示。

代码 1-17　连接本地主机

```
ssh localhost
```

```
[root@master ~]# ssh localhost
Last login: Thu Dec 15 21:38:21 2022 from localhost
[root@master ~]#
```

图 1-66　master 节点连接本地主机

在 master 节点上连接 slave1 节点之后，可以输入"exit"退出并回到原来的节点。执行代码 1-18 中的命令测试 SSH 连接，效果如图 1-67 所示。

代码 1-18　测试 SSH 连接

```
ssh slave1
```

```
exit
ssh slave2
ssh master
exit
```

```
[root@master ~]# ssh slave1
Last login: Thu Dec 15 21:43:52 2022 from master
[root@slave1 ~]# exit
登出
Connection to slave1 closed.
[root@master ~]# ssh slave2
Last login: Thu Dec 15 21:44:08 2022 from master
[root@slave2 ~]# ssh master
The authenticity of host 'master (192.168.88.181)' can't be established.
ECDSA key fingerprint is SHA256:4hjOph4QBVjvOMFxHxVrj+69Rioj0edhlJvCm184GxE.
ECDSA key fingerprint is MD5:cb:ae:06:25:f1:d5:8e:68:ed:c9:41:94:1b:c6:2c:9f.
Are you sure you want to continue connecting (yes/no)? yes
Warning: Permanently added 'master,192.168.88.181' (ECDSA) to the list of known hosts.
Last login: Thu Dec 15 21:43:58 2022 from slave1
[root@master ~]#
```

图 1-67　测试 SSH 连接

当首次登录时，系统会提示无法确认 host 主机的真实性，只知道该主机的公钥，询问用户是否还想继续登录，需要输入"yes"，表示继续登录。当再次登录同一台主机时，系统不会出现该提示，可以直接登录。读者需要关注登录过程中是否需要输入密码，不需要输入密码表示通过密钥认证成功。

以上过程表示在 3 个节点之间实现了 SSH 免密登录，读者在做其他操作之前应该确认在哪个节点上。

1.3.5　设置集群时间同步

集群中的节点如果没有连接外网，则时间久了，会产生时间偏差，导致集群执行任务时间不同步，所以需要在集群中的节点上设置服务器集群的时间同步。下面在 3 个节点中设置 NTP（网络时间协议）时间同步。

1. 安装并启动 NTP 服务

如果系统默认没有安装 NTP 服务，则需要先安装，分别在 3 个节点上执行代码 1-19 中的命令，安装 NTP 服务。

代码 1-19　安装 NTP 服务

```
yum install -y ntpdate
yum install -y ntp
```

ntpdate 服务安装成功的效果如图 1-68 所示。

```
正在安装    : ntpdate-4.2.6p5-29.el7.centos.2.x86_64                          1/1
验证中      : ntpdate-4.2.6p5-29.el7.centos.2.x86_64                          1/1

已安装:
  ntpdate.x86_64 0:4.2.6p5-29.el7.centos.2

完毕!
```

图 1-68　ntpdate 服务安装成功的效果

NTP 服务安装成功的效果如图 1-69 所示。

```
已安装：
  ntp.x86_64 0:4.2.6p5-29.el7.centos.2

作为依赖被安装：
  autogen-libopts.x86_64 0:5.18-5.el7

完毕！
```

图 1-69　NTP 服务安装成功的效果

执行代码 1-20 中的命令在 3 个节点上启动 NTP 服务。

代码 1-20　启动 NTP 服务

```
systemctl start ntpd    #启动 NTP 服务
systemctl enable ntpd   #允许 NTP 服务开机启动
```

2. 设置时间同步服务器

设置 master 节点作为时间同步服务器，执行代码 1-21 中的命令，修改 ntp.conf 文件（该文件为 NTP 配置文件）。

代码 1-21　在 master 节点上修改 ntp.conf 文件

```
vi /etc/ntp.conf
```

在 public servers 章节下添加 "server　　　127.127.1.0" 内容，表示设置服务器为本地节点；在 access 节下添加 "restrict 192.168.88.0" 内容，表示新增一个 restrict 段为可以接受服务的网段，这里为 192.168.88.0，效果如图 1-70 所示。

```
# Permit all access over the loopback interface.  This could
# be tightened as well, but to do so would effect some of
# the administrative functions.
restrict 127.0.0.1
restrict ::1
restrict 192.168.88.0


# Hosts on local network are less restricted.
#restrict 192.168.1.0 mask 255.255.255.0 nomodify notrap

# Use public servers from the pool.ntp.org project.
# Please consider joining the pool (http://www.pool.ntp.org/join.html).
server 0.centos.pool.ntp.org iburst
server 1.centos.pool.ntp.org iburst
server 2.centos.pool.ntp.org iburst
server 3.centos.pool.ntp.org iburst
server      127.127.1.0
```

图 1-70　master 节点 ntp.conf 文件修改内容

修改 ntp.conf 文件后保存并退出。执行代码 1-22 中的命令，重新启动 NTP 服务，并查看其服务状态，效果如图 1-71 所示。

代码 1-22　重启 NTP 服务

```
systemctl restart ntpd   #启动 NTP 服务
systemctl status ntpd    #查看 NTP 服务状态
```

```
[root@master ~]# systemctl restart  ntpd
[root@master ~]# systemctl status ntpd
● ntpd.service - Network Time Service
   Loaded: loaded (/usr/lib/systemd/system/ntpd.service; enabled; vendor preset: disable
d)
   Active: active (running) since 一 2023-01-09 17:18:07 CST; 7s ago
  Process: 1207 ExecStart=/usr/sbin/ntpd -u ntp:ntp $OPTIONS (code=exited, status=0/SUCC
ESS)
 Main PID: 1208 (ntpd)
   CGroup: /system.slice/ntpd.service
           └─1208 /usr/sbin/ntpd -u ntp:ntp -g

1月 09 17:18:07 master ntpd[1208]: Listen and drop on 1 v6wildcard :: UDP 123
1月 09 17:18:07 master ntpd[1208]: Listen normally on 2 lo 127.0.0.1 UDP 123
1月 09 17:18:07 master ntpd[1208]: Listen normally on 3 ens33 192.168.88.181 UDP 123
1月 09 17:18:07 master ntpd[1208]: Listen normally on 4 lo ::1 UDP 123
1月 09 17:18:07 master ntpd[1208]: Listen normally on 5 ens33 fe80::20c:29ff:fec8...123
1月 09 17:18:07 master ntpd[1208]: Listening on routing socket on fd #22 for inte...tes
1月 09 17:18:08 master ntpd[1208]: 0.0.0.0 c016 06 restart
1月 09 17:18:08 master ntpd[1208]: 0.0.0.0 c012 02 freq_set kernel 0.000 PPM
1月 09 17:18:08 master ntpd[1208]: 0.0.0.0 c011 01 freq_not_set
1月 09 17:18:11 master ntpd[1208]: 0.0.0.0 c514 04 freq_mode
Hint: Some lines were ellipsized, use -l to show in full.
```

图 1-71　master 节点 NTP 服务状态

3. 设置时间同步客户端

设置 slave1 节点和 slave2 节点作为时间同步客户端来同步 master 服务器的时间，在 slave1 节点和 slave2 节点中执行代码 1-23 中的命令，修改 ntp.conf 文件。

代码 1-23　在 slave1 节点和 slave2 节点上修改 ntp.conf 文件

```
vi /etc/ntp.conf
```

在 server 节点中添加一个时间同步服务器地址，这里为 "192.168.88.181"（master 节点的 IP 地址），效果如图 1-72 所示。

```
# Use public servers from the pool.ntp.org project.
# Please consider joining the pool (http://www.pool.ntp.org/join.html).
server 0.centos.pool.ntp.org iburst
server 1.centos.pool.ntp.org iburst
server 2.centos.pool.ntp.org iburst
server 3.centos.pool.ntp.org iburst
server  192.168.88.181
```

图 1-72　slave 节点 ntp.conf 文件修改内容

在 slave1 节点和 slave2 节点中执行代码 1-24 中的命令，同步服务器的时间。

代码 1-24　同步服务器的时间

```
ntpdate    192.168.88.181
```

slave1 节点同步时间的效果如图 1-73 所示，表示设置成功，slave2 节点同步时间与此类似。

```
[root@slave1 ~]# ntpdate   192.168.88.181
 7 Jan 19:52:00 ntpdate[1532]: adjust time server 192.168.88.181 offset 0.340329 sec
```

图 1-73　slave1 节点同步时间的效果

4. 在所有节点上启动时间同步功能

执行代码 1-25 中的命令，在所有的节点上启动时间同步功能。

代码 1-25　启动时间同步功能

```
timedatectl set-ntp yes
```

1.3.6　安装 Java 环境

由于 Hadoop 官方推荐使用 SUN JDK，因此在配置新的 Java 环境前，需要检查 CentOS 操作系统是否有自带的 OpenJDK，如果有则需要先将其卸载。

1．卸载自带的 OpenJDK

使用 rpm 软件包管理工具，使用 "-qa" 参数查询已安装的软件，"| grep java" 参数显示安装的 Java 环境。执行代码 1-26 中的命令，查询自带的 JDK，效果如图 1-74 所示。

代码 1-26　查询自带的 JDK

```
rpm -qa | grep java
```

```
[root@master ~]# rpm -qa | grep java
[root@master ~]#
```

图 1-74　没有自带的 JDK

如果效果如图 1-74 所示，则表示没有自带的 JDK，请跳过下面的操作直接进入步骤 2。

如果显示有 JDK，则需要先删除相应的软件包。例如，如果执行代码 1-26 中的命令后结果显示 "java-1.8.0-openjdk-headless-1.8.0.131-11.b12.el7.x86_64"，则使用 rpm 软件包管理工具删除相关软件包。执行代码 1-27 中的命令，删除自带的 JDK。其中，"-e" 表示删除软件包，"--nodeps" 表示忽略依赖性强制删除，第一行后面的反斜杠表示命令换行，如果命令在一行内，则可以不使用反斜杠。

代码 1-27　删除自带的 JDK

```
rpm -e --nodeps \
java-1.8.0-openjdk-headless-1.8.0.131-11.b12.el7.x86_64
```

2．下载并上传 JDK 软件包

JDK 软件包需要从 Oracle 官网下载，本书采用的 Hadoop 3.1.4 所需要的 JDK 版本为 JDK8 以上，这里采用的软件包为 jdk-8u281-Linux-x64.tar.gz，在本项目的 1.2.3 节中已经通过 Xftp 工具上传到 master 节点的/root/目录下，查看 JDK 软件包，如图 1-75 所示。

```
[root@master ~]# ls
anaconda-ks.cfg  jdk-8u281-linux-x64.tar.gz
[root@master ~]#
```

图 1-75　查看 JDK 软件包

3．安装 JDK（master 节点）

使用 "tar" 命令进行解压缩和安装。其中，"-zxvf" 参数表示指定解压缩文件的同时显示解压缩过程。每个参数的具体含义如表 1-5 所示。其中，"-zxvf" 为 4 个参数的合并选项。后续解压缩和安装均使用 "tar" 命令和参数，后面不再解释。

表 1-5　tar 命令的参数含义

参　　数	含　　义
tar	Linux 压缩/解压缩
-z	代表 gzip，使用 gzip 进行压缩或解压缩
-x	代表 extract，解压缩文件（压缩文件是-c）
-v	代表 verbose，显示解压缩过程（文件列表）
-f	代表 file，指定解压缩的文件名（或要压缩成的文件名）

执行代码 1-28 中的命令，将软件包解压缩到/usr/local/src 目录下。

代码 1-28　解压缩软件包

```
tar -zxvf /root/jdk-8u281-Linux-x64.tar.gz -C /usr/local/src
```

解压缩完成后，执行代码 1-29 中的命令查看文件夹，效果如图 1-76 所示。可以看出 JDK 安装在/usr/local/src 目录下。

代码 1-29　查看文件夹

```
cd /usr/local/src
ls
```

```
[root@master ~]# cd /usr/local/src/
[root@master src]# ls
jdk1.8.0_281
[root@master src]#
```

图 1-76　查看文件夹

由于 jdk1.8.0_281 文件夹有版本号，不利于编辑后续配置信息，因此执行 "mv" 命令修改该文件夹的名称。执行代码 1-30 中的命令修改 jdk1.8.0_281 文件夹名称为 "java"，效果如图 1-77 所示。

代码 1-30　修改文件夹名称

```
cd /usr/local/src/
mv jdk1.8.0_281 java
ls
```

```
[root@master src]# cd /usr/local/src/
[root@master src]# mv jdk1.8.0_281 java
[root@master src]# ls
java
[root@master src]#
```

图 1-77　修改文件夹名称的效果

4．修改环境变量文件

为了在任何目录下直接执行 Java 的相关命令，可以在环境变量文件中添加 Java 的环境变量。

在 Linux 操作系统中配置环境变量的方法比较多，较常见的有两种：第一种是配置/etc/profile 配置文件，配置结果对整个系统有效，系统中的所有用户都可以使用；第二种是配置/root/.bashprofile 配置文件，配置结果仅对当前用户有效。为了和大数据技术相关的考证与比赛的要求一致，本书使用第二种方法。

修改环境变量文件如代码 1-31 所示。

代码 1-31　修改环境变量文件

```
vi /root/.bash_profile
```

将如表 1-6 所示的配置信息添加到/root/.bash_profile 文件的末尾，保存并退出。

表 1-6　环境变量文件的添加内容

```
# JAVA_HOME 指向 Java 安装目录
export JAVA_HOME=/usr/local/src/java
export PATH=$PATH:$JAVA_HOME/bin
```

5．生效环境变量文件

在 master 节点上执行代码 1-32 中的命令，使 master 节点上配置的 Java 环境变量生效。

代码 1-32　master 节点生效环境变量文件

```
source /root/.bash_profile
```

6．在 slave 节点上安装 JDK

在 slave 节点上安装 JDK，只需将 master 节点上安装的 java 文件夹和配置好的环境变量文件分发到 slave 节点上，并分别使环境变量文件生效。

将 master 节点上安装好的 java 文件夹和配置好的环境变量文件分别分发到 slave1 节点和slave2 节点上，分发命令如代码 1-33 所示。

代码 1-33　分发 java 文件夹和环境变量文件到 slave 节点上

```
scp -r /usr/local/src/java  slave1:/usr/local/src/
scp -r /usr/local/src/java  slave2:/usr/local/src/
scp /root/.bash_profile  slave1:/root/
scp /root/.bash_profile  slave2:/root/
```

在 slave 节点上执行代码 1-34 中的命令，使 slave 节点上配置的 Java 环境变量生效。

代码 1-34　slave 节点生效环境变量文件

```
source /root/.bash_profile
```

7．测试 JDK 安装情况

可以在各节点中执行代码 1-35 中的命令，查看安装的 Java 版本来验证是否安装成功，3个节点均安装成功才表示集群的 JDK 环境配置成功。

代码 1-35　查看安装的 Java 版本

```
java -version
```

如果 master 节点正常显示 Java 的版本为"java version "1.8.0_281""，则说明 JDK 安装并配置成功，如图 1-78 所示。

```
[root@master src]# java -version
java version "1.8.0_281"
Java(TM) SE Runtime Environment (build 1.8.0_281-b09)
Java HotSpot(TM) 64-Bit Server VM (build 25.281-b09, mixed mode)
[root@master src]#
```

图 1-78　master 节点安装并配置 JDK 成功

如果 slave1 节点正常显示 Java 的版本为"java version "1.8.0_281"",则说明 JDK 安装并配置成功,如图 1-79 所示。

```
[root@slave1 ~]# java -version
java version "1.8.0_281"
Java(TM) SE Runtime Environment (build 1.8.0_281-b09)
Java HotSpot(TM) 64-Bit Server VM (build 25.281-b09, mixed mode)
[root@slave1 ~]#
```

图 1-79　slave1 节点安装并配置 JDK 成功

如果 slave2 节点正常显示 Java 的版本为"java version "1.8.0_281"",则说明 JDK 安装并配置成功,如图 1-80 所示。

```
[root@slave2 ~]# java -version
java version "1.8.0_281"
Java(TM) SE Runtime Environment (build 1.8.0_281-b09)
Java HotSpot(TM) 64-Bit Server VM (build 25.281-b09, mixed mode)
[root@slave2 ~]#
```

图 1-80　slave2 节点安装并配置 JDK 成功

至此,完成了 Hadoop 集群的基础环境配置。

项目总结

在项目 1 中,使用虚拟机软件在 Windows 操作系统上搭建了 3 台 Linux 虚拟机,进行网络配置后,使用 SSH 客户端 Xshell 工具连接虚拟机进行相关的操作,后续的平台搭建和配置工作均默认在该软件中操作;同时使用 Xftp 工具将本地组件上传到虚拟机中,在后续的项目中类似的操作不再赘述,请读者自行参考。

本项目中介绍的 Hadoop 平台基础环境配置、SSH 免密登录配置和 JDK 配置是学习后续项目的基础,请读者务必完成本项目的操作后再学习其他项目中的内容。

项目 2

Hadoop 完全分布式集群的搭建与运行

项目介绍

Hadoop 作为一个能够对大量数据进行分布式处理的软件框架，其生态体系可用于开发和处理海量数据。由于 Hadoop 有可靠及高效的处理性能，因此其逐渐成为分析大数据的领先平台。

Hadoop 起源于 Apache Nutch 项目。2006 年 2 月，MapReduce 和 HDFS 成为 Lucene 的一个子项目，被称为 Hadoop，Apache Hadoop 项目正式启动。

Hadoop 版本经历了 0.x 版本系列、1.x 版本系列、2.x 版本系列（架构产生了变化，引入了 YARN 平台等许多新特性，是 0.23.x 发行版系列的延续），最新的是 3.x 版本系列。在 3.x 版本系列中，HDFS 增加了 Erasure 编码处理进行容错和备份，节省了大量空间，DataNode（数据节点）使用内部平衡器进行负载均衡，使用多个 Standby（待机）状态的 NameNode（名称节点）；YARN 支持了随机的 Container（容器）和分布式调度；MapReduce 进行了任务优化。

Hadoop 的核心组件有如下三大项。

1. HDFS

（1）HDFS（分布式文件存储系统）是 Hadoop 体系中数据存储管理的基础，是一个分布式文件系统。

（2）HDFS 先将大数据文件切分成若干个小的数据块，再把这些数据块分别写入不同的节点，这些负责保存文件数据的节点被称为 DataNode。

（3）HDFS 使用一个专门保存文件属性信息的节点——NameNode。

2. YARN

（1）YARN（通用资源管理系统）负责将系统资源分配给在 Hadoop 集群中运行的各种应用程序，并调度要在不同集群节点上执行的任务，相当于一个分布式操作系统平台。

（2）YARN 的组件有 ResourceManager、ApplicationMaster、NodeManager 和 Container，采用 Master/Slave（主/从）结构。

3. MapReduce

（1）MapReduce（分布式计算程序的编程框架）是面向大型数据处理的、简化的并行计算模型。

（2）MapReduce 将用户编写的业务逻辑代码和自带的默认组件整合成一个完整的分布式运算程序，使开发并行计算应用程序变得很容易。

（3）MapReduce 先把对大数据的操作分发给多个子节点并行处理，再整合各个子节点的输出结果，得到最终的计算结果。

本项目基于项目 1 中完成的基础环境搭建与配置，以 Hadoop 集群安装与部署和多种应用场景描述 Hadoop 集群运行的过程。

任务安排

任务 2.1　搭建 Hadoop 完全分布式集群

任务 2.2　运行 Hadoop 集群

学习目标

（1）了解搭建 Hadoop 完全分布式集群的流程。

（2）熟悉 Hadoop 完全分布式集群的配置文件参数。

（3）掌握启动与关闭 Hadoop 集群的操作。

任务 2.1　搭建 Hadoop 完全分布式集群

任务描述

项目 2 任务 2.1 搭建
Hadoop 完全分布式集群

Hadoop 可以按如下 3 种模式进行安装和运行。

（1）单机模式：Hadoop 的默认模式，安装时不需要修改配置文件。

（2）伪分布式模式：Hadoop 安装在一台计算机上，需要修改相应的配置文件，用一台计算机模拟多台主机的集群。

（3）完全分布式模式：在多台计算机上安装 JDK 和 Hadoop，组成相互连通的集群，需要修改相应的配置文件；Hadoop 的守护进程运行在由多台主机搭建的集群上。

本任务为 Hadoop 完全分布式模式的安装与配置，请读者自行实践 Hadoop 的单机模式和伪分布式模式的安装与配置。

Hadoop 集群的搭建涉及多台机器，这在日常学习和个人开发、测试过程中，显然是不可行的。在项目 1 中，我们使用虚拟机在同一台计算机上搭建了 3 个 Linux 虚拟机环境，分别为master、slave1 和 slave2 节点，并且在这 3 个节点上完成了基础环境的配置，安装和配置好了JDK，所以在本项目中直接开始搭建和配置 Hadoop 的完全分布式集群。

本项目规划的 Hadoop 集群包含 1 个 master 节点和 2 个 slave 节点，集群节点信息如图 2-1所示。

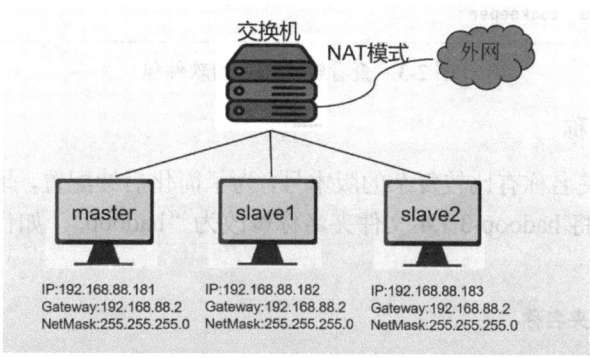

图 2-1　集群节点信息

任务实施中的操作，除非特别说明，默认表示在 master 节点上进行操作。

➡ 任务分析

截至本教材成书时，目前流行的 Hadoop 版本有 2.7.x 和 3.x.x。其中，2.7.x 版本主要应用在各种职业技能竞赛和考证中，3.x 版本主要应用在企业项目的大数据应用与开发中。本书为了读者能适应技术发展的需求，仅演示安装与配置 Hadoop 3.1.4 版本的完全分布式模式，Hadoop 2.7.x 版本的配置请读者自行操作。

➡ 任务实施

安装与配置 Hadoop 3.1.4 版本

Hadoop 3.1.4 版本的安装过程与 Hadoop 2.7.x 版本的安装过程基本一致，主要区别在于配置文件内容不同。主要区别会在具体章节中给出简单提示，说明中统一使用"2.7.x 版本"术语。

1．解压缩软件包

执行"ls /root/"命令可以查看上传的软件包，如图 2-2 所示。

```
[root@master ~]# ls /root/
anaconda-ks.cfg  hadoop-2.7.7.tar.gz  hadoop-3.1.4.tar.gz  jdk-8u144-linux-x64.tar.gz
[root@master ~]#
```

图 2-2　查看上传的软件包

执行"tar"命令解压缩软件包到/usr/local/src 文件夹中，并切换到安装目录下查看，可以执行"ls"命令查看解压缩软件包后的效果，如代码 2-1 所示，结果如图 2-3 所示。

代码 2-1　解压缩软件包

```
tar -zxvf /root/hadoop-3.1.4.tar.gz  -C /usr/local/src/
cd /usr/local/src/
ls
```

使用"tar"命令的"-zvxf"参数解压缩是为了查看解压缩进度，如果不需要查看，则可以使用"-zxf"参数。

```
[root@master ~]# tar -zxf /root/hadoop-3.1.4.tar.gz  -C /usr/local/src/
[root@master ~]# cd  /usr/local/src/
[root@master src]# ls
hadoop-3.1.4 java zookeeper
[root@master src]#
```

图 2-3　查看解压缩后的软件包

2．修改文件夹名称

解压缩后的文件夹名称有比较复杂的版本号，为了简化后续配置，此处需要修改文件夹名称。执行"mv"命令将 hadoop-3.1.4 文件夹名称修改为"hadoop"，如代码 2-2 所示，效果如图 2-4 所示。

代码 2-2　修改文件夹名称

```
cd /usr/local/src/
```

```
mv hadoop-3.1.4 hadoop
```

```
[root@master src]# cd /usr/local/src/
[root@master src]# mv hadoop-3.1.4  hadoop
[root@master src]# ls
hadoop  java  zookeeper
[root@master src]#
```

图 2-4　修改文件夹名称

3. 修改环境变量文件

为了在任何目录下直接执行 Hadoop 的相关命令，可以在环境变量文件中添加 Hadoop 的环境变量。在项目 1 中已经说明过，本书在/root/.bash_profile（对当前用户有效）文件夹中操作，修改环境变量文件如代码 2-3 所示。

代码 2-3　修改环境变量文件

```
vi /root/.bash_profile
```

将如表 2-1 所示的配置信息添加到/root/.bash_profile 文件夹的末尾，保存并退出。

表 2-1　环境变量文件的添加内容

```
# set hadoop environment
export HADOOP_HOME=/usr/local/src/hadoop
export PATH=$HADOOP_HOME/bin:$HADOOP_HOME/sbin:$PATH
#以下是 Hadoop 3.x 版本中新增的配置项
export HDFS_NAMENODE_USER=root
export HDFS_DATANODE_USER=root
export HDFS_SECONDARYNAMENODE_USER=root
export YARN_RESOURCEMANAGER_USER=root
export YARN_NODEMANAGER_USER=root
```

4. 修改 hadoop-env.sh 和 yarn-env.sh 配置文件

从这里开始，需要修改 Hadoop 配置文件夹中的相关配置文件，需要修改的配置文件在/usr/local/ src/hadoop/etc/hadoop 文件夹下，图 2-5 中圈住的文件是本任务中需要修改的配置文件。其中，workers 文件在 2.7.x 版本中对应的是 slaves 文件。

```
[root@master ~]# cd /usr/local/src/hadoop/etc/hadoop
[root@master hadoop]# ls
capacity-scheduler.xml          kms-log4j.properties
configuration.xsl               kms-site.xml
container-executor.cfg          log4j.properties
core-site.xml        ❸          mapred-env.cmd
hadoop-env.cmd                  mapred-env.sh
hadoop-env.sh        ❶          mapred-queues.xml.template
hadoop-metrics2.properties      mapred-site.xml      ❺
hadoop-policy.xml               shellprofile.d
hadoop-user-functions.sh.example ssl-client.xml.example
hdfs-site.xml        ❹          ssl-server.xml.example
httpfs-env.sh                   user_ec_policies.xml.template
httpfs-log4j.properties         workers      ❼
httpfs-signature.secret         yarn-env.cmd
httpfs-site.xml                 yarn-env.sh      ❷
kms-acls.xml                    yarnservice-log4j.properties
kms-env.sh                      yarn-site.xml      ❻
[root@master hadoop]#
```

图 2-5　Hadoop 3.1.4 需要修改的配置文件

在 hadoop-env.sh 文件中需要配置 JAVA_HOME 的安装目录，目的是在 Hadoop 启动时能够执行守护进程，执行代码 2-4 中的命令修改该文件。

代码 2-4　修改 hadoop-env.sh 文件

```
cd /usr/local/src/hadoop/etc/hadoop
vi hadoop-env.sh
```

在 hadoop-env.sh 文件中找到 JAVA_HOME 的配置项，如图 2-6 所示。

将图 2-6 中配置项前面的#去掉，修改内容如表 2-2 所示。

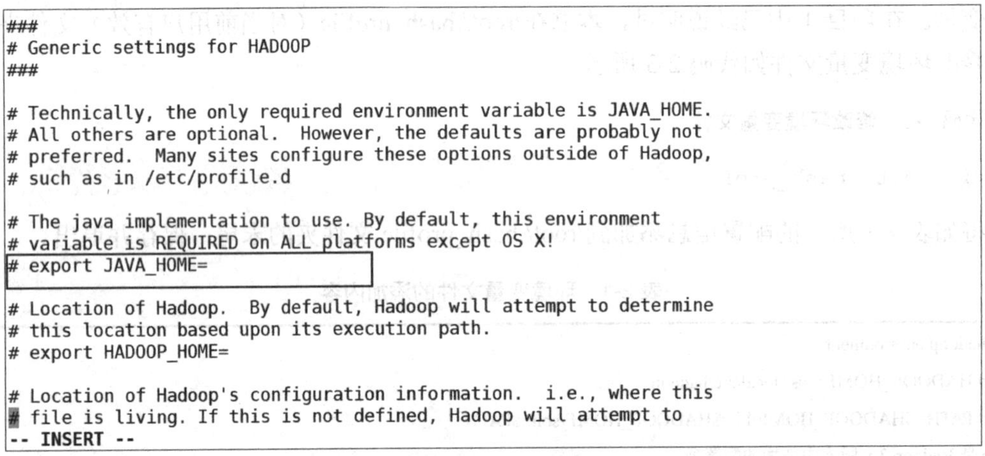

```
###
# Generic settings for HADOOP
###

# Technically, the only required environment variable is JAVA_HOME.
# All others are optional.  However, the defaults are probably not
# preferred.  Many sites configure these options outside of Hadoop,
# such as in /etc/profile.d

# The java implementation to use. By default, this environment
# variable is REQUIRED on ALL platforms except OS X!
# export JAVA_HOME=

# Location of Hadoop.  By default, Hadoop will attempt to determine
# this location based upon its execution path.
# export HADOOP_HOME=

# Location of Hadoop's configuration information.  i.e., where this
# file is living. If this is not defined, Hadoop will attempt to
-- INSERT --
```

图 2-6　JAVA_HOME 的配置项

表 2-2　hadoop-env.sh 文件的修改内容

export JAVA_HOME=/usr/local/src/java　#此处路径为 JDK 的安装目录

参考以上方法，执行"vi yarn-env.sh"命令修改配置文件 yarn-env.sh 中的 JAVA_HOME 的配置项，修改内容如表 2-2 所示。

5. 修改 core-site.xml 文件的参数

core-site.xml 文件是 Hadoop 的核心配置文件，配置该文件的目的是配置 HDFS 地址、端口号及临时文件夹。参考上一步，执行"vi core-site.xml"命令打开 core-site.xml 文件，在该文件中的<configuration>和</configuration>一对标签之间追加配置信息，如表 2-3 所示，保存并退出。

表 2-3　core-site.xml 文件的修改内容

| ```
<property>
    <name>fs.defaultFS</name>
    <value>hdfs://master:9000</value>
</property>
<property>
    <name>io.file.buffer.size</name>
    <value>131072</value>
</property>
``` |
```

```
<property>
    <name>hadoop.tmp.dir</name>
    <value>file:/usr/local/src/hadoop/tmp</value>
</property>
<property>
    <name>hadoop.http.staticuser.user</name>
    <value>root</value>
</property>
```

修改中涉及的配置项值对比，如表 2-4 所示。

表 2-4　core-site.xml 文件配置项值对比

序号	配置项	默认值	修改值
1	fs.defaultFS	file:///	hdfs://master:9000
2	io.file.buffer.size	4096	131072
3	hadoop.tmp.dir	/tmp/hadoop-${user.name}	file:/usr/local/src/hadoop/tmp
4	hadoop.http.staticuser.user	dr.who	root

6. 修改 hdfs-site.xml 文件的参数

hdfs-site.xml 文件用于设置 HDFS 的 NameNode 和 DataNode 两大进程属性，以及 HDFS 数据文件的副本数。执行"vi hdfs-site.xml"命令打开 hdfs-site.xml 文件，在该文件中的 <configuration>和</configuration>一对标签之间追加配置信息，如表 2-5 所示，保存并退出。

表 2-5　hdfs-site.xml 文件的修改内容

```
<property>
    <name>dfs.namenode.name.dir</name>
    <value>file:/usr/local/src/hadoop/dfs/name</value>
</property>
<property>
    <name>dfs.datanode.data.dir</name>
    <value>file:/usr/local/src/hadoop/dfs/data</value>
</property>
<property>
    <name>dfs.replication</name>
    <value>2</value>
</property>
<property>
    <name>dfs.namenode.secondary.http-address</name>
    <value>master:50090</value>
</property>
```

修改中涉及的配置项值对比，如表 2-6 所示。

表 2-6　core-site.xml 文件配置项值对比

序 号	配 置 项	默 认 值	修 改 值
1	dfs.namenode.name.dir	file://${hadoop.tmp.dir}/dfs/name	file:/usr/local/src/hadoop/dfs/name
2	dfs.datanode.data.dir	file://${hadoop.tmp.dir}/dfs/data	file:/usr/local/src/hadoop/dfs/data
3	dfs.replication	3	2
4	dfs.namenode.secondary.http-address	0.0.0.0:9868	master:50090

7. 修改 mapred-site.xml 文件的参数

mapred-site.xml 文件是 MapReduce 的核心配置文件，用于指定 MapReduce 运行时的框架属性。执行"vi hdfs-site.xml"命令打开 hdfs-site.xml 文件，在该文件中的<configuration>和</configuration>一对标签之间追加配置信息，如表 2-7 所示，保存并退出。

表 2-7　mapred-site.xml 文件的修改内容

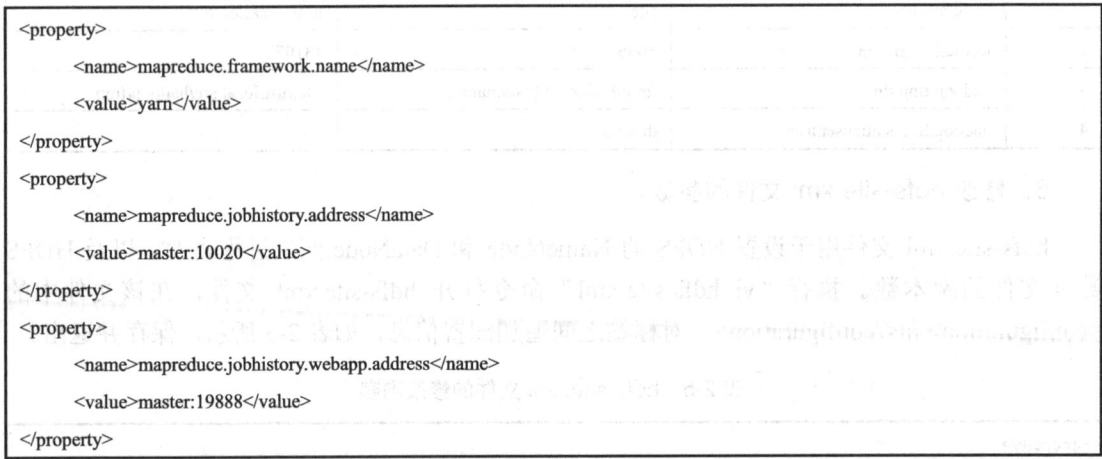

```
<property>
    <name>mapreduce.framework.name</name>
    <value>yarn</value>
</property>
<property>
    <name>mapreduce.jobhistory.address</name>
    <value>master:10020</value>
</property>
<property>
    <name>mapreduce.jobhistory.webapp.address</name>
    <value>master:19888</value>
</property>
```

修改中涉及的配置项值对比，如表 2-8 所示。

表 2-8　mapred-site.xml 文件配置项对比

序 号	配 置 项	默 认 值	修 改 值
1	mapreduce.framework.name	local	yarn
2	mapreduce.jobhistory.address	0.0.0.0:10020	master:10020
3	mapreduce.jobhistory.webapp.address	0.0.0.0:19888	master:19888

8. 修改 yarn-site.xml 文件的参数

yarn-site.xml 是 YARN 框架的核心配置文件，需要指定 YARN 集群的管理者等属性。执行"vi yarn-site.xml"命令打开 yarn-site.xml 文件，在该文件中的<configuration>和</configuration>一对标签之间追加配置信息，如表 2-9 所示，保存并退出。

表 2-9　yarn-site.xml 文件的修改内容

```
<property>
    <name>yarn.resourcemanager.hostname</name>
    <value>master</value>
```

```xml
</property>
<property>
        <name>yarn.resourcemanager.address</name>
        <value>master:8032</value>
</property>
<property>
        <name>yarn.resourcemanager.scheduler.address</name>
        <value>master:8030</value>
</property>
<property>
         <name>yarn.resourcemanager.webapp.address</name>
         <value>master:8088</value>
</property>
<property>
        <name>yarn.resourcemanager.webapp.https.address</name>
        <value>master:8090</value>
</property>
<property>
        <name>yarn.resourcemanager.resource-tracker.address</name>
<value>master:8031</value>
</property>
<property>
        <name>yarn.resourcemanager.admin.address</name>
        <value>master:8033</value>
</property>
<property>
        <name>yarn.nodemanager.local-dirs</name>
        <value>/data/hadoop/yarn/local</value>
</property>
<property>
        <name>yarn.log-aggregation-enable</name>
        <value>true</value>
</property>
<property>
        <name>yarn.nodemanager.remote-app-log-dir</name>
        <value>/data/tmp/logs</value>
</property>
<property>
        <name>yarn.log.server.url</name>
        <value>http://master:19888/jobhistory/logs/</value>
        <description>URL for job history server</description>
</property>
<property>
```

```
        <name>yarn.nodemanager.vmem-check-enabled</name>
        <value>false</value>
</property>
<property>
        <name>yarn.nodemanager.aux-services</name>
        <value>mapreduce_shuffle</value>
</property>
<property>
        <name>yarn.nodemanager.aux-services.mapreduce.shuffle.class</name>
        <value>org.apache.hadoop.mapred.ShuffleHandler</value>
</property>
<property>
        <name>yarn.scheduler.minimum-allocation-mb</name>
        <value>512</value>
</property>
<property>
        <name>yarn.scheduler.maximum-allocation-mb</name>
        <value>4096</value>
</property>
<property>
        <name>mapreduce.map.memory.mb</name>
        <value>2048</value>
</property>
<property>
        <name>mapreduce.reduce.memory.mb</name>
        <value>2048</value>
</property>
<property>
        <name>yarn.nodemanager.resource.cpu-vcores</name>
        <value>1</value>
</property>
<property>
        <name>yarn.application.classpath</name>
        <value>/usr/local/src/hadoop/etc/hadoop:/usr/local/src/hadoop/share/hadoop/common/lib/*:/usr/local/src/hadoop/share/hadoop/common/*:/usr/local/src/hadoop/share/hadoop/hdfs:/usr/local/src/hadoop/share/hadoop/hdfs/lib/*:/usr/local/src/hadoop/share/hadoop/hdfs/*:/usr/local/src/hadoop/share/hadoop/mapreduce/lib/*:/usr/local/src/hadoop/share/hadoop/mapreduce/*:/usr/local/src/hadoop/share/hadoop/yarn:/usr/local/src/hadoop/share/hadoop/yarn/lib/*:/usr/local/src/hadoop/share/hadoop/yarn/*</value>
</property>
```

修改中涉及的主要配置项值对比（yarn-site.xml 文件在 2.7.x 版本中内容有差异），如表 2-10 所示。

表 2-10 yarn-site.xml 文件配置项值对比

序　号	配　置　项	默　认　值	修　改　值
1	yarn.resourcemanager.address	0.0.0.0:8032	master:8032
2	yarn.resourcemanager.scheduler.address	0.0.0.0:8030	master:8030

序 号	配 置 项	默 认 值	修 改 值
3	yarn.resourcemanager.resource-tracker.address	0.0.0.0:8031	master:8031
4	yarn.resourcemanager.admin.address	0.0.0.0:8033	master:8033
5	yarn.resourcemanager.webapp.address	0.0.0.0:8088	master:8088
6	yarn.nodemanager.aux-services	无	mapreduce_shuffle

9. 修改从节点文件

在/usr/local/src/hadoop/etc/hadoop 目录下有一个 workers 文件，该文件中记录了集群中的所有从节点（HDFS 的 DataNode 和 YARN 的 NodeManager 所在的主机），用来配合一键启动脚本时启动集群中的所有从节点。执行"vi workers"命令在 workers 文件中追加配置信息，如表 2-11 所示，该文件中原有的"localhost"内容可以保留并让 master 节点同时充当 NameNode 和 DataNode，或者删掉"localhost"行，让 master 节点仅作为 NameNode，保存并退出。

表 2-11　workers 文件的修改内容

```
slave1
slave2
```

注意：向 workers 文件中添加的内容结尾不允许有空格，文件中不允许有空行。

10. 创建文件目录

由于在前面的配置文件中配置 Hadoop 集群的临时文件夹、相关的 NameNode 和 DataNode 的文件路径，需要创建这些文件夹。执行代码 2-5 中的命令创建文件目录，并查看文件属性，结果如图 2-7 所示。

代码 2-5　创建文件目录

```
cd /usr/local/src/hadoop
mkdir /usr/local/src/hadoop/tmp
mkdir /usr/local/src/hadoop/tmp/dfs/name -p
mkdir /usr/local/src/hadoop/tmp/dfs/data -p
ll
```

```
[root@master hadoop]# mkdir /usr/local/src/hadoop/tmp
[root@master hadoop]# mkdir /usr/local/src/hadoop/tmp/dfs/name -p
[root@master hadoop]# mkdir /usr/local/src/hadoop/tmp/dfs/data -p
[root@master hadoop]# ll tmp/
总用量 0
drwxr-xr-x 4 root root 30 12月  1 04:55 dfs
[root@master hadoop]# ll tmp/dfs/
总用量 0
drwxr-xr-x 2 root root 6 12月  1 04:55 data
drwxr-xr-x 2 root root 6 12月  1 04:55 name
[root@master hadoop]#
```

图 2-7　查看创建好的文件目录

11. 分发配置文件到 slave 节点上

将 master 节点上配置好的 hadoop 文件夹和环境变量文件分别分发到 slave1 节点和 slave2 节点上。由于在项目 1 中已经配置了 SSH 免密登录，因此在进行分发时可以不需要验证访问节点的用户密码。执行代码 2-6 中的命令进行分发。

代码 2-6　分发 hadoop 文件夹和环境变量文件到 slave 节点上

```
scp -r /usr/local/src/hadoop slave1:/usr/local/src/
scp -r /usr/local/src/hadoop slave2:/usr/local/src/
scp /root/.bash_profile slave1:/root/
scp /root/.bash_profile slave2:/root/
```

12. 生效环境变量文件

在每个节点上执行代码 2-7 中的命令，使每个节点上配置的 Hadoop 环境变量生效。

代码 2-7　生效环境变量文件

```
source /root/.bash_profile
```

13. 测试 Hadoop 的安装情况

执行 "hadoop version" 命令查看安装的 Hadoop 版本信息，若如图 2-8 所示，则表示安装 Hadoop 3.1.4 成功。

```
[root@master hadoop]# hadoop version
Hadoop 3.1.4
Source code repository https://github.com/apache/hadoop.git -r 1e877761e8dadd71effef30e59236
8f7fe66a61b
Compiled by gabota on 2020-07-21T08:05Z
Compiled with protoc 2.5.0
From source with checksum 38405c63945c88fdf7a6fe391494799b
This command was run using /usr/local/src/hadoop/share/hadoop/common/hadoop-common-3.1.4.jar
[root@master hadoop]#
```

图 2-8　Hadoop 版本信息

任务 2.2　运行 Hadoop 集群

 **任务描述**

项目 2 任务 2.2 运行 Hadoop 集群

Hadoop 提供了分布式集群的框架，可以高效地运行在计算机上，用于大数据的处理分析，其中的 MapReduce 和 HDFS 是两个核心功能的应用。本任务介绍如何管理 Hadoop 集群，并查看集群运行的情况和状态。

任务分析

本节讲解 Hadoop 完全分布式集群的格式化、启动和关闭操作，特别对启动和关闭 Hadoop 集群中的核心功能 YARN 和 HDFS 的进程，以及对运行情况进行详细的操作演示。

任务实施

2.2.1　格式化 NameNode

当第一次启动 HDFS 时要进行格式化，将 NameNode 上的数据清零，否则会缺失 DataNode 进程。

以后启动无须再格式化，只要运行过 Hadoop 集群，其工作目录（本书设置为/usr/local/src/hadoop/tmp）中就会有数据。如果需要重新格式化，则在重新格式化之前一定要先删除工作目录下的数据，否则格式化时会出问题，并且缺失 DataNode 进程。

在 master 节点上进行格式化，如代码 2-8 所示。

代码 2-8 格式化 NameNode

```
hdfs namenode -format
```

格式化的过程比较长，一般大概需要 1min，该过程会在屏幕上不断地刷新。等待格式化完成后，Hadoop 3.1.4 版本会提示格式化成功信息，其中最后一段截图如图 2-9 所示（在 2.7.x 版本中提示信息有差异）。

```
2022-12-01 08:01:41,440 INFO util.GSet: 0.029999999329447746% max memory 235.9 MB = 72.5 KB
2022-12-01 08:01:41,441 INFO util.GSet: capacity       = 2^13 = 8192 entries
2022-12-01 08:01:41,510 INFO namenode.FSImage: Allocated new BlockPoolId: BP-1822339729-192.
168.88.181-1669852901502
2022-12-01 08:01:41,528 INFO common.Storage: Storage directory /usr/local/src/hadoop/dfs/nam
e has been successfully formatted.
2022-12-01 08:01:41,561 INFO namenode.FSImageFormatProtobuf: Saving image file /usr/local/sr
c/hadoop/dfs/name/current/fsimage.ckpt_0000000000000000000 using no compression
2022-12-01 08:01:41,671 INFO namenode.FSImageFormatProtobuf: Image file /usr/local/src/hadoo
p/dfs/name/current/fsimage.ckpt_0000000000000000000 of size 388 bytes saved in 0 seconds .
2022-12-01 08:01:41,679 INFO namenode.NNStorageRetentionManager: Going to retain 1 images wi
th txid >= 0
2022-12-01 08:01:41,685 INFO namenode.FSImage: FSImageSaver clean checkpoint: txid = 0 when
meet shutdown.
2022-12-01 08:01:41,687 INFO namenode.NameNode: SHUTDOWN_MSG:
/************************************************************
SHUTDOWN_MSG: Shutting down NameNode at master/192.168.88.181
************************************************************/
[root@master hadoop]#
```

图 2-9 Hadoop 3.1.4 版本格式化成功信息的最后一段

2.2.2 启动和关闭 Hadoop 集群

针对 Hadoop 集群的启动，需要启动 HDFS 集群和 YARN 集群两个框架，启动方式可以逐个启动，也可以使用脚本一键启动。

1. 逐个启动

在 master 节点上启动 HDFS NameNode 进程、YARN ResourceManager 进程和 HistoryServer 进程。启动后可以使用"jps"命令查看进程，如代码 2-9 所示。

代码 2-9 master 节点启动进程

```
hadoop-daemon.sh start namenode
yarn-daemon.sh start resourcemanager
mr-jobhistory-daemon.sh start historyserver
jps
```

使用"jps"命令查看 NameNode 和 ResourceManager 两个进程，如图 2-10 所示。

在 slave 节点中启动 HDFS DataNode 进程、YARN NodeManager 进程。启动后可以使用"jps"命令查看进程，如代码 2-10 所示。

```
[root@master ~]# jps
42865 JobHistoryServer
31186 SecondaryNameNode
42963 Jps
30934 NameNode
31422 ResourceManager
[root@master ~]#
```

图 2-10　查看 master 节点进程

代码 2-10　slave 节点启动进程

```
hadoop-daemon.sh start datanode
yarn-daemon.sh start nodemanager
jps
```

使用 "jps" 命令查看 NodeManager 和 DataNode 两个进程，如图 2-11 所示。slave1 节点和 slave2 节点的进程的情况一样。

```
[root@slave1 src]# jps
5206 NodeManager
6091 DataNode
6251 Jps
```

图 2-11　查看 slave1 节点进程

2. 脚本一键启动

使用脚本一键启动的前提是配置好从节点配置文件和 SSH 免密登录。本节针对 Hadoop 3.1.4 版本，在 master 节点上启动 HDFS、YARN 进程和 HistoryServer 进程。启动后分别在 master 节点和 slave1 节点上使用 "jps" 命令查看 Java 进程，如代码 2-11 所示。

代码 2-11　脚本一键启动

```
start-dfs.sh
start-yarn.sh
mr-jobhistory-daemon.sh start historyserver
jps
```

master 节点上的 Java 进程列表如图 2-12 所示。

```
[root@master ~]# jps
42865 JobHistoryServer
31186 SecondaryNameNode
42963 Jps
30934 NameNode
31422 ResourceManager
[root@master ~]#
```

图 2-12　master 节点上的 Java 进程列表

slave1 节点上的 Java 进程列表如图 2-13 所示。

可以在 master 节点上使用 "start-all.sh" 命令直接启动整个 Hadoop 集群，启动后的效果与图 2-13 一致，不再详述。

以上是启动进程的各种方法，Hadoop 集群的关闭和启动的顺序是相反的，即倒序关闭，如果要关闭相应的进程，则将代码 2-11 中的 "start" 命令改为 "stop" 命令，先关闭 HistoryServer 进程，然后关闭 YARN 进程，最后关闭 HDFS。

```
[root@slave1 ~]# jps
1667 NodeManager
1796 Jps
1559 DataNode
[root@slave1 ~]#
```

图 2-13 slave1 节点上的 Java 进程列表

2.2.3 使用浏览器查看节点状态

Hadoop 集群启动后，通过 Web 页面可以方便地进行集群的管理与查看，只需在本地操作系统的浏览器的地址栏中输入集群服务器的节点名称（或 IP 地址）和相应的端口号。在 Windows 操作系统的浏览器的地址栏中输入"http://master:9870"（2.7.x 版本为"http://master:50070"），如果网页打不开，则可以用 master 节点的 IP 地址代替"master"尝试，进入页面，可以查看 NameNode 和 DataNode 信息，如图 2-14 所示。

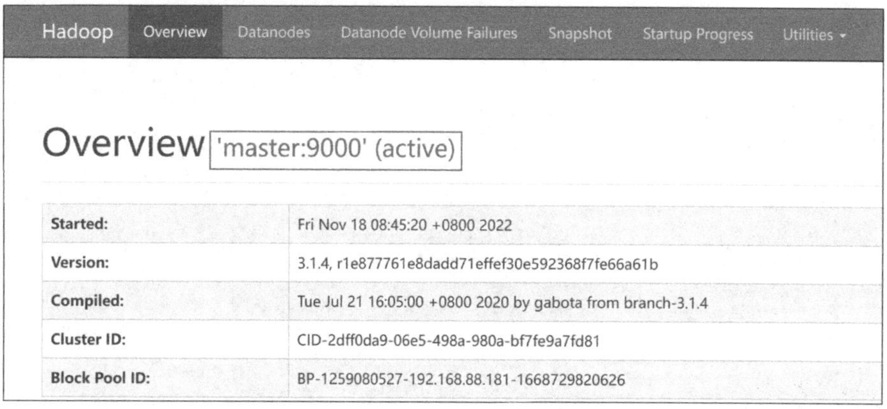

图 2-14 NameNode 和 DataNode 信息

可以通过浏览上面的导航栏查看其他的信息，此处不再详述。

在 Windows 操作系统的浏览器的地址栏中输入"http://master:8088"（2.7.x 版本为"http://master:50090"），进入页面，可以查看 SecondaryNameNode 信息，如图 2-15 所示。

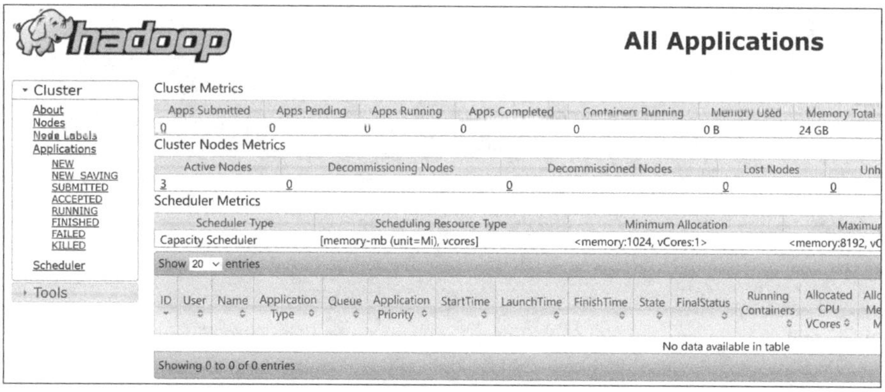

图 2-15 SecondaryNameNode 信息

说明：如果配置正确，但网页不能正确显示，则可将"master"改为 IP 地址来尝试；如果改为 IP 地址可以访问，则可能是项目 1 中 1.3.3 节配置的 Windows 操作系统的虚拟机集群的 IP 地址映射信息出错，请读者核实。

项目总结

　　本项目通过两个任务的实操，完成了 Hadoop 完全分布式集群的安装、配置与运行的介绍，两个版本的部署方式不同，请读者根据实际情况进行选择，可以对其中的主要区别进行比较，以便更深入地了解 Hadoop 集群的框架和工作原理。Hadoop 完全分布式集群的部署与运行是继续深入学习 Hadoop 平台的部署与应用的基础，也是大多数大数据技术相关竞赛和技能证书考试的必考技能之一。

Hadoop 核心组件的应用案例

项目介绍

Hadoop 是一个能够对大量数据进行分布式处理的软件框架。其中,分布式依赖于 Hadoop 的三大组件之一的 HDFS,对大量数据进行分布式处理依赖于 Hadoop 的三大组件之一的 MapReduce。MapReduce 程序常通过 Java 开发软件,如 Eclipse、IntelliJ IDEA 等进行编写,而 HDFS 系统文件操作同样不局限于在 Shell 界面进行读写等操作,也提供了 Java 语言的一些编程接口、函数,使开发人员可以在开发软件上进行编程操作。

如今,常用的编程开发软件 IntelliJ IDEA(IDEA)是 Java 编程语言的集成开发环境,在智能代码助手、代码自动提示、重构、JavaEE 支持、各类版本工具(git、SVN 等)、JUnit、CVS 整合、代码分析创新的 GUI 设计等方面的功能较为优秀。

基于项目 2 部署好的 Hadoop 完全分布式集群,在 IDEA 上使用 Hadoop 提供的 Java API(Application Programming Interface,应用程序编程接口)实现读取 HDFS 上的文件,基于 KNN 聚类算法,编写 MapReduce 程序实现 M 电影网站的用户性别聚类与未知用户性别的预测。

任务安排

任务 3.1　Hadoop Java API 读取序列化日志文件
任务 3.2　预测 M 电影网站用户性别

学习目标

(1)了解 Hadoop Java API 读取文件的方法。
(2)了解 Hadoop Java API 下载和保存文件的方法。
(3)掌握数据分析的基本流程。
(4)了解 MapReduce 的编写流程。

任务 3.1　Hadoop Java API 读取序列化日志文件

任务描述

现有一份 2020 年用户登录某网站的序列化文件,本任务将使用 Hadoop Java API 的方式读取该序列化文件，并将读取的数据保存到本地文件系统中，查看文件中的内容是否是 1 月和 2 月的用户登录信息。

➡ 任务分析

本任务将进行如下操作，完成读取序列化文件。

（1）在 Windows 操作系统中配置 Java 开发环境，即安装 JDK，设置环境变量。

（2）下载与安装 IDEA。

（3）创建 Java 工程。

（4）读取序列化文件并将读取的数据保存到本地文件系统中。

➡ 任务实施

3.1.1 配置开发环境

JDK 是 Java 的软件开发工具包，主要用于各种电子设备上的 Java 应用程序。JDK 是整个 Java 开发的核心，包含了 Java 的运行环境（JVM 与 Java 系统类库）及 Java 工具。

1．安装 JDK 8

Java 提供了标准的软件开发工具箱 Java Development Kit（JDK）。利用 JDK 可以开发 Java 桌面应用程序和低端的服务器应用程序，目前较为常用的版本为 JDK 1.8。安装 jdk-8u301-windows-x64.exe，具体步骤如下。

（1）打开 JDK 软件包 jdk-8u301-windows-x64.exe，单击"下一步"按钮，如图 3-1 所示。

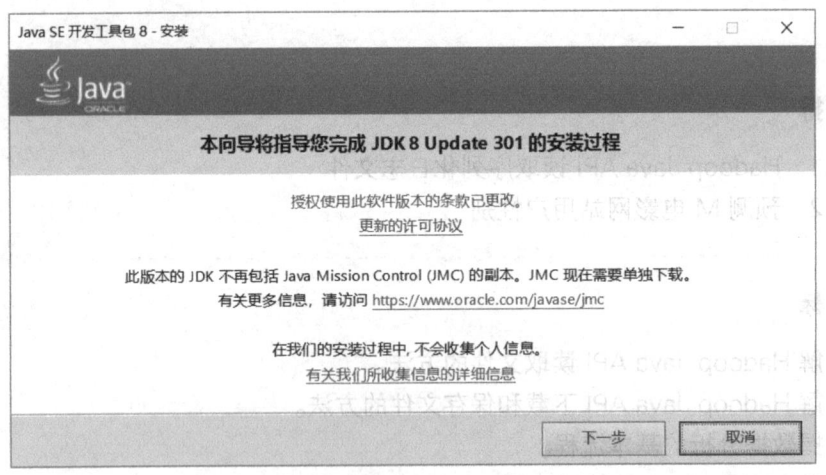

图 3-1　打开 JDK 软件包

（2）在"定制安装"对话框中选择安装位置，并单击"下一步"按钮，如图 3-2 所示。

（3）完成 JDK 安装后，安装程序将提示安装 Java 运行环境（JRE）。在"目标文件夹"对话框中先单击"更改"按钮，修改 JRE 的安装位置，然后单击"下一步"按钮，如图 3-3 所示。提示已成功安装，即可单击"关闭"按钮，如图 3-4 所示。

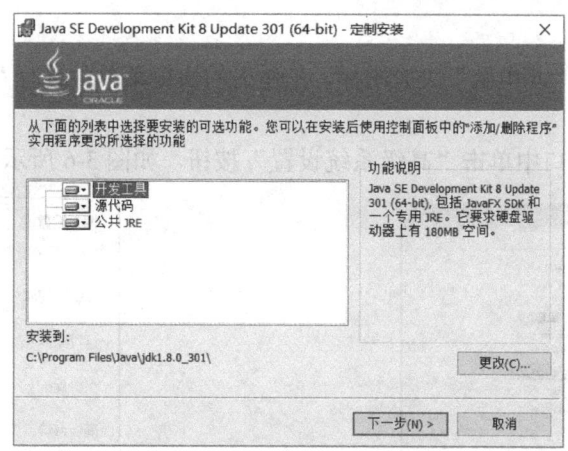

图 3-2　选择 JDK 安装位置

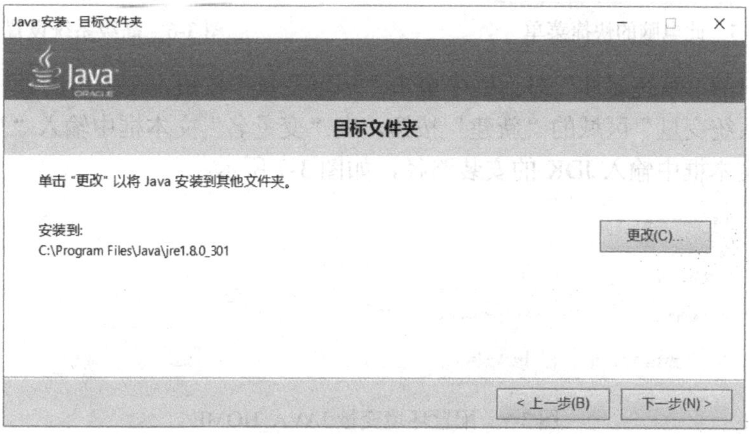

图 3-3　选择 JRE 的安装位置

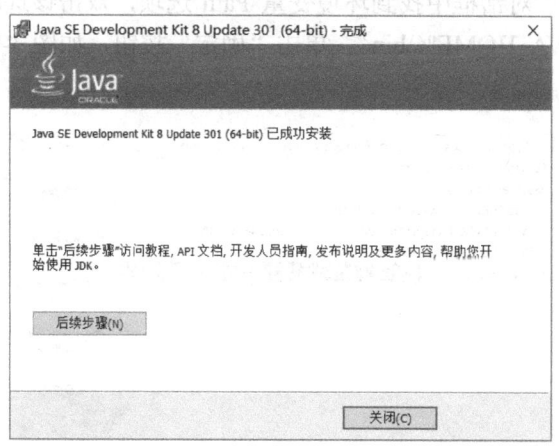

图 3-4　完成 JDK 安装

2. 设置环境变量

环境变量用来指定操作系统运行环境的一些参数,包含了一个或多个应用程序将使用的信息。例如,Windows 和 DOS 操作系统中的 path 环境变量,当要求系统运行一个程序而没有告知该程序所在的完整路径时,系统除了在当前目录下寻找此程序,还应到 path 指定的路径中寻找该程序。用户通过设置环境变量,可以更好地运行进程。在 Windows 操作系统中设置环境变量，具体步骤如下。

（1）右击桌面上的"此电脑"快捷图标，在弹出的快捷菜单中选择"属性"选项，如图 3-5 所示。

（2）在"设置"窗口中单击"高级系统设置"按钮，如图 3-6 所示。

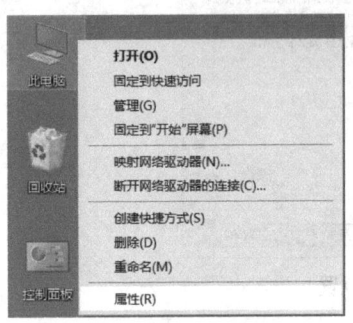

图 3-5　此电脑的快捷菜单　　　　　　　　　　　　图 3-6　高级系统设置

（3）在弹出的"系统属性"对话框中单击"环境变量"按钮，在弹出的"环境变量"对话框中，单击"系统变量"区域的"新建"按钮，在"变量名"文本框中输入"JAVA_HOME"，在"变量值"文本框中输入 JDK 的安装路径，如图 3-7 所示。

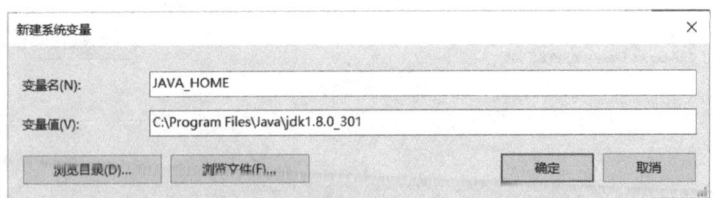

图 3-7　配置环境变量 JAVA_HOME

（4）在"环境变量"对话框中找到环境变量 Path 选项，双击该选项进行编辑，单击"新建"按钮，输入"%JAVA_HOME%\bin"，单击"确定"按钮，如图 3-8 所示。

图 3-8　编辑环境变量 Path

（5）在命令提示符窗口中输入"javac"命令，若不提示报错，则说明环境变量配置正确，如图 3-9 所示。

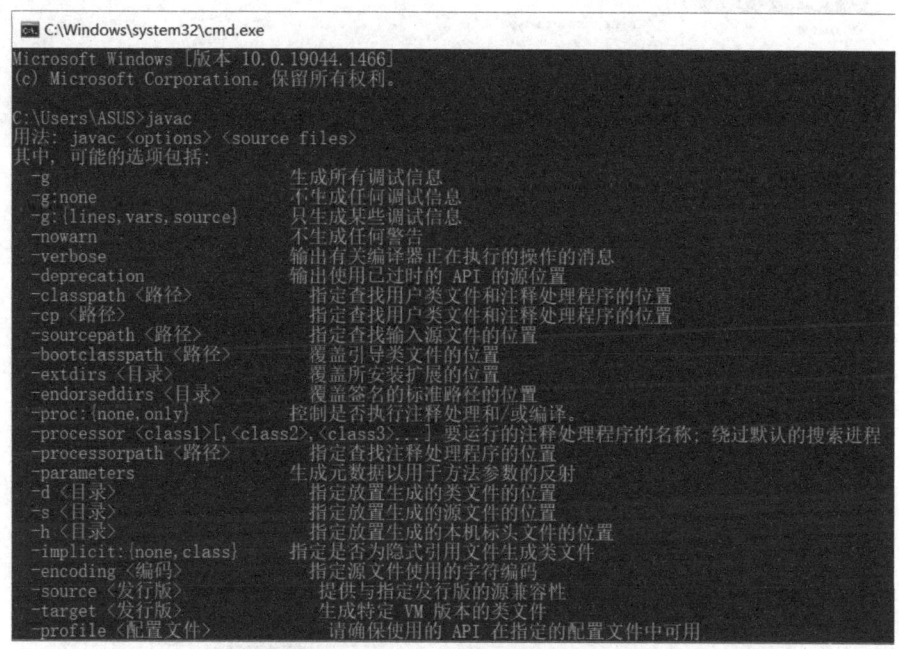

图 3-9　验证配置

（6）参考第 3 步，新建一个环境变量，在"变量名"文本框中输入"HADOOP_HOME"，在"变量值"文本框中输入 Hadoop 3.1.4 软件包解压缩后的路径，如图 3-10 所示。

图 3-10　配置环境变量 HADOOP_HOME

（7）参考第 4 步，在"环境变量"对话框的环境变量"Path"选项中添加一项变量，内容为"%HADOOP_HOME%\bin"，单击"确定"按钮。

3.1.2　创建 Maven 工程

从官网下载 IDEA 软件包，软件包的名称为"ideaIC-2018.3.6.exe"。本书使用的 IDEA 版本为社区版，即 Community 版，社区版是免费开源的。下载后，请按照安装提示进行安装。

在 IDEA 中创建 Maven 工程流程如下。

（1）启动 IDEA，单击"Create New Projects"按钮，在"New Project"对话框中选择"Maven"选项卡，将"Project SDK"设置为 3.1.1 节中配置的 JDK 8，如图 3-11 所示。单击"Next"按钮。

（2）在弹出的对话框中，将"Name"设置为"Hadoop_Java_API"，如图 3-12 所示。完成后单击"Finish"按钮。

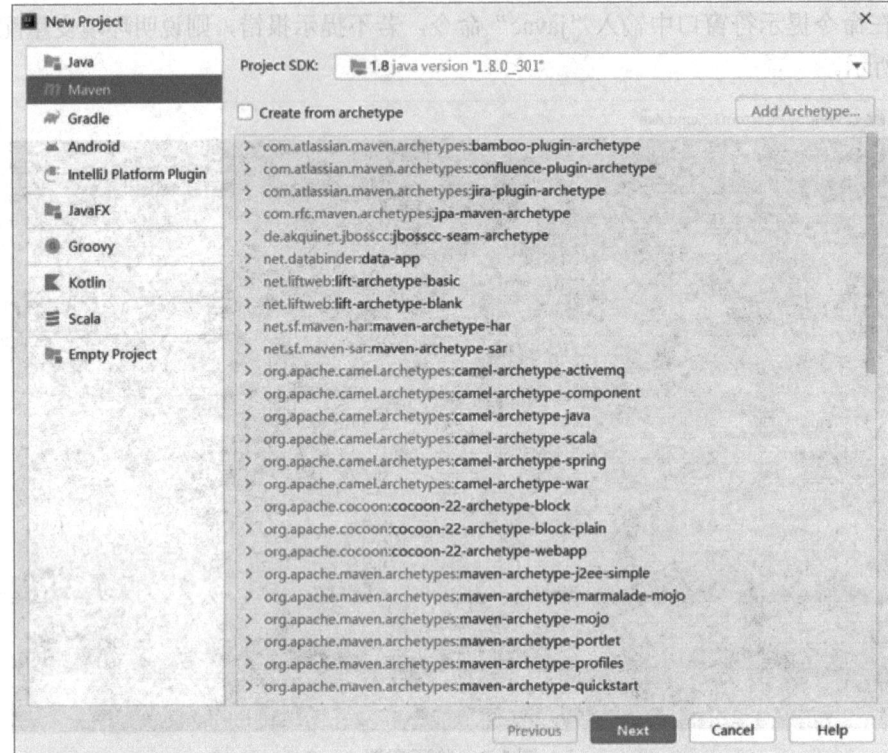

图 3-11　创建 Maven 项目

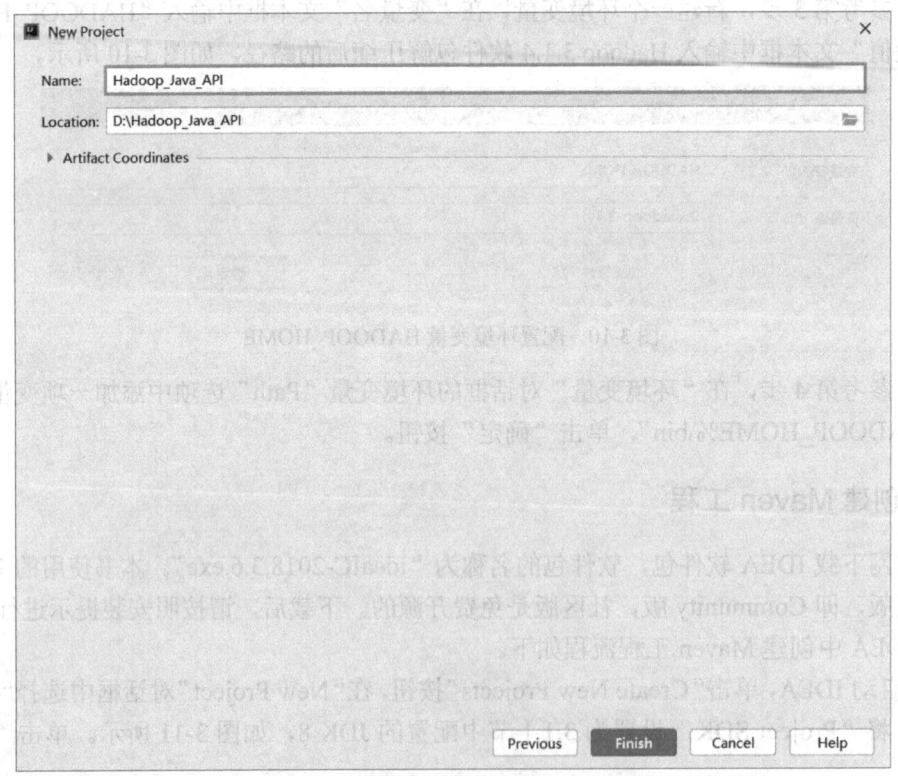

图 3-12　对项目进行命名

（3）创建完成的 Maven 工程的菜单面板，如图 3-13 所示。

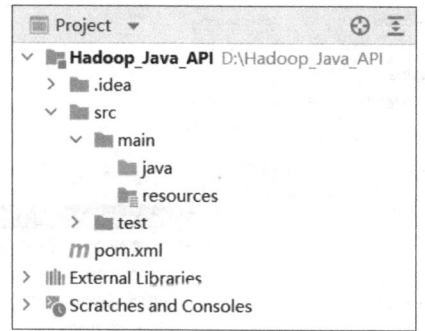

图 3-13　创建完成的 Maven 工程的菜单面板

3.1.3　读取序列化文件

在 pom.xml 文件中的"</propertics>"与"</project>"之间添加 Hadoop 依赖，内容如表 3-1 所示。

表 3-1　添加 Hadoop 依赖

```
<dependencies>
    <dependency>
        <groupId>org.apache.hadoop</groupId>
        <artifactId>hadoop-common</artifactId>
        <version>3.1.4</version>
    </dependency>
    <dependency>
        <groupId>org.apache.hadoop</groupId>
        <artifactId>hadoop-client</artifactId>
        <version>3.1.4</version>
    </dependency>
    <dependency>
        <groupId>org.apache.hadoop</groupId>
        <artifactId>hadoop-hdfs</artifactId>
        <version>3.1.4</version>
    </dependency>
    <dependency>
        <groupId>org.apache.hadoop</groupId>
        <artifactId>hadoop-mapreduce-client-core</artifactId>
        <version>3.1.4</version>
    </dependency>
</dependencies>
```

添加完成后，在 pom.xml 文件界面任意处右击，在弹出的快捷菜单中选择"Maven"→"Reload project"命令（见图 3-14），或者单击界面右上角 按钮，加载依赖。

如图 3-15 所示，右击"java"选项，在弹出的快捷菜单中选择"New"→"Package"命令，在弹出的对话框中输入"demo"（见图 3-16），并按回车键，完成创建名为"demo"的 Package（包）。

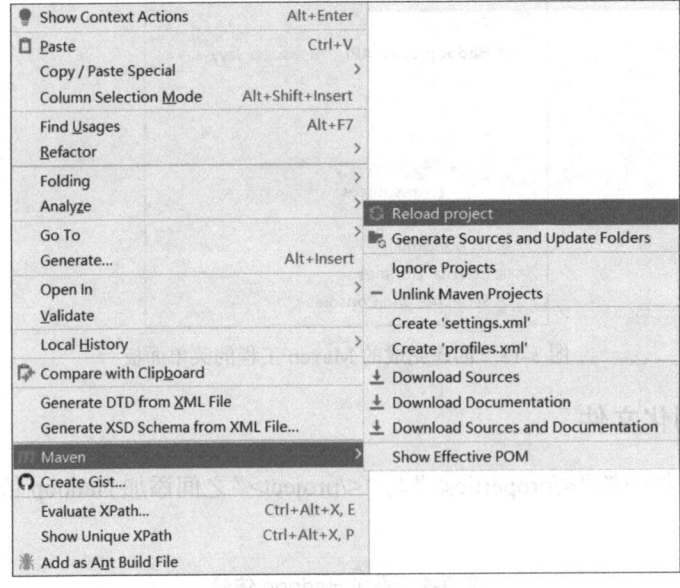

图 3-14 加载依赖

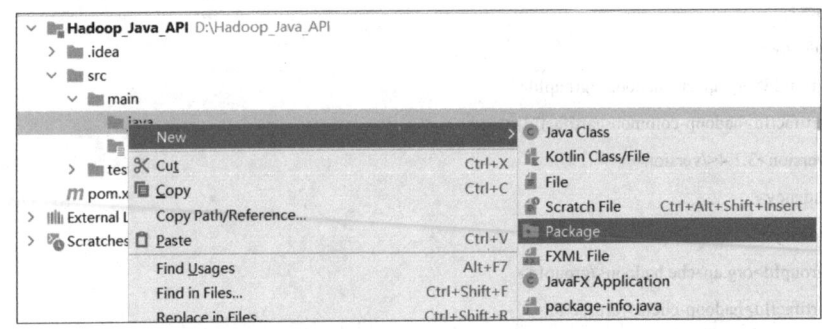

图 3-15 创建包

图 3-16 为包命名

右击"demo"选项，在弹出的快捷菜单中选择"New"→"Java Class"命令（见图 3-17），在弹出的对话框中输入"ReadSequenceFile"（见图 3-18），并按回车键，完成创建 Java 文件。

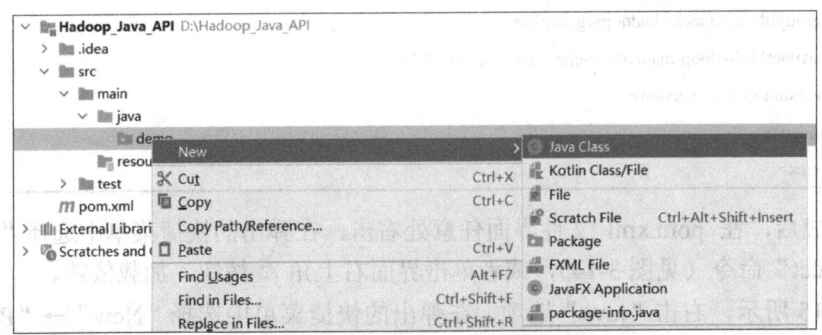

图 3-17 创建 Java 文件

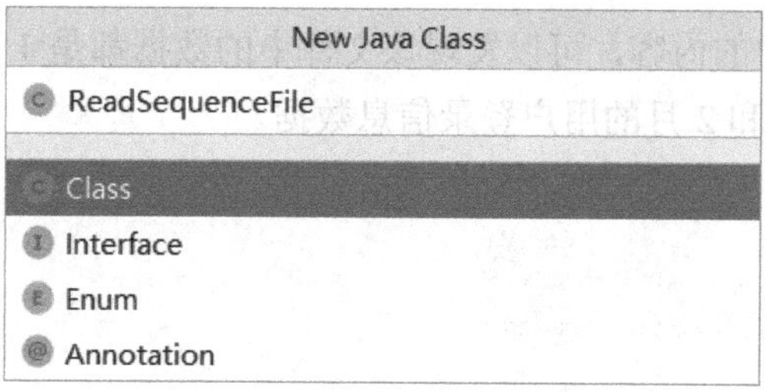

图 3-18 为 Java 文件命名

Hadoop Java API 提供了读取 HDFS 上文件的方法，并且可以读取序列化文件。不同于读取普通文件，读取序列化文件需要获取 SequenceFile.Reader 对象。读取序列化文件，将读取的数据写入本地文件系统的 janfeb.txt 文件，如代码 3-1 所示。

代码 3-1 读取序列化文件

```
public class ReadSequenceFile {
    public static void main(String[] args) throws IOException {
        //获取配置
        Configuration conf = new Configuration();
        conf.set("fs.defaultFS","master:8020");
        //获取文件系统
        FileSystem fs = FileSystem.get(conf);
        //获取 SequenceFile.Reader 对象
        SequenceFile.Reader reader = new SequenceFile.Reader(fs,
                new Path("/data/sFile"), conf);
        //获取序列化文件中使用的键值类型
        Text key = new Text();
        Text value = new Text();
        BufferedWriter out = new BufferedWriter(new OutputStreamWriter(new
FileOutputStream(
                "D:\\data\\janfeb.txt", true)));
        while (reader.next(key, value)) {
            out.write(key.toString() + "\t" + value.toString() + "\r\n");
        }
        out.close();
        reader.close();
    }
}
```

执行 "hdfs dfs -put /opt/sFile /data" 命令，将 Linux 操作系统的/opt 目录下的序列化文件 sFile 上传到 HDFS 的 data 目录下，并在 "ReadSequenceFile.java" 页面中右击，在弹出的快捷菜单中选择 "Run 'ReadSequenceFile.main()'" 选项，运行 "ReadSequenceFile.java" 程序，如图 3-19 所示。

运行完成后，查看读取序列化文件的结果文件 D:\\data\\janfeb.txt，如图 3-20 所示。

查看 janfeb.txt 文件中的内容，可以发现该文件中的数据都是 1 月和 2 月的数据，这说明该序列化文件确实是 1 月和 2 月的用户登录信息数据。

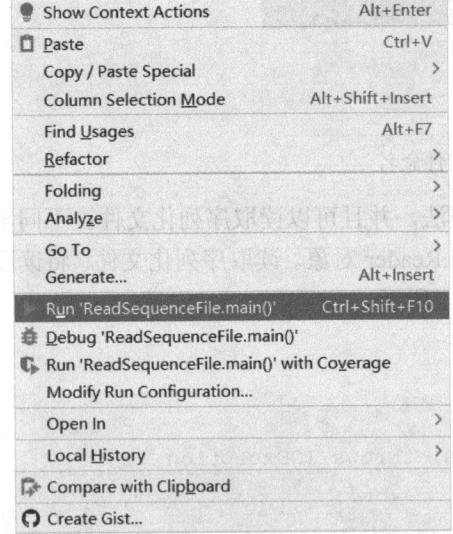

Shad	2020-01-31
Yen	2020-01-31
Rana	2020-01-31
Quemby	2020-01-31
Craig	2020-01-31
Raven	2020-01-31
Zeph	2020-01-31
Price	2020-01-31
Shelby	2020-01-31
Jerry	2020-02-01
Debra	2020-02-01
Pascale	2020-02-01
Lance	2020-02-01
Lana	2020-02-01
Cheryl	2020-02-01
Jorden	2020-02-01
Hoyt	2020-02-01

图 3-19　运行程序　　　　　图 3-20　D:\\data\\janfeb.txt

任务 3.2　预测 M 电影网站用户性别

任务描述

M 电影网站是一个深受用户欢迎的电影社区网站，提供大量的电影信息，包括电影的介绍及评论，以及上映影片的影讯查询和购票服务。用户可以在 M 网站中记录想看、在看和看过的电影，打分、写影评。为了提高用户的使用体验与满意度，M 网站计划为广大用户提供更精准、更个性化的电影推荐服务。

可能会使用的用户信息数据如表 3-2 所示，其中有部分记录的性别数据是缺失的。众所周知，性别是用户的一个非常重要的特征，也是建立推荐模型的一个重要维度指标，那么获得用户信息中缺失的性别数据，是目前要解决的首要任务。本任务将围绕这一主题展开，尝试以预测的方式来获得用户的性别信息。

表 3-2　M 电影网站用户信息数据

UserID	Gender	Age	Occupation	Zip-code
1	F	1	10	48067
2	M	56	16	70072
3		25	15	55117
4		35	7	02460
5	M	25	20	55455
6	F	50	9	55117
7	M	35	1	06810

任务分析

每个用户的性别信息及看过的电影的类型的统计数据，如图 3-21 所示。其中，UserID 字段代表用户 ID；Gender 字段代表用户性别，1 代表女性，0 代表男性；Age 字段代表用户的年龄；Occupation 字段代表用户的职业；Zip-code 字段代表用户的地区编码；从 Action 字段到 Western 字段代表电影的类型。例如，某条记录中 Action 字段的值是 4，则说明该用户看过 4 部动作片的电影。

UserID	Gender	Age	Occupation	Zip-code	Action	Adventure	Animation	Children's	Comedy	Crime
1	1	1	10	48067	0	2	6	18	0	14
10	1	35	1	95370	4	15	67	33	19	183
100	0	35	17	95401	1	6	14	0	2	11
1000	0	25	6	90027	1	5	8	21	3	16
1001	0	25	4	90210	2	26	79	20	10	117
1002	0	50	11	7043	1	5	8	1	0	20
1003	0	25	2	19320	1	4	3	0	0	7

Documentary	Drama	Fantasy	Film-Noir	Horror	Musical	Mystery	Romance	Sci-Fi	Thriller	War	Western
0	0	5	5	2	3	20	3	14	3	21	0
8	8	81	70	24	38	64	71	37	27	116	2
4	3	62	33	14	2	1	24	1	14	24	0
0	2	53	16	8	4	18	16	10	16	24	0
15	1	43	17	13	5	19	18	9	59	206	3
2	1	7	4	5	0	0	3	1	5	50	3
0	0	8	5	4	1	0	5	0	2	19	1

图 3-21　用户观看过的电影的类型的统计数据

本任务将使用 MapReduce 编程技术、利用 KNN 聚类算法，对已知性别用户观看的电影的类型统计数据建立聚类器，并且对这个聚类器的聚类结果进行评价，选出聚类性能最好的一个聚类器用于聚类未知性别的用户。

因为用户在访问 M 网站时产生了大量的历史浏览数据，从用户浏览过的电影类型记录来预测该用户的性别，可以作为一个解决思路，大致的实现步骤如下。

（1）先对用户看过的所有电影类型进行统计，再通过已知性别用户观看电影的类型统计数据建立一个聚类器。

（2）向聚类器中输入未知性别的用户观看电影的类型统计数据，获得该用户的性别聚类。

任务实施

3.2.1　获取数据

本节为读者提供 4 份与用户信息相关的文件，分别为用户对电影的评分数据 ratings.dat、已知性别用户信息数据 users.dat、部分电影信息数据 movies.dat 及数据相关字段的解释文件 README。其中，README 文件仅作为了解数据，此处不再赘述。

用户对电影的评分数据 ratings.dat 包含 4 个字段，即 UserID（用户 ID）、MovieID（电影 ID）、Rating（评分）及 Timestamp（时间戳）字段。其中，UserID 字段的范围是 1～6 040；MovieIDS 字段的范围是 1～3 952；Rating 字段采用 5 分好评制度，即最高分为 5 分，最低分为 1 分。

已知性别用户信息数据 users.dat 包含 5 个字段，分别为 UserID（用户 ID）、Gender（性别）、

Age（年龄）、Occupation（职业）及 Zip-code（编码）字段。其中，Occupation 字段代表 21 种不同的职业类型；Age 字段记录的并不是用户的实际年龄，而是一个年龄段，如 1 代表 18 岁以下，具体的解释请参考 README 文件。

部分电影信息数据 movies.dat 包含 3 个字段，即 MovieID（电影 ID）字段、Title（电影名称）字段、Genres（电影类型）字段。其中，Title 字段不仅记录了电影的名称，还记录了电影的上映时间。数据中共记录了 18 种电影类型，包括喜剧片、动作片、警匪片、爱情片等，具体的电影类型请参见 README 文件。

3.2.2 数据变换

参考任务 3.1，创建名为"Movie_knn"的 Maven 工程，在"pom.xml"文件中的"\</properties>"与"\</project>"之间添加 Hadoop 依赖，内容如表 3-1 所示。

右击"src/main"文件夹，在弹出的快捷菜单中选择"New"→"Directory"命令（见图 3-22），创建一个名为"datajoin"的文件夹。

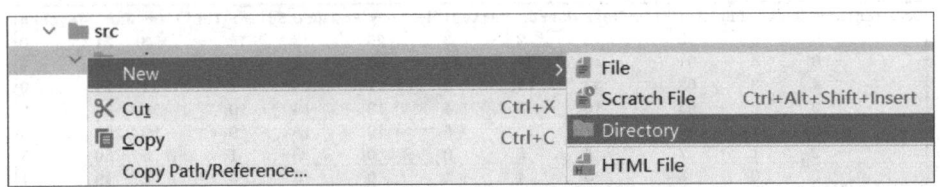

图 3-22　创建文件夹

创建文件夹后，右击"datajoin"文件夹，在弹出的快捷菜单中选择"Mark Directory as"→"Sources Root"命令，如图 3-23 所示。激活"datajoin"文件夹，使其及子文件夹下的文件成为 IDEA 可编译的原文件，激活后该文件夹呈蓝色。参考 3.1.4 节，创建名为"demo01"的包。

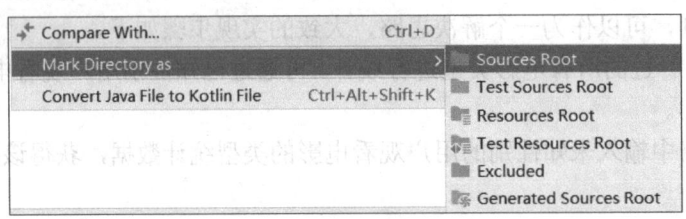

图 3-23　激活文件夹

本节的主要目的是根据电影类型预测用户的性别。换句话说，预测用户的性别需要知道该用户看过哪种类型的电影最多，即对用户看过的电影类型进行统计，得到如图 3-21 所示的数据。但是提供的数据中没有这类数据，只能通过已有的 3 份数据进行数据变换得到。

数据变换是将数据从一种表现形式变为另一种表现形式的过程，主要是找到数据的特征表示。将 M 网站的用户信息数据及观影记录数据转换，得到用户观看电影的类型统计数据的思路如下。

（1）根据 UserID 字段 ratings.dat 数据和 users.dat 数据连接结果得到一份包含 UserID、Gender、Age、Occupation、Zip-code、MovieID 字段的数据，连接 MapReduce 程序代码如代码 3-2 所示。

代码 3-2　连接 ratings.dat 数据和 users.dat 数据的 3 个重要部分

```java
public class JarUtil {
    public static String jar(Class<?> cls) {// 验证 ok
        String outputJar = cls.getName() + ".jar";
        String input = cls.getClassLoader().getResource("").getFile();
        input = input.substring(0, input.length() - 1);
        input = input.substring(0, input.lastIndexOf("/") + 1);
        input = input + "bin/";
        jar(input, outputJar);
        return outputJar;
    }

    private static void jar(String inputFileName, String outputFileName) {
        JarOutputStream out = null;
        try {
            out = new JarOutputStream(new FileOutputStream(outputFileName));
            File f = new File(inputFileName);
            jar(out, f, "");
        } catch (Exception e) {
            e.printStackTrace();
        } finally {
            try {
                out.close();
            } catch (IOException e) {
                e.printStackTrace();
            }
        }

    }

    private static void jar(JarOutputStream out, File f, String base) throws
Exception {
        if (f.isDirectory()) {
            File[] fl = f.listFiles();
            base = base.length() == 0 ? "" : base + "/"; // 注意：这里用反斜杠
            for (int i = 0; i < fl.length; i++) {
                jar(out, fl[i], base + fl[i].getName());
            }
        } else {
            out.putNextEntry(new JarEntry(base));
            FileInputStream in = new FileInputStream(f);
            byte[] buffer = new byte[1024];
            int n = in.read(buffer);
            while (n != -1) {
                out.write(buffer, 0, n);
                n = in.read(buffer);
            }
```

```
                in.close();
            }
        }
    }


    public class JoinMapper extends Mapper<LongWritable, Text, Text, NullWritable> {
        private HashMap<String, String> user_info = new HashMap<String, String>();
        private String splitter = "";
        private String rating_secondPart = "";

        @Override
        protected void setup(Mapper<LongWritable, Text, Text,
NullWritable>.Context context)
                throws IOException, InterruptedException {
            splitter = context.getConfiguration().get("SPLITTER");
            Path[] distributePaths =
DistributedCache.getLocalCacheFiles(context.getConfiguration());
            String line = "";
            BufferedReader br = null;
            for (Path path : distributePaths) {
                if (path.toString().endsWith("users.dat")) {
                    br = new BufferedReader(new FileReader(path.toString()));
                    while ((line = br.readLine()) != null) {
                        String userID = line.substring(0, line.indexOf("::"));
                        String secondPart = line.substring(line.indexOf("::") + 2,
line.length());

                        user_info.put(userID, secondPart);
                    }
                }
            }
        }


        @Override
        protected void map(LongWritable key, Text value, Mapper<LongWritable, Text,
Text, NullWritable>.Context context)
                throws IOException, InterruptedException {
            String[] val = value.toString().split(splitter);
            rating_secondPart = user_info.get(val[0]);
            if (rating_secondPart != null) {
                String result = val[0] + splitter + rating_secondPart + splitter + val[1];
                context.write(new Text(result), NullWritable.get());
            }
        }
    }


    public class RatingsAndUsers extends Configured implements Tool {
```

```java
    @Override
    public int run(String[] args) throws Exception {
        if (args.length != 4) {
            System.err.println("demo.RatingsAndUsers <cachePath> <input>
<output> <splitter>");
            System.exit(-1);
        }
        Configuration conf = RatingsAndUsers.getMyConfiguration();
        DistributedCache.addCacheFile(new Path(args[0]).toUri(), conf);
        conf.set("SPLITTER", args[3]);
        Job job = Job.getInstance(conf, "joindata");
        job.setJarByClass(RatingsAndUsers.class);
        job.setMapperClass(JoinMapper.class);
        job.setMapOutputKeyClass(Text.class);
        job.setMapOutputValueClass(NullWritable.class);
        job.setNumReduceTasks(0);
        FileInputFormat.addInputPath(job, new Path(args[1]));
        FileSystem.get(conf).delete(new Path(args[2]), true);
        FileOutputFormat.setOutputPath(job, new Path(args[2]));
        return job.waitForCompletion(true) ? -1 : 1;
    }

    public static void main(String[] args) {
        String[] myArgs = {
                "/movie/users.dat",
                "/movie/ratings.dat",
                "/movie/ratings_users",
                "::"
        };
        try {
            ToolRunner.run(getMyConfiguration(), new RatingsAndUsers(), myArgs);
        } catch (Exception e) {
            // TODO Auto-generated catch block
            e.printStackTrace();
        }
    }

    public static Configuration getMyConfiguration() {
        //声明配置
        Configuration conf = new Configuration();
        conf.setBoolean("mapreduce.app-submission.cross-platform", true);
        conf.set("fs.defaultFS", "hdfs://master:8020");// 指定 NameNode
        conf.set("mapreduce.framework.name", "yarn"); // 指定使用 YARN 框架
        String resourcenode = "master";
        // 指定 resourcemanager
        conf.set("yarn.resourcemanager.address", resourcenode + ":8032");
        conf.set("yarn.resourcemanager.scheduler.address", resourcenode +
":8030");// 指定资源分配器
```

```
        conf.set("mapreduce.jobhistory.address", resourcenode + ":10020");
        conf.set("mapreduce.job.jar", JarUtil.jar(RatingsAndUsers.class));
        return conf;
    }
}
```

编写好 3 个代码后，选择"File"→"Project Structure…"命令，在弹出的"Project Structure"对话框中选择"Artifacts"选项，单击 ➕ 按钮，选择"JAR"→"From modules with dependencies…"命令，创建 jar 包，如图 3-24 所示。

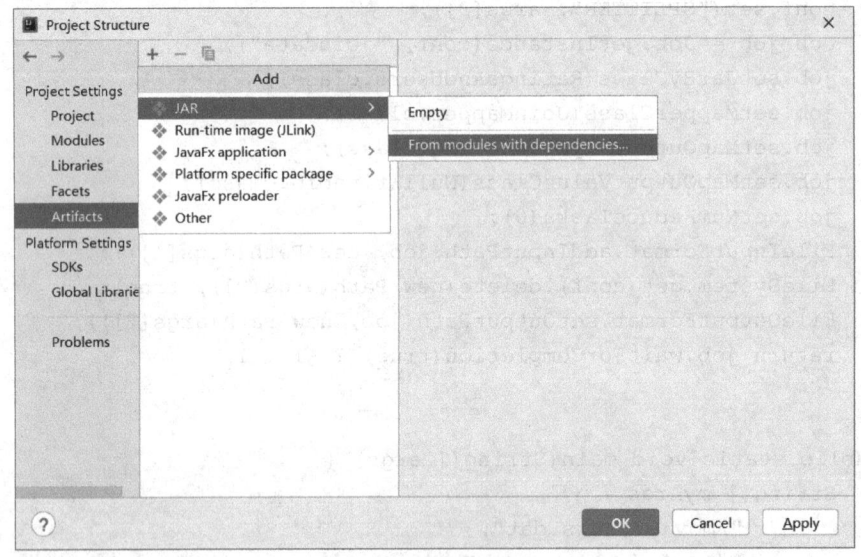

图 3-24　创建 jar 包

在弹出的对话框的"Main Class"选区中选择"RatingsAndUsers"文件，单击"OK"按钮。

为方便区分，将"Name"修改为"demo01"，如图 3-25 所示。单击"Apply"按钮后，再单击"OK"按钮，完成添加 jar 包。

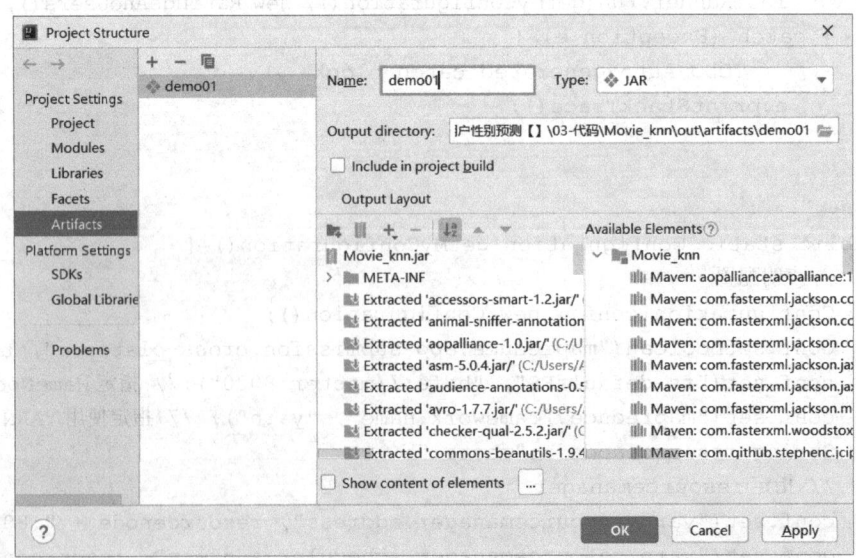

图 3-25　修改"Name"

在 IDEA 主界面中选择"Build"→"Build Artifacts…"命令，如图 3-26 所示。在弹出的窗口中选择"demo01"→"Build"命令，编译 jar 文件，如图 3-27 所示。

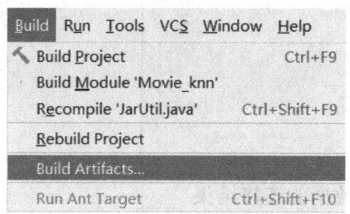

图 3-26　编译 jar 文件 1

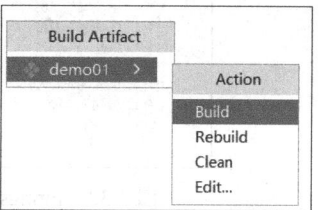

图 3-27　编译 jar 文件 2

为方便区分，右击生成的"Movie_knn.jar"文件，在弹出的快捷菜单中选择"Refactor"→"Rename…"命令，如图 3-28 所示。将该文件名称修改为"demo01.jar"，如图 3-29 所示。单击"Refactor"按钮。

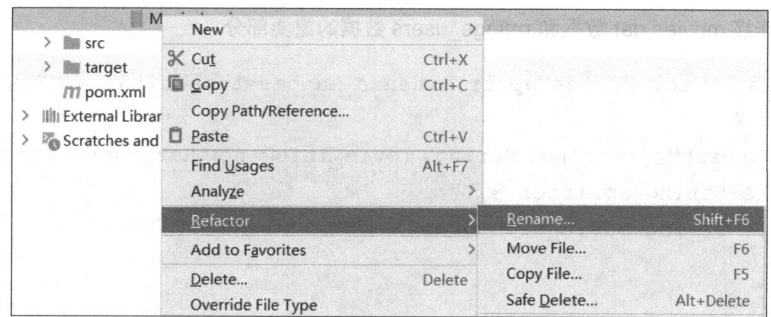

图 3-28　修改文件名称 1

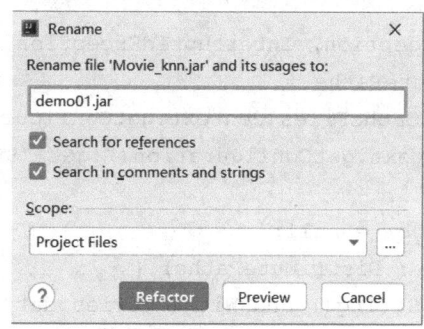

图 3-29　修改文件名称 2

参考项目 1 将 jar 包上传到 Linux 操作系统的/opt 目录下，在 HDFS 上新建/movie 文件夹，将 ratings.dat、users.dat 上传到/movie 目录下，程序运行结果保存在/movie/ratings_users 目录下。在集群终端的命令行执行代码 3-3 中的命令。

代码 3-3　连接 ratings.dat 数据和 users.dat 数据

```
hadoop jar /opt/demo01.jar demo01.RatingsAndUsers /movie/users.dat
/movie/ratings.dat /movie/ratings_users
```

程序运行成功后，打开 HDFS Web 页面，选择"Utilitles…"→"Browse the file system"命令，查看/movie/ratings_users/part-m-00000 文件，单击"Head the file"按钮，查看 ratings.dat 数据和 users.dat 数据的连接结果，如图 3-30 所示。

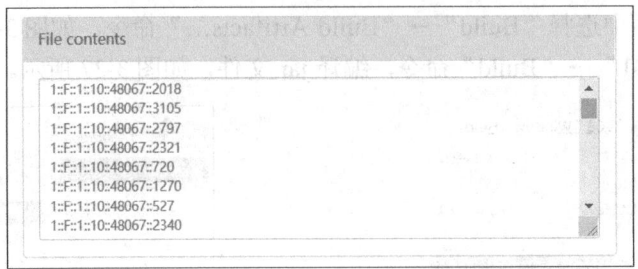

图 3-30　ratings.dat 数据和 users.dat 数据的连接结果

（2）根据 MovieID 字段连接 movies.dat 数据和/movie/ratings_users/part-m-00000 上的数据，将得到一份包含 UserID、Gender、Age、Occupation、Zip-code、MovieID、Genres 字段的数据。在"datajoin"文件夹下创建"demo02"的包，连接 MapReduce 程序的代码如代码 3-4 所示。

代码 3-4　连接 movies.dat 数据和 ratings_users 数据的重要部分

```
public class UsersMoviesMapper extends Mapper<LongWritable, Text, Text,
NullWritable> {
    private HashMap<String, String> movie_info = new HashMap<String, String>();
    private String splitter = "";
    private String movie_secondPart = "";

    @Override
    protected void setup(Mapper<LongWritable, Text, Text, NullWritable>.
Context context)
            throws IOException, InterruptedException {
        Path[] DistributePaths =
DistributedCache.getLocalCacheFiles(context.getConfiguration());
        splitter = context.getConfiguration().get("SPLITTER");
        String line = "";
        BufferedReader br = null;
        for (Path path : DistributePaths) {
            if (path.toString().endsWith("movies.dat")) {
                br = new BufferedReader(new FileReader(path.toString()));
                while ((line = br.readLine()) != null) {
                    String movieID = line.split(splitter)[0];
                    String genres = line.split(splitter)[2];
                    movie_info.put(movieID, genres);
                }
            }
        }
    }

    @Override
    protected void map(LongWritable key, Text value, Mapper<LongWritable, Text,
Text, NullWritable>.Context context)
```

```
            throws IOException, InterruptedException {
        String[] val = value.toString().split(splitter);
        movie_secondPart = movie_info.get(val[5]);
        if (movie_secondPart != null) {
            String result = value.toString() + splitter + movie_secondPart;
            context.write(new Text(result), NullWritable.get());
        }
    }
}


public class UsersAndMovies extends Configured implements Tool {
    public static Configuration getMyConfiguration() {
        //声明配置
        Configuration conf = new Configuration();
        conf.setBoolean("mapreduce.app-submission.cross-platform", true);
        conf.set("fs.defaultFS", "hdfs://master:8020");// 指定 NameNode
        conf.set("mapreduce.framework.name", "yarn"); // 指定使用 YARN 框架
        String resourcenode = "master";
        // 指定 resourcemanager
        conf.set("yarn.resourcemanager.address", resourcenode + ":8032");
        // 指定资源分配器
        conf.set("yarn.resourcemanager.scheduler.address", resourcenode +
":8030");
        conf.set("mapreduce.jobhistory.address", resourcenode + ":10020");
        conf.set("mapreduce.job.jar", JarUtil.jar(UsersAndMovies.class));
        return conf;
    }


    @Override
    public int run(String[] args) throws Exception {
        if (args.length != 4) {
            System.err.println("demo.RatingsAndUsers <cachePath> <input>
<output> <splitter>");
            System.exit(-1);
        }
        Configuration conf = UsersAndMovies.getMyConfiguration();
        DistributedCache.addCacheFile(new Path(args[0]).toUri(), conf);
        conf.set("SPLITTER", args[3]);
        Job job = Job.getInstance(conf, "joindata");
        job.setJarByClass(UsersAndMovies.class);
        job.setMapperClass(UsersMoviesMapper.class);
        job.setMapOutputKeyClass(Text.class);
        job.setMapOutputValueClass(NullWritable.class);
```

```
        job.setNumReduceTasks(0);
        FileInputFormat.addInputPath(job, new Path(args[1]));
        FileSystem.get(conf).delete(new Path(args[2]), true);
        FileOutputFormat.setOutputPath(job, new Path(args[2]));
        return job.waitForCompletion(true) ? -1 : 1;
    }

    public static void main(String[] args) {
        String[] myArgs = {
                "/movie/movies.dat",
                "/movie/ratings_users/part-m-00000",
                "/movie/users_movies",
                "::"
        };
        try {
            ToolRunner.run(getMyConfiguration(), new UsersAndMovies(), myArgs);
        } catch (Exception e) {
            e.printStackTrace();
        }
    }
}
```

参考第 1 步的操作，将 demo02.jar 包上传至 Linux 操作系统的/opt 目录下，将 movies.dat 数据上传到 HDFS 的/movie 目录下，运行结果保存在/movie/users_movies 目录下。在集群终端的命令行执行代码 3-5 中的命令。

代码 3-5　连接 movies.dat 数据和 ratings_users 数据

```
hadoop jar /opt/demo02.jar demo02.UsersAndMovies /movie/movies.dat
/movie/ratings_users/part-m-00000 /movie/users_movies
```

参考第 1 步的操作，查看/movie/users_movies/part-m-00000 文件中的内容，如图 3-31 所示。

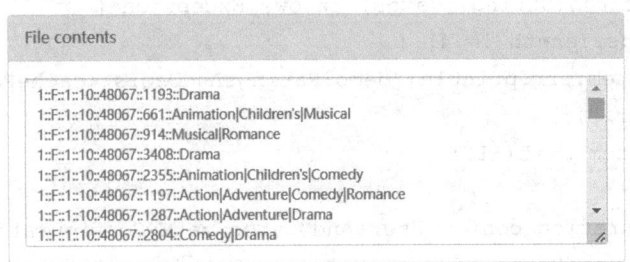

图 3-31　/movie/users_movies/part-m-00000 文件中的内容

（3）对每个用户看过的电影类型进行统计。例如，假设如图 3-31 所示的数据就是 UserID 为 1 的用户看过的所有电影，那么通过统计可以得到该用户看过 2 部 Action 类电影、2 部 Adventure 类电影、2 部 Animation 类电影、2 部 Children's 类电影、3 部 Comedy 类电影、4 部 Drama 类电影、2 部 Musical 类电影、2 部 Romance 类电影、没有看过其他类型的电影（0），因此可以得到该用户的一个特征向量，如表 3-3 所示。

表 3-3 对某用户看过的电影的类型进行统计得到的特征向量数据

1,F,1,10,48067,2,2,2,2,3,0,0,4,0,0,0,2,0,2,0,0,0,0

对每个用户看过的电影的类型进行统计，得到一个特征向量矩阵，可以通过 MapReduce 编程实现。在 Map 阶段，对 Gender 进行一步转换，如果是女性（F），则用 1 标记；如果是男性（M），则用 0 标记。Map 端输出的键为 UserID、Gender、Age、Occupation 和 Zip-code，输出的值为 Genres。Map 端的实现流程如图 3-32 所示。

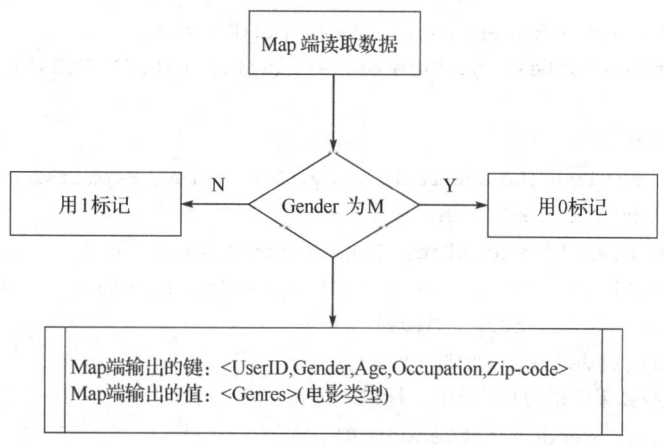

图 3-32 Map 端的实现流程

在 Reduce 阶段，reduce 函数首先为每个用户初始化一个 HashMap 集合，该集合有 18 个键值对，分别为 18 种电影类型，每个键对应的值为 0。Map 端输出的键值对中相同键的值被整合到一个列表中，reduce 函数针对相同的键，遍历其值列表，列表中的每个元素用分隔符"|"分割，遍历分割结果，如果 HashMap 集合中的键包含分割结果中的元素，则该键对应的值加 1。最后将 HashMap 集合所有键对应的值及 Reduce 端输入的键用逗号分隔符合并成一个字符串作为 Reduce 端输出的键，Reduce 端输出的值为空。Reduce 端的实现流程如图 3-33 所示。

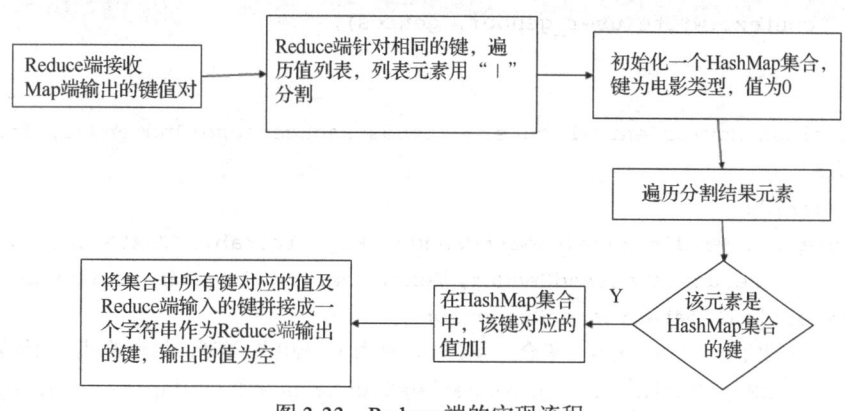

图 3-33 Reduce 端的实现流程

Mapper 类及 Reducer 类的实现代码如代码 3-6 所示。

代码 3-6 对每个用户看过的电影的类型进行统计的 Mapper 类及 Reducer 类的重要部分

```
package demo03;
```

```
    public class MoviesGenresMapper extends Mapper<LongWritable, Text,
UserAndGender, Text> {
        private UserAndGender user_gender=new UserAndGender();
        private String splitter="";
        private Text genres=new Text();
        @Override
        protected void setup(Mapper<LongWritable, Text, UserAndGender, Text>.
Context context)
                throws IOException, InterruptedException {
            splitter=context.getConfiguration().get("SPLITTER");
        }
        @Override
        protected void map(LongWritable key, Text value, Mapper<LongWritable, Text,
UserAndGender, Text>.Context context)
                throws IOException, InterruptedException {
            String[] val=value.toString().split(splitter);
            user_gender.setUserID(val[0]);
            if(val[1].equals("M")){
                //如果性别为M，则用0标记
                user_gender.setGender(0);
            }else{
                //如果性别为F，则用1标记
                user_gender.setGender(1);
            }
            user_gender.setAge(Integer.parseInt(val[2]));
            user_gender.setOccupation(val[3]);
            user_gender.setZip_code(val[4]);
            genres.set(val[6]);
            context.write(user_gender, genres);
        }
    }

    public class MoviesGenresReducer extends Reducer<UserAndGender, Text, Text,
NullWritable> {
        @Override
        protected void reduce(UserAndGender key, Iterable<Text> value,
                Reducer<UserAndGender, Text, Text, NullWritable>.Context context)
throws IOException, InterruptedException {
            //初始化一个HashMap集合，集合中的键为18种电影类型，每个键对应的值为0
            HashMap<String,Integer> genresCounts=new HashMap<String,Integer>();
            String[] genreslist={"Action","Adventure","Animation","Children's",
"Comedy","Crime","Documentary","Drama",
    "Fantasy","Film-Noir","Horror","Musical","Mystery","Romance","Sci-Fi",
"Thriller","War","Western"
                };
            for(int i=0;i<genreslist.length;i++){
```

```
            if(!genresCounts.containsKey(genreslist[i])){
                genresCounts.put(genreslist[i], 0);
                }
            }
        //遍历值列表
        for (Text val : value) {
            //对每个元素进行分割
            String[] genres=val.toString().split("\\|");
            for(int i=0;i<genres.length;i++){
                //如果 HashMap 集合中元素的键包含分割结果的元素，则该键对应的值加 1
                if(genresCounts.containsKey(genres[i])){
                    genresCounts.put(genres[i], genresCounts.get(genres[i])+1);
                }
            }
        }
        //将 HashMap 集合中所有键对应的值根据逗号连接成字符串
        String result="";
        for(Map.Entry<String, Integer> kv:genresCounts.entrySet()){
            if(result.length()==0){
                result=kv.getValue().toString();
            }else{
                result=result+","+kv.getValue();
            }
        }
        context.write(new Text(key.toString()+","+result),
NullWritable.get());
        }
    }
```

Driver 类实现代码如代码 3-7 所示。

代码 3-7　对每个用户看过的电影的类型进行统计的 Driver 类的重要部分

```
package demo03;

public class UserAndGender implements WritableComparable<UserAndGender> {
    private String userID;
    private int gender;
    private int age;
    private String occupation;
    private String zip_code;

    public int getAge() {
        return age;
    }
```

```java
    public void setAge(int age) {
        this.age = age;
    }

    public String getOccupation() {
        return occupation;
    }

    public void setOccupation(String occupation) {
        this.occupation = occupation;
    }

    public String getZip_code() {
        return zip_code;
    }

    public void setZip_code(String zip_code) {
        this.zip_code = zip_code;
    }

    public UserAndGender() {

    }

    public String getUserID() {
        return userID;
    }

    public void setUserID(String userID) {
        this.userID = userID;
    }

    public int getGender() {
        return gender;
    }

    public void setGender(int gender) {
        this.gender = gender;
    }

    @Override
    public void readFields(DataInput in) throws IOException {
        this.userID = in.readUTF();
        this.gender = in.readInt();
```

```
            this.age = in.readInt();
            this.occupation = in.readUTF();
            this.zip_code = in.readUTF();
        }


        @Override
        public void write(DataOutput out) throws IOException {
            out.writeUTF(userID);
            out.writeInt(gender);
            out.writeInt(age);
            out.writeUTF(occupation);
            out.writeUTF(zip_code);
        }


        @Override
        public int compareTo(UserAndGender o) {
            int result = this.userID.compareTo(o.userID);
            if (result == 0) {
                return this.age - o.age;
            } else {
                return result;
            }
        }


        @Override
        public String toString() {
            return this.userID + "," + this.gender + "," + this.age + "," +
this.occupation + "," + this.zip_code;
        }
    }


    public class MoviesGenres extends Configured implements Tool {
        public static Configuration getMyConfiguration() {
            //声明配置
            Configuration conf = new Configuration();
            conf.setBoolean("mapreduce.app-submission.cross-platform", true);
            conf.set("fs.defaultFS", "hdfs://master:8020");// 指定 NameNode
            conf.set("mapreduce.framework.name", "yarn"); // 指定使用 YARN 框架
            String resourcenode = "master";
            // 指定 resourcemanager
            conf.set("yarn.resourcemanager.address", resourcenode + ":8032");
            // 指定资源分配器
            conf.set("yarn.resourcemanager.scheduler.address", resourcenode +
":8030");
            conf.set("mapreduce.jobhistory.address", resourcenode + ":10020");
```

```java
        conf.set("mapreduce.job.jar", JarUtil.jar(MoviesGenres.class));
        return conf;
    }


    public static void main(String[] args) {
        String[] myArgs = {
                "/movie/users_movies/part-m-00000",
                "/movie/gender_genre",
                "::"
        };
        try {
            ToolRunner.run(getMyConfiguration(), new MoviesGenres(), myArgs);
        } catch (Exception e) {
            e.printStackTrace();
        }
    }


    @Override
    public int run(String[] args) throws Exception {
        if (args.length != 3) {
            System.err.println("demo03.MoviesGenres <input> <output> <splitter>");
            System.exit(-1);
        }
        Configuration conf = getMyConfiguration();
        conf.set("SPLITTER", args[2]);
        Job job = Job.getInstance(conf, "movies_genres");
        job.setJarByClass(MoviesGenres.class);
        job.setMapperClass(MoviesGenresMapper.class);
        job.setReducerClass(MoviesGenresReducer.class);
        job.setMapOutputKeyClass(UserAndGender.class);
        job.setMapOutputValueClass(Text.class);
        job.setOutputKeyClass(Text.class);
        job.setOutputValueClass(NullWritable.class);
        FileInputFormat.addInputPath(job, new Path(args[0]));
        FileSystem.get(conf).delete(new Path(args[1]), true);
        FileOutputFormat.setOutputPath(job, new Path(args[1]));
        return job.waitForCompletion(true) ? -1 : 1;
    }
}
```

同样将代码 3-6 和代码 3-7 打包成 demo03.jar，上传至 Linux 操作系统的/opt 目录下。在集群终端的命令行中执行代码 3-8 中的命令。

代码 3-8　对每个用户看过的电影类型进行统计

```
hadoop jar /opt/demo03.jar demo03.MoviesGenres
/movie/users_movies/part-m-00000 /movie/gender_genre ::
```

查看/movie/gender_genre/part-m-00000 文件中的内容，即可显示每个用户看过的电影的类型的统计结果，如图 3-34 所示。

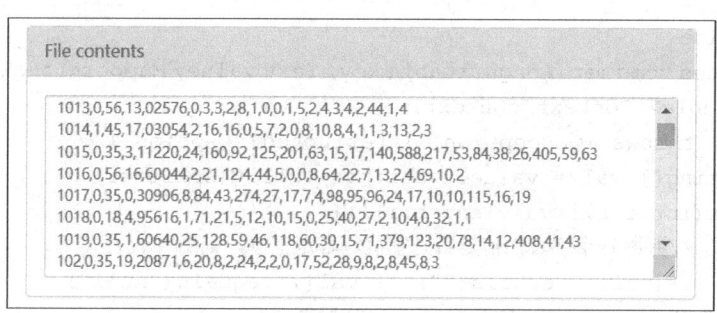

图 3-34　每个用户看过的电影的类型的统计结果

3.2.3　数据清洗

数据清洗是数据预处理的一个重要步骤，3.2.2 节中变换得到的数据中可能有噪声数据（如缺失值或异常值），这类数据会影响聚类器的建立，因此需要对这类数据进行处理。一般情况下，数据中的缺失值可能表示空（没有值）、"NULL"、"null" 或 "NAN"；异常值需要根据实际情况判断，如 3.2.2 节中集成的数据的有些属性列代表用户看过某种类型电影的部数，该值应该大于或等于 0，如果该值小于 0，则属于异常值。

处理缺失值的方法可分为 2 种：删除记录和数据插补。本节采用数据插补的方法处理缺失值，由于属性列中的数据都是数值型数据，所以用常量 0 替换缺失值。处理异常值的方法有 3 种：删除有异常值的记录、将异常值视为缺失值和平均值修正（用前后两个观测值的平均值修正异常值）。

对于异常值，本节将其视为缺失值，与处理缺失值的方法一样，用常量 0 替换异常值。

将缺失值和异常值替换成 0 可以用 MapReduce 编程实现，其思路非常简单：针对 3.2.2 节中集成的数据，在 Mapper 类中自定义计数器用于记录数据中缺失值和异常值的记录数，用 map 函数读取数据，先判断读取的数据是否有缺失值，若有缺失值，则将该值替换成 0 并且缺失值计数器加 1，再判断数据中是否有异常值，若有异常值，则将该值替换成 0 并且异常值计数器加 1。处理缺失值和异常值代码的重要部分如代码 3-9 所示。

代码 3-9　处理缺失值和异常值的重要部分

```
package pro_demo;

public class DataProcessingMapper extends Mapper<LongWritable, Text, Text,
NullWritable> {
    private String splitter="";
    enum DataProcessingCounter{
        NullData,
        AbnormalData
```

```
        }
        @Override
        protected void setup(Mapper<LongWritable, Text, Text,
NullWritable>.Context context)
                throws IOException, InterruptedException {
            splitter=context.getConfiguration().get("SPLITTER");
        }
        @Override
        protected void map(LongWritable key, Text value, Mapper<LongWritable, Text,
Text, NullWritable>.Context context)
                throws IOException, InterruptedException {
            String[] val = value.toString().split(splitter);
            for(int i=5;i<val.length;i++){
                //判断每个字段的值是否是空值，若是空值，则用 0 代替
                if(val[i].equals("") || val[i].equals("null") ||
val[i].equals("NULL") || val[i].equals("NAN")){
                    context.getCounter(DataProcessingCounter.NullData).increment(1);
                    val[i]="0";
                }else{
                    context.getCounter(DataProcessingCounter.NullData).increment(0);
                }
                //判断每个字段的值是否是异常值，若是异常值，则用 0 代替
                if(Integer.parseInt(val[i])<0){
                    context.getCounter(DataProcessingCounter.AbnormalData).
increment(1);
                    val[i]="0";
                }else{
                    context.getCounter(DataProcessingCounter.AbnormalData).
increment(0);
                }
            }

            String result="";
            //重新将字符串数组 val 拼接成字符串
            for(int i=0;i<val.length;i++){
                if(i==0){
                    result=val[i];
                }else{
                    result=result+splitter+val[i];
                }
            }
            context.write(new Text(result), NullWritable.get());
        }
    }
```

　　将代码 3-9 打包成 pro_demo.jar 并上传至 Linux 操作系统的/opt 目录下。在集群终端的命令行中执行代码 3-10 中的命令。

代码 3-10　数据清洗

```
hadoop jar /opt/pro_demo.jar pro_demo.DataProcessing
/movie/gender_genre/part-m-00000 /movie/processing_out ,
```

处理缺失值和异常值的 MapReduce 任务运行日志如图 3-35 所示，其中部分日志已省略。从图 3-35 中可以看出，记录异常值的计数器 AbnormalData 的记录结果为 0，记录缺失值的计数器 NullData 的记录结果也为 0，说明 3.2.2 节集成的数据中没有缺失值和异常值。

```
Job Counters
        Launched map tasks=1
        Data-local map tasks=1
        Total time spent by all maps in occupied slots (ms)=7940
        Total time spent by all reduces in occupied slots (ms)=0
        Total time spent by all map tasks (ms)=7940
        Total vcore-milliseconds taken by all map tasks=7940
        Total megabyte-milliseconds taken by all map tasks=8130560
Map-Reduce Framework
        Map input records=6040
        Map output records=6040
        Input split bytes=115
        Spilled Records=0
        Failed Shuffles=0
        Merged Map outputs=0
        GC time elapsed (ms)=94
        CPU time spent (ms)=1480
        Physical memory (bytes) snapshot=99213312
        Virtual memory (bytes) snapshot=840368128
        Total committed heap usage (bytes)=15728640
demo.DataProcessingMapper$DataProcessingCounter
        AbnormalData=0
        NullData=0
File Input Format Counters
        Bytes Read=277639
File Output Format Counters
        Bytes Written=277639
```

图 3-35　处理缺失值和异常值的 MapReduce 任务运行日志

3.2.4　划分数据集

一般来说，聚类算法有三步：第一步用归纳分析训练样本集来建立聚类器；第二步用验证数据集来选择最优的模型参数；第三步用已知类别的测试样本集来评估聚类器的准确性，如果准确率是可以接受的，则使用该模型对未知类标号的待测样本集进行预测。因此，聚类算法需要把数据划分成训练数据集、验证数据集和测试数据集。

在建立 M 网站的用户聚类器之前，将预处理之后的数据划分成训练数据集、验证数据集和测试数据集。采用 8:1:1 的比例随机划分数据集，其中训练数据集占 80%、验证数据集和测试数据集各占 10%。

划分数据集可以使用 Hadoop Java API 进行处理，定义读取原数据集并计算原始数据集记录数的方法 getSize（FileSystem fs, Path path），其中参数 path 是原数据集预处理之后的存放路径。将原始数据看成一个列表，列表中的元素是每条数据，定义随机获取 80%原始数据的数据下标的方法 trainIndex，该方法返回一个 Set 集合，如训练数据集得到的数据是原始数据的第 1 条、第 3 条、第 5 条数据，则 trainIndex 方法得到的 Set 集合的元素是<1,3,5>。定义随机获取 10%原始数据的数据下标的方法 validateIndex，该方法同样返回一个 Set 集合。trainIndex 方法得到的集合中的元素与 validateIndex 方法得到的集合中的元素是不重复的。创建 SplitData.java 文件，以上所述 3 个方法的具体实现如代码 3-11 所示。

代码 3-11 读取 HDFS 的数据并统计记录数的方法

```java
/**
 * 读取原始数据并统计数据的记录数
 * @param fs
 * @param path
 * @return
 * @throws Exception
 */
public static int getSize(FileSystem fs,Path path) throws Exception{
    int count=0;
    FSDataInputStream is=fs.open(path);
    BufferedReader br=new BufferedReader(new InputStreamReader(is));
    String line="";
    while((line=br.readLine())!=null){
        count++;
    }
    br.close();
    is.close();
    return count;
}
/**
 *随机获取80%原始数据对应的下标
 * @param count
 * @return
 */
public static Set<Integer> trainIndex(int count){
    Set<Integer> train_index=new HashSet<Integer>();
    int trainSplitNum=(int)(count*0.8);
    Random random=new Random();
    while(train_index.size()<trainSplitNum){
        train_index.add(random.nextInt(count));
    }
    return train_index;
}
/**
 * 随机获取10%原始数据对应的下标
 * @param count
 * @param train_index
 * @return
 */
public static Set<Integer> validateIndex(int count,Set<Integer> train_index){
    Set<Integer> validate_index=new HashSet<Integer>();
    int validateSplitNum=count-(int)(count*0.9);
    Random random=new Random();
    while(validate_index.size()<validateSplitNum){
        int a=random.nextInt(count);
```

```
        if(!train_index.contains(a)){
            validate_index.add(a);
        }
    }
    return validate_index;
}
```

设置训练数据集的存储路径为/movie/trainData；验证数据集的存储路径为/movie/validateData；测试数据集的存储路径为/movie/testData；在 main 函数中读取原始数据，将读取到的数据分别写入/movie/trainData、/movie/validateData 及/movie/testData，如代码 3-12 所示。

代码 3-12　将数据写入 HDFS

```
public static void main(String[] args) throws Exception {
    Configuration conf=new Configuration();
    conf.set("fs.defaultFS", "master:8020");
    FileSystem fs=FileSystem.get(conf);
    //获取预处理之后的电影数据路径
    Path moviedata=new Path("/movie/processing_out/part-m-00000");
    //得到电影数据大小
    int datasize=getSize(fs, moviedata);
    //得到 train 数据对应原始数据的下标
    Set<Integer> train_index=trainIndex(datasize);
    //得到 validate 数据对应原始数据的下标
    Set<Integer> validate_index=validateIndex(datasize,train_index);
    //训练数据存放的路径
    Path train=new Path("hdfs://master:8020/movie/trainData");
    fs.delete(train,true);
    FSDataOutputStream os1=fs.create(train);
    BufferedWriter bw1=new BufferedWriter(new OutputStreamWriter(os1));
    //测试数据存放的路径
    Path test=new Path("hdfs://master:8020/movie/testData");
    fs.delete(test,true);
    FSDataOutputStream os2=fs.create(test);
    BufferedWriter bw2=new BufferedWriter(new OutputStreamWriter(os2));
    //验证数据存放的路径
    Path validate=new Path("hdfs://master:8020/movie/validateData");
    fs.delete(validate,true);
    FSDataOutputStream os3=fs.create(validate);
    BufferedWriter bw3=new BufferedWriter(new OutputStreamWriter(os3));
    //读取数据，将其分为训练数据、测试数据及验证数据并写入 HDFS
    FSDataInputStream is=fs.open(moviedata);
    BufferedReader br=new BufferedReader(new InputStreamReader(is));
    String line="";
    int sum=0;
    while((line=br.readLine())!=null){
        sum+=1;
```

```
            if(train_index.contains(sum)){
                bw1.write(line.toString());
                bw1.newLine();
            }else if(validate_index.contains(sum)){
                bw3.write(line.toString());
                bw3.newLine();
            }else{
                bw2.write(line.toString());
                bw2.newLine();
            }
        }
        bw1.close();
        os1.close();
        bw2.close();
        os2.close();
        bw3.close();
        os3.close();
        br.close();
        is.close();
        fs.close();
    }
```

在 SplitData.java 界面上右击，在弹出的快捷菜单中选择"Run 'SplitData.main()'"选项，运行成功后，在 HDFS Web 页面查看/movie/trainData、/movie/testData 及/movie/validateData 文件，得到的训练数据集如图 3-36 所示，测试数据集如图 3-37 所示，验证测试集如图 3-38 所示。

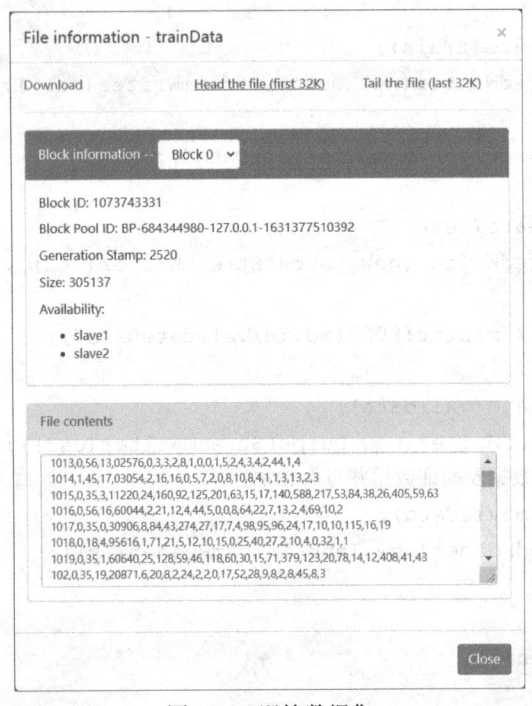

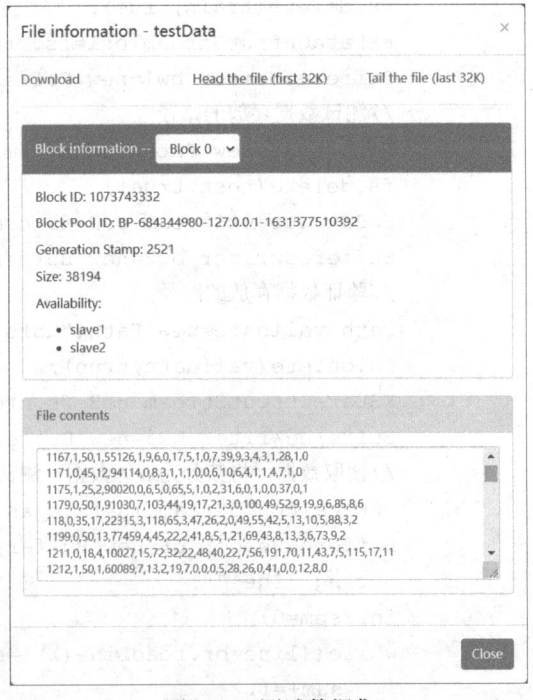

图 3-36　训练数据集　　　　　　　　　　　图 3-37　测试数据集

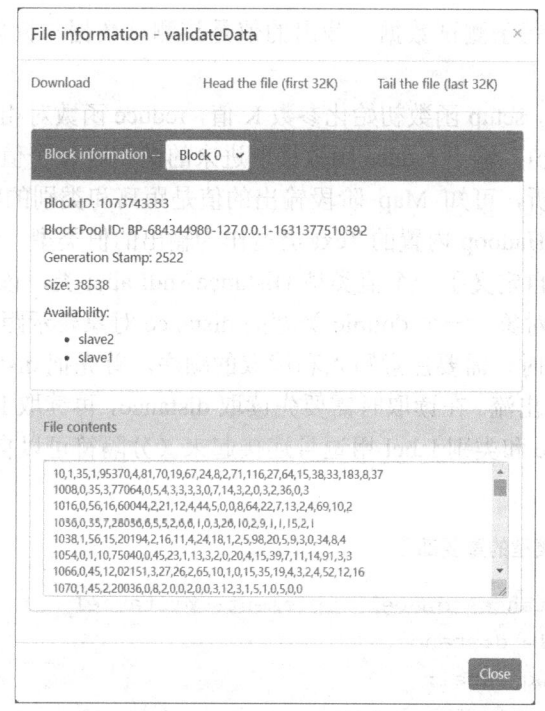

图 3-38　验证测试集

3.2.5　实现用户性别聚类

在 src/main 目录下创建 KNN 文件夹并将其激活，在 KNN 文件夹下创建名为 "k_demo" 的包，用于实现用户性别聚类。MapReduce 编程实现 KNN 聚类算法的思路如图 3-39 所示。

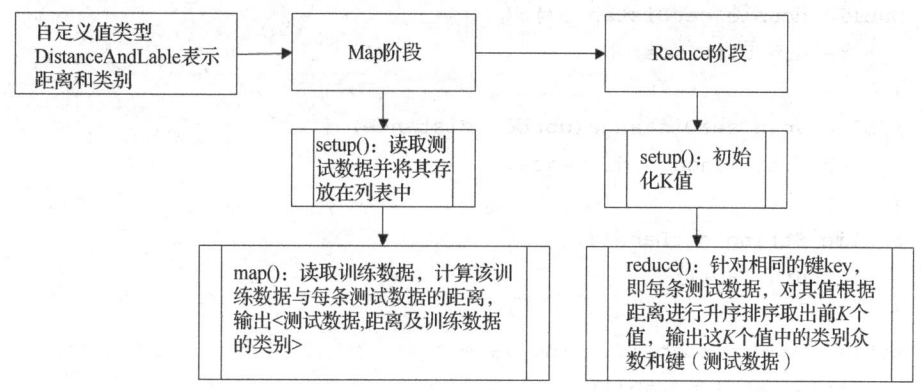

图 3-39　MapReduce 编程实现 KNN 聚类算法的思路

（1）自定义值类型表示距离和类型。由于 KNN 聚类算法是计算测试数据与已知类别的训练数据之间的距离，先找到距离与测试数据最近的 K 个训练数据，再根据这些训练所属的类别众数来判断测试数据的类别，因此在 Map 阶段需要将测试数据与训练数据的距离和类别作为值输出，程序可以使用 Hadoop 内置的数据类型 Text 作为值类型输出距离及类别，但为了提高程序的执行效率，建议自定义值类型表示距离和类别。

（2）在 Map 阶段，setup 函数读取测试数据。在 map 函数中读取每条训练数据，遍历测试数据，计算读取进来的训练数据与每条测试数据的距离，距离采用欧式距离的计算方法。Map 端输出的键是每条测试数据，输出的值是该测试数据与读取的训练数据的距离和类别。

（3）在 Reduce 阶段，setup 函数初始化参数 K 值，reduce 函数对相同键的值根据距离进行升序排序，取出前 K 个值，输出 reduce 函数读取进来的键和这 K 个值中类别众数和键。

根据上述的思路分析，可知 Map 阶段输出的值是距离和类别的组合，为了提高程序的执行效率，不建议使用 Hadoop 内置的 Text 类型作为输出的值类型，而是自定义一个值类型表示距离和类别。编者自定义了一个值类型 DistanceAndLabel 类，该类实现 Writable 接口，根据需求定义声明两个对象，一个 double 类型的 distance 对象表示距离，一个 String 类型的 label 对象表示类别。同时，需要注意写入和读取的顺序。首先把 distance 写入 out 输出流，然后把 label 写入 out 输出流。在读取时需要先读取 distance，再读取 label。最后重写 toString 的方法，将距离 distance 和类别 label 用逗号连接起来（分隔符可以自己指定），具体实现如代码 3-13 所示。

代码 3-13　自定义值类型的重要部分

```
public class DistanceAndLabel implements Writable{
    private double distance;
    private String label;
    public DistanceAndLabel() {
    }
    public DistanceAndLabel(double distance,String label) {
        this.distance=distance;
        this.label=label;
    }
    public double getDistance() {
        return distance;
    }
    public void setDistance(double distance) {
        this.distance = distance;
    }
    public String getLabel() {
        return label;
    }
    public void setLabel(String label) {
        this.label = label;
    }
    /**
     *先读取 distance，再读取 label
     */
    @Override
    public void readFields(DataInput in) throws IOException {
        this.distance=in.readDouble();
        this.label=in.readUTF();
```

```
}
/**
 * 先把 distance 写入 out 输出流
 * 再把 label 写入 out 输出流
 */
@Override
public void write(DataOutput out) throws IOException {
    out.writeDouble(distance);
    out.writeUTF(label);

}
/**
 * 使用空格将距离和类别连接成字符串
 */
@Override
public String toString() {
    return this.distance+","+this.label;
}
}
```

在 Map 阶段，setup 函数读取测试数据，map 函数读取训练数据，计算训练数据与测试数据的距离，输出测试数据、测试数据与训练数据的距离和类别。假设训练数据为(1,1,1,10,48067, 0,2,6,18,0,14,0,0,5,5,2,3,20,3,14,3,21,0)，测试数据如表 3-4 所示，计算训练数据与每天测试数据的距离，Map 端输出的结果如表 3-5 所示。从表 3-5 中可以看出，Map 端每读取一条训练数据，输出的键值对个数是测试数据集的记录数。假设有 n 条训练数据，m 条测试数据，则最终 Map 端输出的键值对个数是 $n \times m$。在 Mapper 类中，需要定义一个计算距离的方法 calDistance(String[] test,String[] train)，具体实现如代码 3-14 所示。

表 3-4　测试数据

5892,0,45,2,10920,4,6,12,2,7,29,7,1,19,14,12,4,5,40,4,27,49,2
5893,0,25,7,02139,0,9,33,4,3,144,5,0,8,8,4,3,3,8,6,6,47,2
5894,0,35,0,70748,0,19,8,0,1,24,1,32,75,22,9,2,3,18,1,24,36,0
5895,0,25,1,43026,3,38,4,0,3,17,6,1,11,0,0,0,0,3,1,22,27,0

表 3-5　Map 端输出的结果

key: (5892,0,45,2,10920,4,6,12,2,7,29,7,1,19,14,12,4,5,40,4,27,49,2)　　value:(2.48,1)
key: (5893,0,25,7,02139,0,9,33,4,3,144,5,0,8,8,4,3,3,8,6,6,47,2)　　value:(3.32,1)
key: (5894,0,35,0,70748,0,19,8,0,1,24,1,32,75,22,9,2,3,18,1,24,36,0)　　value: (1.63,1)
key: (5895,0,25,1,43026,3,38,4,0,3,17,6,1,11,0,0,0,0,3,1,22,27,0)　　value:(7.08,1)

代码 3-14　Mapper 类的实现

```
public class MovieClassifyMapper extends Mapper<LongWritable, Text, Text,
DistanceAndLabel> {
    private DistanceAndLabel distance_label=new DistanceAndLabel();
```

```
        private String splitter="";
        ArrayList<String> testData=new ArrayList<String>();
        private String testPath="";
        @Override
        protected void setup(Mapper<LongWritable, Text, Text,
DistanceAndLabel>.Context context)
                throws IOException, InterruptedException {
            Configuration conf=context.getConfiguration();
            splitter=conf.get("SPLITTER");
            testPath=conf.get("TESTPATH");
            //读取测试数据并将其存在列表 testData 中
            FileSystem fs=FileSystem.get(conf);
            FSDataInputStream is=fs.open(new Path(testPath));
            BufferedReader br=new BufferedReader(new InputStreamReader(is));
            String line="";
            while((line=br.readLine())!=null){
                testData.add(line);
            }
            is.close();
            br.close();
        }
        @Override
        protected void map(LongWritable key, Text value, Mapper<LongWritable, Text,
Text, DistanceAndLabel>.Context context)
                throws IOException, InterruptedException {
            double distance=0.0;
            String[] val=value.toString().split(splitter);
            String[] singleTrainData=Arrays.copyOfRange(val, 5, val.length);
            String label=val[1];
            for (String td: testData) {
                String[] test=td.split(splitter);
                String[] singleTestData=Arrays.copyOfRange(test, 5, test.length);
                distance=Distance(singleTrainData,singleTestData);
                distance_label.setDistance(distance);
                distance_label.setLabel(label);
                context.write(new Text(td), distance_label);
            }
        }
        /**
         * 计算训练数据与测试数据的距离
         * @param singleTrainData
         * @param singleTestData
         * @return
         */
```

```
private double Distance(String[] singleTrainData, String[] singleTestData) {
    double sum=0.0;
    for(int i=0;i<singleTrainData.length;i++){
        sum+=Math.pow(Double.parseDouble(singleTrainData[i]),
Double.parseDouble(singleTestData[i]));
    }
    return Math.sqrt(sum);
    }
}
```

在 Reduce 阶段，setup 函数初始化 K 值，reduce 函数针对相同的键，对其值根据距离进行升序排序，取出前 K 个值，并找到这 K 个值的类别众数，输出键和类别众数。例如，假设 Reduce 端接收到的键值对为<(5892,0,45,2,10920,4,6,12,2,7,29,7,1,19,14,12,4,5,40,4,27,49,2),[(2.48,1),(3.80,1),(6.53,0),(4.21,0)]>，对其值根据距离进行升序排序，得到列表[(2.48,1),(3.80,1),(4.21,0),(6.53,0)]，设置参数 K 为 3，取出列表的前 3 个值，得到列表[(2.48,1),(3.80,1),(4.21,0)]，在这 3 个值中，类别 1 出现了 2 次，类别 0 出现了 1 次，即类别众数为 1，所以 Reduce 端输出<1, (5892,0,45,2,10920,4,6,12,2,7,29,7,1,19,14,12,4,5,40,4,27,49,2)>。Reducer 类代码实现需要定义三个方法：第一个方法是根据距离对值进行排序，第二个方法是取出列表的前 K 个值，第三个方法是找到列表中的类别众数。Reducer 类的实现如代码 3-15 所示。

代码 3-15　Reducer 类的实现

```
public class MovieClassifyReducer extends Reducer<Text, DistanceAndLabel,
Text, NullWritable> {
    private int k=0;
    @Override
    protected void setup(Reducer<Text, DistanceAndLabel, Text,
NullWritable>.Context context)
            throws IOException, InterruptedException {
        //初始化 K 值
        k=context.getConfiguration().getInt("K",3);
    }
    @Override
    protected void reduce(Text key, Iterable<DistanceAndLabel> value,
            Reducer<Text, DistanceAndLabel, Text, NullWritable>.Context
context) throws IOException, InterruptedException {
        String label=getMost(getTopK(sort(value)));
        context.write(new Text(label+","+key), NullWritable.get());
    }
    /**
     * 得到列表中的类别众数
     * @param topK
     * @return
     */
    private String getMost(List<String> topK) {
```

```java
        HashMap<String,Integer> labelTimes=new HashMap<String,Integer>();
        for (String str : topK) {
            String label=str.substring(str.lastIndexOf(",")+1,str.length());
            if(labelTimes.containsKey(label)){
                labelTimes.put(label, labelTimes.get(label)+1);
            }else{
                labelTimes.put(label, 1);
            }
        }
        int maxInt=Integer.MIN_VALUE;
        String mostLabel="";
        for(Map.Entry<String, Integer> kv:labelTimes.entrySet()){
            if(kv.getValue()>maxInt){
                maxInt=kv.getValue();
                mostLabel=kv.getKey();
            }
        }
        return mostLabel;
    }
    /**
     * 取出列表中的前 K 个值
     * @param sort
     * @return
     */
    private List<String> getTopK(List<String> sort) {
        return sort.subList(0, k);
    }
    /**
     * 根据距离对值进行升序排序
     * @param value
     * @return
     */
    private List<String> sort(Iterable<DistanceAndLabel> value) {
        ArrayList<String> result=new ArrayList<String>();
        for(DistanceAndLabel val:value){
            result.add(val.toString());
        }
        String[] tmp=new String[result.size()];
        result.toArray(tmp);
        Arrays.sort(tmp, new Comparator<String>(){

            @Override
            public int compare(String o1, String o2) {
                double o1D=Double.parseDouble(o1.substring(0, o1.indexOf(",")));
```

```
            double o2D=Double.parseDouble(o2.substring(0, o2.indexOf(",")));
            if(o1D>o2D){
                return 1;
            }else if(o1D<o2D){
                return -1;
            }else{
                return 0;
            }
        }});
    return Arrays.asList(tmp);
    }
}
```

在驱动类中，设置主类、Mapper 处理类、Reducer 处理类，设置 Mapper 端输出的键值对类型为<Text,DistanceAndLabel>和 Reducer 端输出的键值对类型为<Text,NullWritable>；设置 5 个参数，分别为测试数据的路径、训练数据的路径、输出路径、K 值和训练数据的分隔符。为了方便，可以在 IDEA 中提交 MapReduce 任务，但需要在代码中设置连接 Hadoop 集群的配置。驱动类 Driver 的实现如代码 3-16 所示。

代码 3-16　驱动类 Driver 的实现

```
public class MovieClassify extends Configured implements Tool{
    @Override
    public int run(String[] args) throws Exception {
        if(args.length!=5){
            System.err.println("demo.MovieClassify <testinput> <traininput>
<output> <k> <splitter>");
            System.exit(-1);
        }
        Configuration conf=getMyConfiguration();
        conf.setInt("K", Integer.parseInt(args[3]));
        conf.set("SPLITTER",args[4]);
        conf.set("TESTPATH", args[0]);
        Job job=Job.getInstance(conf, "movie_knn");
        job.setJarByClass(MovieClassify.class);//设置主类
        job.setMapperClass(MovieClassifyMapper.class);//设置 Mapper 类
        job.setReducerClass(MovieClassifyReducer.class);//设置 Reducer 类
        job.setMapOutputKeyClass(Text.class);//设置 Mapper 输出的键类型
        //设置 Mapper 输出的值类型
        job.setMapOutputValueClass(DistanceAndLabel.class);
        job.setOutputKeyClass(Text.class);//设置 Reducer 输出的键类型
        //设置 Reducer 端输出的值类型
        job.setOutputValueClass(NullWritable.class);
        FileInputFormat.addInputPath(job, new Path(args[1]));//设置输入路径
        FileSystem.get(conf).delete(new Path(args[2]), true);//删除输出路径
```

```
            FileOutputFormat.setOutputPath(job, new Path(args[2]));//设置输出路径
            return job.waitForCompletion(true)?-1:1;//提交任务
    }
    public static void main(String[] args) {
        String[] myArgs={
                "/movie/testData",
                "/movie/trainData",
                "/movie/knnout",
                "3",
                ","
        };
        try {
            ToolRunner.run(getMyConfiguration(), new MovieClassify(), myArgs);
        } catch (Exception e) {
            // TODO Auto-generated catch block
            e.printStackTrace();
        }
    }
    /**
     * 设置连接 Hadoop 集群的配置
     * @return
     */
    public static Configuration getMyConfiguration(){
        Configuration conf = new Configuration();
        conf.setBoolean("mapreduce.app-submission.cross-platform",true);
        conf.set("fs.defaultFS", "hdfs://master:8020");// 指定 NameNode
        conf.set("mapreduce.framework.name","yarn"); // 指定使用 YARN 框架
        String resourcenode="master";
        // 指定 resourcemanager
        conf.set("yarn.resourcemanager.address", resourcenode+":8032");
        // 指定资源分配器
        conf.set("yarn.resourcemanager.scheduler.address",resourcenode+":8030");
        conf.set("mapreduce.jobhistory.address",resourcenode+":10020");
        conf.set("mapreduce.job.jar",JarUtil.jar(MovieClassify.class));
        return conf;
    }
}
```

将 k_demo 的包内所有代码文件打包成 k_demo.jar 并将其上传到 Linux 操作系统目录的/opt 下，使用 "hadoop jar /opt/k_demo.jar k_demo.MovieClassify" 命令运行程序，运行过程中的日志如表 3-6 所示，部分日志已省略。从运行日志中可以看出，Map 端输入的记录数是 4831，包括测试数据的记录数和训练数据的记录数；Reducer 端输入输出的记录数是 605，说明测试数据的记录数是 605。

表 3-6　运行日志

```
......
    Map-Reduce Framework
        Map input records=4831
        Map output records=2922755
        Map output bytes=213742764
        Map output materialized bytes=219588280
        Input split bytes=99
        Combine input records=0
        Combine output records=0
        Reduce input groups=605
        Reduce shuffle bytes=219588280
        Reduce input records=2922755
        Reduce output records=605
        Spilled Records=8768265
        Shuffled Maps =1
        Failed Shuffles=0
        Merged Map outputs=1
        GC time elapsed (ms)=3082
        CPU time spent (ms)=124130
        Physical memory (bytes) snapshot=601948160
        Virtual memory (bytes) snapshot=7206936576
        Total committed heap usage (bytes)=459886592
......
```

查看/movie/knnout/part-r-00000 文件中的内容，如图 3-40 所示。其中，第 1 列数据是测试数据的预测类别，第 3 列是测试数据的正确类别。

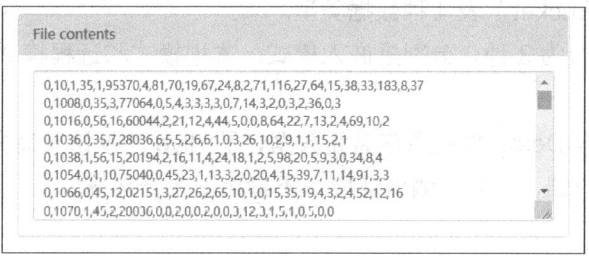

图 3-40　/movie/knnout/part-r-00000 文件中的内容

项目总结

　　本项目基于 Hadoop 完全分布式集群，实现了使用 Hadoop Java API 读取 HDFS 中的序列化日志文件，并将其下载和保存到 Windows 操作系统文件中；基于 KNN 聚类算法实现了使用 MapReduce 程序对 M 网站的用户性别聚类与未知性别的用户的预测。通过学习本项目中的内容，读者可以更熟悉 Hadoop 的三大组件中的 HDFS 和 MapReduce，了解其操作的简单流程，为后续更深入学习奠定基础。

项目 4

Hive 组件的安装、配置与应用

项目介绍

Hive 是建立在 Hadoop 文件系统上的数据仓库，提供了一系列工具，能够对存储在 HDFS 中的数据进行提取、转换和加载（ETL），是一种可以存储、查询和分析存储在 Hadoop 中的大规模数据的工具。

Hive 能将结构化的数据文件映射为一张表，并提供 SQL 查询功能，也能将 SQL 语句转变成 MapReduce 任务来执行。Hive 的优点是学习成本低，可以通过类似于 SQL 语句实现快速 MapReduce 统计，使 MapReduce 变得更加简单，而不必开发专门的 MapReduce 应用程序。

Hive 不适用于联机（Online）事务处理，不提供实时查询功能，较适用于基于大量不可变数据的批处理作业。

Hive 的特点包括可伸缩（在 Hadoop 的集群上动态添加设备）、可扩展、容错、输入格式的松散耦合。

Hive 中所有的数据都存储在 HDFS 中，包含数据库（DataBase）、表（Table）、分区（Partition）表和桶（Bucket）表 4 种数据类型。

Hive 的安装模式分为 3 种，分别是嵌入模式、本地模式和远程模式。

1. 嵌入模式

嵌入模式使用内嵌 Derby 数据库存储元数据，是 Hive 的默认安装方式，配置简单，但是一次只能连接一个客户端，适用于测试环境，不适用于生产环境。

2. 本地模式

本地模式采用外部数据库存储元数据，不需要单独开启 MetaStore 服务，因为该模式使用的是和 Hive 在同一个进程中的 MetaStore 服务。

3. 远程模式

远程模式与本地模式一样，也是采用外部数据库存储元数据。不同的是，远程模式需要先单独开启 MetaStore 服务，然后每个客户端都在配置文件中配置连接该 MetaStore 服务。在远程模式中，MetaStore 服务和 Hive 运行在不同的进程中。

本项目基于 Hadoop 3.1.4 的集群架构，以本地模式安装部署 Hive 3.1.2 数据仓库，并提供一个 Hive 数据仓库应用案例来体验 Hive 的典型应用场景。

任务安排

任务 4.1　安装与配置 MySQL 数据库

任务 4.2　安装与配置 Hive 组件

任务 4.3　Hive shell 的基本操作

任务 4.4　统计分析餐饮数据

学习目标

（1）掌握安装与配置 MySQL 数据库的操作。

（2）掌握安装与配置 Hive 组件的操作。

（3）掌握格式化和启动 Hive 组件的操作。

（4）熟悉 Hive Shell 命令的操作。

（5）熟悉 Hive 数据仓库的应用场景。

任务 4.1　安装与配置 MySQL 数据库

项目 4 任务 4.1 安装与
配置 MySQL 数据库

任务描述

由于 Hive 元数据存储在 MySQL 数据库中，因此在部署 Hive 组件前需要先在 Linux 操作系统下安装 MySQL 数据库，再进行 MySQL 字符集、安全初始化、远程访问权限等相关配置。

任务分析

Linux（CentOS 7）服务器会自动安装 MariaDB 数据库管理系统。MariaDB 是 MySQL 数据库的一个分支。由于我们采取本地模式安装 Hive，需要自己安装 MySQL 数据库，因此需要先查询并卸载 MariaDB。

另外，在 Linux 操作系统中安装 MySQL 数据库的方式有很多种，可以选择安装软件包并进行相关的配置，也可以选择在线安装，本书采用安装软件包的方式。

任务实施

4.1.1　安装 MySQL 数据库

在安装 MySQL 数据库之前，应该先卸载 Linux 操作系统中自带的数据库，再使用 rpm 软件管理工具安装。

1. 卸载自带的数据库

可以执行 "rpm" 命令的 "qa" 参数查看系统安装的数据库名称和版本，以方便卸载。执行代码 4-1 中的命令，查询自带的数据库，效果如图 4-1 所示。

代码 4-1　查询自带的数据库

```
rpm -qa | grep mariadb
```

```
[root@master ~]# rpm -qa | grep mariadb
mariadb-libs-5.5.68-1.el7.x86_64
[root@master ~]#
```

图 4-1　自带的数据库名称和版本

可以使用"rpm"命令的"-e"参数卸载所查询到的数据库，使用"--nodeps"参数可以避免因软件相关性而不能进行卸载操作，如代码 4-2 所示。请读者注意，这里的软件包名称和版本务必和上一步查询的一致。

代码 4-2　卸载自带数据库

```
rpm -e --nodeps mariadb-libs-5.5.68-1.el7.x86_64
rpm -qa | grep mariadb
```

卸载后再次执行查看命令，能看到在已安装列表中没有该数据库了。这时就可以进行MySQL 数据库的安装了。

2. 安装 MySQL 数据库软件包

本书所使用的 MySQL 数据库版本是 MySQL 8.0.21，读者可以从官网下载软件包。下载好的软件包需要上传到指定目录下，本书指定为/root/目录，进入/root/mysql-8.0.21/目录后使用"ls"命令可以查看上传的软件包（具体上传方式请参考项目 1），如图 4-2 所示。

```
[root@master ~]# cd mysql-8.0.21
[root@master mysql-8.0.21]# ls
mysql-community-client-8.0.21-1.el7.x86_64.rpm
mysql-community-common-8.0.21-1.el7.x86_64.rpm
mysql-community-devel-8.0.21-1.el7.x86_64.rpm
mysql-community-embedded-compat-8.0.21-1.el7.x86_64.rpm
mysql-community-libs-8.0.21-1.el7.x86_64.rpm
mysql-community-libs-compat-8.0.21-1.el7.x86_64.rpm
mysql-community-server-8.0.21-1.el7.x86_64.rpm
mysql-community-test-8.0.21-1.el7.x86_64.rpm
[root@master mysql-8.0.21]#
```

图 4-2　查看上传的软件包

使用代码 4-3 中的"rpm"命令，按如下顺序依次安装 MySQL 数据库的 MySQL Client、MySQL Common、MySQL Libs、MySQL Server 软件包。代码 4-3 中的"-ivh"参数表示安装软件；"--force"参数表示强制安装；"--nodeps"参数表示安装时不检查依赖关系，如这个 rpm包需要 A，但是系统没装 A，这样软件包会装不上，用"--nodeps"参数能忽略依赖关系直接安装。MySQL 数据库安装过程如图 4-3 所示。

代码 4-3　安装软件包

```
cd /root/mysql-8.0.21/  --切换到mysql文件夹
rpm -ivh --force --nodeps  mysql-community-client-8.0.21-1.el7.x86_64.rpm
rpm -ivh --force --nodeps  mysql-community-common-8.0.21-1.el7.x86_64.rpm
rpm -ivh --force --nodeps  mysql-community-libs-8.0.21-1.el7.x86_64.rpm
rpm -ivh --force --nodeps  mysql-community-server-8.0.21-1.el7.x86_64.rpm
```

```
[root@master mysql-8.0.21]# rpm -ivh --force --nodeps mysql-community-client-8.0.21-1.el7.
x86_64.rpm
-community-server-8.0.21-1.el7.x86_64.rpm警告: mysql-community-client-8.0.21-1.el7.x86_64.rp
m: 头V3 DSA/SHA1 Signature, 密钥 ID 5072e1f5: NOKEY
准备中...                           ############################### [100%]
正在升级/安装...
   1:mysql-community-client-8.0.21-1.e############################### [100%]
[root@master mysql-8.0.21]# rpm -ivh --force --nodeps mysql-community-common-8.0.21-1.el7.
x86_64.rpm
警告: mysql-community-common-8.0.21-1.el7.x86_64.rpm: 头V3 DSA/SHA1 Signature, 密钥 ID 5072e
1f5: NOKEY
准备中...                           ############################### [100%]
正在升级/安装...
   1:mysql-community-common-8.0.21-1.e############################### [100%]
[root@master mysql-8.0.21]# rpm -ivh --force --nodeps mysql-community-libs-8.0.21-1.el7.x8
6_64.rpm
警告: mysql-community-libs-8.0.21-1.el7.x86_64.rpm: 头V3 DSA/SHA1 Signature, 密钥 ID 5072e1f
5: NOKEY
准备中...                           ############################### [100%]
正在升级/安装...
   1:mysql-community-libs-8.0.21-1.el/############################### [100%]
[root@master mysql-8.0.21]# rpm -ivh --force --nodeps mysql-community-server-8.0.21-1.el7.
x86_64.rpm
警告: mysql-community-server-8.0.21-1.el7.x86_64.rpm: 头V3 DSA/SHA1 Signature, 密钥 ID 5072e
1f5: NOKEY
准备中...                           ############################### [100%]
正在升级/安装...
   1:mysql-community-server-8.0.21-1.e############################### [100%]
[root@master mysql-8.0.21]#
```

图 4-3　MySQL 数据库安装过程

3. 修改 my.cnf 配置文件

安装好软件包后，需要修改 MySQL 数据库配置，在/etc/my.cnf 文件中添加 MySQL 数据库配置项，如表 4-1 所示。

表 4-1　MySQL 数据库配置项

字　段	配　置　值	配　置　说　明
default-storage-engine	innodb	设置 innodb 为默认的存储引擎
innodb_file_per_table	—	设置每个表的数据单独保存，而不是统一保存在 innodb 系统表空间中。单独保存有方便管理和提升性能两方面优势
collation-server	utf8_general_ci	设置支持中文编码字符集
init-connect	'SET NAMES utf8'	设置用户登录到数据库之后，在执行第一次查询之前执行"SET NAMES utf8"命令，将使用的字符编码设定为 UTF-8
character-set-server	utf8	将 MySQL 服务器字符集设定为 UTF-8

使用 "vi /etc/my.cnf" 命令在环境变量文件的最后添加配置内容，如表 4-2 所示，保存并退出。

表 4-2　环境变量文件的添加配置内容

```
default-storage-engine=innodb
innodb_file_per_table
collation-server=utf8_general_ci
init-connect='SET NAMES utf8'
character-set-server=utf8
```

4. 启动 MySQL 数据库服务

设置完配置内容后，启动 MySQL 数据库服务，如代码 4-4 所示。启动之后查看 MySQL

数据库服务的启动状态，效果如图 4-4 所示，可以看出 mysqld 进程状态为 active (running)，表示 MySQL 数据库正常运行。

代码 4-4　启动并查看 MySQL 数据库服务

```
systemctl start mysqld      #启动 MySQL 数据库服务
systemctl status mysqld     #查看 MySQL 数据库服务状态
```

```
[root@master mysql-8.0.21]# systemctl start mysqld
[root@master mysql-8.0.21]# systemctl status mysqld
● mysqld.service - MySQL Server
   Loaded: loaded (/usr/lib/systemd/system/mysqld.service; enabled; vendor preset: disabled)
   Active: active (running) since 五 2022-12-02 19:04:05 CST; 12s ago
     Docs: man:mysqld(8)
           http://dev.mysql.com/doc/refman/en/using-systemd.html
  Process: 3917 ExecStartPre=/usr/bin/mysqld_pre_systemd (code=exited, status=0/SUCCESS)
 Main PID: 3992 (mysqld)
   Status: "Server is operational"
   CGroup: /system.slice/mysqld.service
           └─3992 /usr/sbin/mysqld

12月 02 19:03:53 master systemd[1]: Starting MySQL Server...
12月 02 19:04:05 master systemd[1]: Started MySQL Server.
[root@master mysql-8.0.21]#
```

图 4-4　服务状态

如果关闭 MySQL 数据库服务，则执行"systemctl stop mysqld"命令。

4.1.2　配置 MySQL 数据库

在使用 MySQL 数据库之前，应该先修改初始密码，再进行相关的安全设置和远程访问控制。

1．查询初始密码

MySQL 数据库的 root 用户密码是安装后随机生成的，所以每次安装后生成的初始密码不相同。查询 MySQL 数据库的初始密码，如代码 4-5 所示，效果如图 4-5 所示。

代码 4-5　查询初始密码

```
cat /var/log/mysqld.log | grep password
```

```
[root@master mysql-8.0.21]# cat /var/log/mysqld.log | grep password
2022-12-02T11:03:55.587879Z 6 [Note] [MY-010454] [Server] A temporary password is generated
for root@localhost: tGSXyjoeM4&1
[root@master mysql-8.0.21]#
```

图 4-5　初始密码

使用代码 4-5 中的命令查询到的密码是随机自动生成的，每次不同，请读者注意：在后续的配置中，务必根据本地查询的密码进行登录，而不要照抄本书中的密码。

2．安全设置

在使用 MySQL 数据库之前，应该先进行安全初始化设置。执行代码 4-6 中的"mysql_secure_installation"命令，初始化 MySQL 数据库，初始化过程中需要设定数据库 root 用户登录密码。密码需要符合安全规则，包括大小写字符、数字和特殊符号，建议设定密码为"Password123$"。如果是第一次进行安全设置，则会提示用户修改初始密码，如图 4-6 所示。

代码 4-6　安全初始化

```
mysql_secure_installation
```

```
[root@master mysql-8.0.21]# mysql_secure_installation
Securing the MySQL server deployment.

Enter password for user root: 输入查询的初始密码后回车

The existing password for the user account root has expired. Please set a new password.

New password: 输入新密码后回车

Re-enter new password: 再次输入新密码后回车
The 'validate_password' component is installed on the server.
The subsequent steps will run with the existing configuration
of the component.
Using existing password for root.

Estimated strength of the password: 100
```

图 4-6　初始密码修改

完成以上初始密码修改后，或者不是首次进行安全设置（会要求输入 root 用户密码），需要进行如图 4-7 所示的操作。第一，在①处询问是否要修改当前的密码，可以选择修改密码，也可以选择不修改密码，这里选择不修改密码，直接按回车键；第二，在②处询问是否删除匿名用户，输入"Y"并按回车键；第三，在③处询问是否拒绝 root 用户远程登录，直接按回车键，表示允许 root 用户远程登录；第四，在④处询问是否删除测试数据库，输入"Y"并按回车键；第五，在⑤处询问是否重新加载授权表，输入"Y"并按回车键，这样就完成了安全初始化设置。

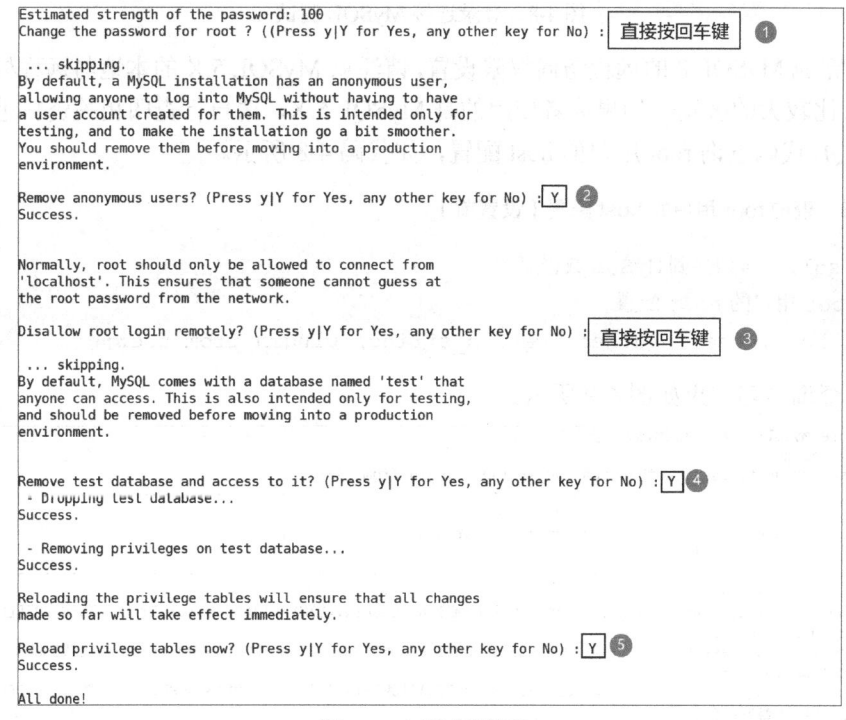

图 4-7　初始密码显示

3. 本地与远程访问授权

在 Hive 中需要添加 root 用户从本地和远程访问 MySQL 数据库表单的授权。使用 MySQL 登录命令连接 MySQL 数据库服务，如代码 4-7 所示。其中，"-u"参数后面的"root"表示登录的用户名，"-p"参数后面的内容表示 root 用户的密码。

代码 4-7　复制配置文件

```
mysql -uroot -pPassword123$
```

成功登录后，会出现 MySQL 数据库的命令行模式，使用"show databases;"命令可以查询当前 MySQL 数据库服务器中的默认的数据库列表，结果如图 4-8 所示。

```
[root@master mysql-8.0.21]# mysql -uroot -pPassword123$
mysql: [Warning] Using a password on the command line interface can be insecure.
Welcome to the MySQL monitor.  Commands end with ; or \g.
Your MySQL connection id is 17
Server version: 8.0.21 MySQL Community Server - GPL

Copyright (c) 2000, 2020, Oracle and/or its affiliates. All rights reserved.

Oracle is a registered trademark of Oracle Corporation and/or its
affiliates. Other names may be trademarks of their respective
owners.

Type 'help;' or '\h' for help. Type '\c' to clear the current input statement.

mysql> show databases;
+--------------------+
| Database           |
+--------------------+
| information_schema |
| mysql              |
| performance_schema |
| sys                |
+--------------------+
4 rows in set (0.04 sec)
```

图 4-8　登录连接 MySQL 测试

接下来完成 MySQL 8 的远程访问权限设置，请注意 MySQL 5.X 的本地与远程权限访问与 MySQL 8 有比较大的区别，如果读者使用的是 MySQL 5.X，请自行查阅相关资料进行设置。

使用 SQL 代码查询 root 用户的 host 配置，如代码 4-8 所示。

代码 4-8　查询 root 用户的 host 配置（设置前）

```
use mysql;    #切换到 MySQL 数据库中
#查询 root 用户的 host 配置
select host, user, authentication_string, plugin from user;
```

以上的查询语句结果如图 4-9 所示。

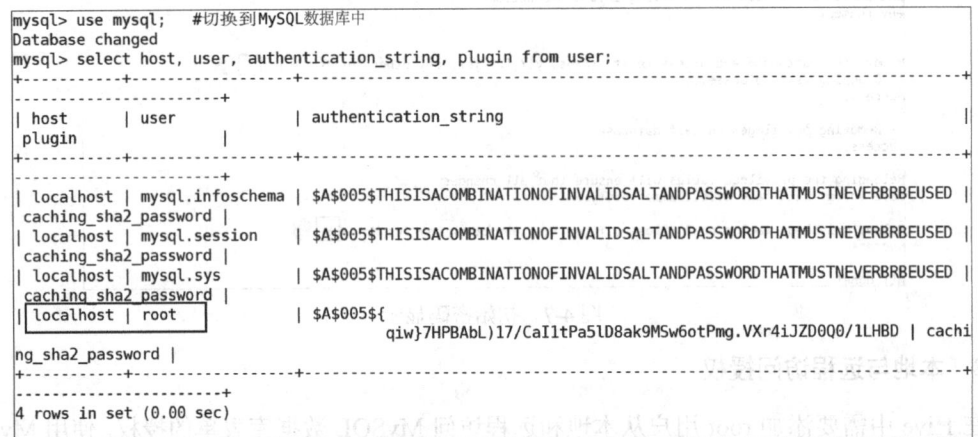

图 4-9　查询 root 用户的 host 配置

可以看到 root 用户的 host 配置是 localhost，而不是%，当有其他节点访问时会拒绝该节点访问，所以使用 SQL 代码添加一个 root 用户的 host 配置是%的账号（%表示任何主机均可访问），如代码 4-9 所示，再次查询结果如图 4-10 所示。

代码 4-9　查询 root 用户的 host 配置（设置后）

```
create user 'root'@'%' identified by 'Password123$';
select host, user, plugin from user;  #查询 root 用户的 host 配置
```

```
mysql> select host, user, plugin from user;
+-----------+------------------+-----------------------+
| host      | user             | plugin                |
+-----------+------------------+-----------------------+
| %         | root             | caching_sha2_password |
| localhost | mysql.infoschema | caching_sha2_password |
| localhost | mysql.session    | caching_sha2_password |
| localhost | mysql.sys        | caching_sha2_password |
| localhost | root             | caching_sha2_password |
+-----------+------------------+-----------------------+
5 rows in set (0.00 sec)
```

图 4-10　添加 root 用户的 host 配置是%的账号

现在可以使用 SQL 代码配置远程访问权限，并强制更新权限，如代码 4-10 所示。

代码 4-10　查询 root 用户的 host 配置

```
grant all privileges on *.* to 'root'@'%' with grant option;
flush privileges;
exit;    #退出 MySQL 客户端
```

至此，完成了配置 Hive 组件之前的 MySQL 数据库的安装与配置工作。

任务 4.2　安装与配置 Hive 组件

➡ 任务描述

项目 4 任务 4.2 安装与配置 Hive 组件

因为 Hive 数据仓库需要运行在 Hadoop 文件系统上，同时将元数据存储在 MySQL 数据库中，所以本任务介绍完安装 Hive 组件后，主要介绍配置 Hadoop 的相关属性及配置 MySQL 数据库的相关信息。

➡ 任务分析

在本任务中，比较复杂的是在 Hive 的配置文件中设置访问 MySQL 数据库的信息，由于配置文件模板内容较长，读者可以通过查找配置项定位的方式进行修改，也可以用一个包含必要配置项内容的配置文件代替，本书使用查找配置项定位的方式修改模板。

➡ 任务实施

4.2.1　安装 Hive 组件

Hive 组件的安装与其他组件的安装类似，在解压缩软件包后设置 Hive 的环境变量即可。

1. 解压缩软件包

本书所使用的 Hive 版本是 Hive 3.1.2，读者可以从 Hive 官网下载。下载好的软件包需要上传到指定目录下，本书指定为/root/目录，使用"ls /root/"命令可以查看上传的软件包（具体上传方式请参考项目 1），如图 4-11 所示。

```
[root@master ~]# ls
anaconda-ks.cfg              hadoop-2.7.7.tar.gz        mysql-8.0.21
apache-hive-3.1.2-bin.tar.gz  hadoop-3.1.4.tar.gz       mysql-connector-java-8.0.21.jar
apache-zookeeper-3.6.3-bin.tar.gz  jdk-8u144-linux-x64.tar.gz
[root@master ~]#
```

图 4-11 查看上传的软件包

使用"tar"命令解压缩软件包到/usr/local/src 文件夹中，并切换到安装目录下查看，可以使用"ls"命令查看解压缩后的效果，如代码 4-11 所示，效果如图 4-12 所示。

代码 4-11 解压缩软件包

```
tar -zxf /root/apache-hive-3.1.2-bin.tar.gz -C /usr/local/src
cd /usr/local/src/
ls
```

```
[root@master ~]# tar -zxf /root/apache-hive-3.1.2-bin.tar.gz -C /usr/local/src
[root@master ~]# cd /usr/local/src/
[root@master src]# ls
apache-hive-3.1.2-bin  hadoop  hive  java  zookeeper
[root@master src]#
```

图 4-12 查看解压缩后的软件包

2. 修改文件夹名称

解压缩后的文件夹名称有比较复杂的版本号，为了简化后续配置，此处需要修改文件夹名称。使用"mv"命令将解压缩的 apache-hive-3.1.2-bin 文件夹名称修改为"hive"，如代码 4-12 所示，效果如图 4-13 所示。

代码 4-12 修改文件夹名称

```
cd /usr/local/src/
mv apache-hive-3.1.2-bin hive
ls
```

```
[root@master src]# cd /usr/local/src/
[root@master src]# mv apache-hive-3.1.2-bin hive
[root@master src]# ls
hadoop  hive  java  zookeeper
[root@master src]#
```

图 4-13 修改文件夹名称

3. 修改环境变量文件

为了在任何目录下直接执行 Hive 的相关命令，可以在环境变量文件中添加 Hive 的环境变量。在项目 1 中已经说明过，本书在/root/.bash_profile 文件中操作，修改环境变量文件如代码 4-13 所示。

代码 4-13 修改环境变量文件

```
vi /root/.bash_profile
```

将如表 4-3 所示的配置信息添加到/root/.bash_profile 文件的末尾，保存并退出。

表 4-3　环境变量文件的添加内容

```
# set hive environment
export HIVE_HOME=/usr/local/src/hive
export PATH=$PATH:$HIVE_HOME/bin
```

4．生效环境变量文件

为了刷新环境变量文件的配置，需要在 master 节点上执行代码 4-14 中的命令，使环境变量文件生效。

代码 4-14　生效环境变量文件

```
source /root/.bash_profile
```

4.2.2　配置 Hive 环境

在启动 Hive 之前需要进行一些相关的设置，如设置 Hadoop 的安装目录的环境变量，特别是设置 Hive 和 MySQL 数据库的连接相关属性值比较烦琐，导入 MySQL 连接的驱动程序，以及由于 Hive 版本与 Hadoop 版本兼容性问题需要更新相关软件包。

1．修改 hive-env.sh 配置文件

hive-env.sh 是 Hive 执行时加载 Hadoop 环境变量的配置文件，用于指定 Hadoop 环境变量，该文件在文件夹中是模板文件，需要先将 hive-env.sh.template 从模板文件复制为 hive-env.sh，再修改文件中的内容，如代码 4-15 所示。

代码 4-15　复制和修改文件

```
cd /usr/local/src/hive/conf
cp hive-env.sh.template hive-env.sh
vi hive-env.sh
```

将如表 4-4 所示的内容添加到 hive-env.sh 配置文件的末尾，保存并退出。

表 4-4　hive-env.sh 配置文件的添加内容

```
export HADOOP_HOME=/usr/local/src/hadoop
```

2．修改 hive-site.xml 配置文件

hive-site.xml 是 Hive 访问 MySQL 数据库的核心配置文件，用于配置相关的 MySQL 访问属性，该文件在文件夹中是模板文件，需要先将 hive-default.xml.template 从模板文件复制为 hive-site.xml，再修改文件中的内容，如代码 4-16 所示。

代码 4-16　复制和修改文件

```
cd /usr/local/src/hive/conf
cp hive-default.xml.template hive-site.xml
vi hive-site.xml
```

hive-site.xml 配置文件需要修改的配置项参数如表 4-5 所示。

表 4-5　hive-site.xml 配置文件需要修改的配置项参数

序号	配　置　项	默　认　值	修　改　值
1	javax.jdo.option.ConnectionURL	jdbc:derby:;databaseName=metastore_db;create=true	jdbc:mysql://master:3306/hive?createDatabaseIfNotExist=true&useSSL=false&allowPublicKeyRetrieval=true
2	javax.jdo.option.ConnectionPassword	mine	Password123$
3	hive.metastore.schema.verification	true	false
4	javax.jdo.option.ConnectionDriverName	org.apache.derby.jdbc.EmbeddedDriver	com.mysql.cj.jdbc.Driver
5	javax.jdo.option.ConnectionUserName	APP	root
6	临时目录路径（共有 4 处需要修改）	${system:java.io.tmpdir}/${system:user.name}	/usr/local/src/hive/tmp

hive-site.xml 配置文件的内容比较长，需要修改的配置项分散在文档的各处，建议读者在打开文档后使用 vi 编辑器中的查找功能，先查找到配置项名称，再将该配置项的 value 修改为表 4-5 中对应的值。

hive-site.xml 配置文件需要修改的配置项集合如表 4-6 所示。

表 4-6　hive-site.xml 配置文件需要修改的配置项集合

```
<property>
    <name>javax.jdo.option.ConnectionPassword</name>
    <value>Password123$</value>
</property>
  <property>
    <name>javax.jdo.option.ConnectionURL</name>
<value>jdbc:mysql://master:3306/hive?createDatabaseIfNotExist=true&amp;useSSL=false&amp;allowPublicKeyRetrieval=true</value>
  /property>
<property>
    <name>hive.metastore.schema.verification</name>
    <value>false</value>
</property>
<property>
    <name>javax.jdo.option.ConnectionDriverName</name>
    <value>com.mysql.cj.jdbc.Driver</value>
</property>
<property>
    <name>javax.jdo.option.ConnectionUserName</name>
    <value>root</value>
</property>
  <property>
    <name>hive.querylog.location</name>
```

```
        <value>/usr/local/src/hive/tmp</value>
</property>
<property>
        <name>hive.server2.logging.operation.log.location</name>
        <value>/usr/local/src/hive/tmp/operation_logs</value>
</property>
<property>
        <name>hive.exec.local.scratchdir</name>
        <value>/usr/local/src/hive/tmp</value>
</property>
<property>
        <name>hive.downloaded.resources.dir</name>
        <value>/usr/local/src/hive/tmp/resources</value>
</property>
```

3．创建临时文件夹

由于在 hive-site.xml 配置文件中配置了 Hive 的临时文件夹信息，因此需要创建临时文件夹，如代码 4-17 所示。

代码 4-17　创建临时文件夹

```
mkdir /usr/local/src/hive/tmp
```

4．导入包文件

需要使用如代码 4-18 所示的命令管理如下几个软件包。

（1）使用 MySQL 数据库作为元数据的存储介质，需要上传 MySQL 数据库连接驱动的 jar 包（该 jar 包的版本必须与 MySQL 数据库的版本匹配，本书使用 mysql-connector-java-8.0.21，并已经将其上传到/root/目录下）到 Hive 安装文件夹的/lib 文件夹中。

（2）将 Hive 安装目录/lib 下的 jline-2.12.jar 同步到 Hadoop 类库中。

（3）将 Hive 安装目录/lib 下的 guava-19.0.0.jar 包删除，并将 Hadoop 类库中的新版 guava 包同步过来。

说明：每个包的文件版本需要读者自行确定，并根据本地的版本对代码中的文件名称进行修改。

代码 4-18　导入包文件代码

```
cp /root/mysql-connector-java-8.0.21.jar /usr/local/src/hive/lib/
cp /usr/local/src/hive/lib/jline-2.12.jar /usr/local/src/hadoop/share/
hadoop/yarn/lib/
rm -f /usr/local/src/hive/lib/guava-19.0.jar
cp /usr/local/src/hadoop/share/hadoop/common/lib/guava-27.0-jre.jar
/usr/local/src/hive/lib
```

4.2.3　初始化 Hive 数据库

在初始化 Hive 数据库之前，需要先在 MySQL 数据库创建一个名称为"hive"的数据库。

1. 创建 hive 数据库

Hive 在初始化之前需要进入 MySQL 数据库创建 hive 数据库。代码 4-19 所示为进入 MySQL 数据库。

代码 4-19　进入 MySQL 数据库

```
mysql -uroot -pPassword123$
```

使用 SQL 语句创建 hive 数据库，如代码 4-20 所示。

代码 4-20　使用 SQL 语句创建 hive 数据库

```
create database hive;
alter database hive character set latin1;
exit:
```

2. 初始化 hive 数据库

初始化 hive 数据库，如代码 4-21 所示，需要保证此时 MySQL 数据库为启动状态，效果如图 4-14 所示。

代码 4-21　初始化 hive 数据库

```
schematool -dbType mysql -initSchema
```

```
SLF4J: Class path contains multiple SLF4J bindings.
SLF4J: Found binding in [jar:file:/usr/local/src/hive/lib/log4j-slf4j-impl-2.10.0.jar!/org/slf4j/impl/Stat
icLoggerBinder.class]
SLF4J: Found binding in [jar:file:/usr/local/src/hadoop/share/hadoop/common/lib/slf4j-log4j12-1.7.25.jar!/
org/slf4j/impl/StaticLoggerBinder.class]
SLF4J: See http://www.slf4j.org/codes.html#multiple_bindings for an explanation.
SLF4J: Actual binding is of type [org.apache.logging.slf4j.Log4jLoggerFactory]
Metastore connection URL:        jdbc:mysql://master:3306/hive?createDatabaseIfNotExist=true&useSSL=false&
allowPublicKeyRetrieval=true
Metastore Connection Driver :    com.mysql.jdbc.Driver
Metastore connection User:       root
Loading class `com.mysql.jdbc.Driver'. This is deprecated. The new driver class is `com.mysql.cj.jdbc.Driv
er'. The driver is automatically registered via the SPI and manual loading of the driver class is generall
y unnecessary.
Starting metastore schema initialization to 3.1.0
Initialization script hive-schema-3.1.0.mysql.sql
Initialization script completed
schemaTool completed
```

图 4-14　初始化 hive 数据库成功提示

任务 4.3　Hive Shell 的基本操作

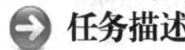 **任务描述**

项目 4 任务 4.3 Hive Shell 的基本操作

Hive 是一种数据库技术，可以定义数据库和表来分析结构化的数据。Hive 可以通过自己的 SQL 查询分析需要的内容，这套 SQL 被称为 Hive SQL（HQL）。HQL 与关系型数据库的 SQL 略有不同，但支持绝大多数的语句，如 DDL、DML，以及常见的聚合函数、连接查询、条件查询。本任务使用 HQL 来实现基本的数据库和内部表操作应用。

任务分析

Hive 用户接口主要有 3 个：CLI、Client 和 WUI。其中，较常用的是 CLI。在启动 CLI 时，会同时启动一个 Hive 副本。所以，我们使用 CLI 来完成基本的数据库操作和内部表操作。

任务实施

4.3.1 启动 Hive

Hive CLI 是 Hive 的交互工具。输入"hive"命令启动 Hive CLI，启动效果如图 4-15 所示。

```
[root@master conf]# hive
which: no hbase in (/usr/local/src/hadoop/bin:/usr/local/src/hadoop/sbin:/usr/local/src/hadoop/bin:/usr/lo
cal/src/hadoop/sbin:/usr/local/src/hadoop/bin:/usr/local/src/hadoop/sbin:/usr/local/src/hadoop/bin:/usr/lo
cal/src/hadoop/sbin:/usr/local/sbin:/usr/local/bin:/usr/sbin:/usr/bin:/root/bin:/usr/local/src/java/bin:/u
sr/local/src/zookeeper/bin:/root/bin:/usr/local/src/java/bin:/usr/local/src/zookeeper/bin:/root/bin:/usr/l
ocal/src/java/bin:/usr/local/src/zookeeper/bin:/root/bin:/usr/local/src/java/bin:/usr/local/src/zookeeper/
bin:/usr/local/src/hive/bin)
SLF4J: Class path contains multiple SLF4J bindings.
SLF4J: Found binding in [jar:file:/usr/local/src/hive/lib/log4j-slf4j-impl-2.10.0.jar!/org/slf4j/impl/Stat
icLoggerBinder.class]
SLF4J: Found binding in [jar:file:/usr/local/src/hadoop/share/hadoop/common/lib/slf4j-log4j12-1.7.25.jar!/
org/slf4j/impl/StaticLoggerBinder.class]
SLF4J: See http://www.slf4j.org/codes.html#multiple_bindings for an explanation.
SLF4J: Actual binding is of type [org.apache.logging.slf4j.Log4jLoggerFactory]
Hive Session ID = 0a531e6b-57d3-4583-8b69-ad0f57a0d528

Logging initialized using configuration in jar:file:/usr/local/src/hive/lib/hive-common-3.1.2.jar!/hive-lo
g4j2.properties Async: true
Hive-on-MR is deprecated in Hive 2 and may not be available in the future versions. Consider using a diffe
rent execution engine (i.e. spark, tez) or using Hive 1.X releases.
hive>
```

图 4-15　启动 Hive CLI 的效果

4.3.2 操作 Hive 数据库

Hive 数据库的操作基本与 MySQL 的一致，其基本语法如下。

```
CREATE DATABASE [IF NOT EXISTS] database_name;#创建数据库
SHOW databases; #显示数据库
USE database_name; #切换数据库
DESC database dataBaseName; #显示当前数据库的信息
DROP DATABASE [IF EXISTS] database_name [RESTRICT|CASCADE];# 删除数据库
```

下面将完成一个简单操作数据库的应用案例。

（1）创建一个名称为 hive_db_test 的数据库。

（2）显示 Hive 中所有的数据库列表。

（3）切换到刚才创建的 hive_db_test 数据库。

（4）显示当前数据库的信息。

（5）删除 hive_db_test 数据库。

Hive 数据库操作效果如图 4-16 所示。

```
hive> create database hive_db_test;
OK
Time taken: 0.057 seconds
hive> show databases;
OK
default
hive_db_test
Time taken: 0.025 seconds, Fetched: 2 row(s)
hive> use hive_db_test;
OK
Time taken: 0.037 seconds
hive> desc database hive_db_test;
OK
hive_db_test              hdfs://master:9000/user/hive/warehouse/hive_db_test.db    root      USER
Time taken: 0.054 seconds, Fetched: 1 row(s)
hive> drop database hive_db_test;
OK
Time taken: 0.059 seconds
hive> show databases;
OK
default
Time taken: 0.035 seconds, Fetched: 1 row(s)
```

图 4-16　Hive 数据库操作效果

4.3.3　操作 Hive 内部表

Hive 内部表的操作也基本上与 MySQL 的一致。创建内部表基本语法如下。

```
CREATE TABLE [IF NOT EXISTS] table_name       #表名
[(col_name data_type [COMMENT col_comment], ...)]  #表中的列
[COMMENT table_comment]    #表注释
[SORTED BY (col_name [ASC|DESC], ...)]     #排序列
[ROW FORMAT row_format]      #行格式
[STORED AS file_format]        #文件存储格式
[LOCATION hdfs_path]    #映射的 hdfs 文件路径
```

本节将完成内部表操作的简单应用案例。

1. 创建数据文件

在 master 节点的 /home 目录下创建一个 hive_data 文件夹，在该文件夹下创建一个 student.txt 数据文件，如代码 4-22 所示。

代码 4-22　创建数据文件

```
mkdir /home/hive_data
cd  /home/hive_data
vi student.txt
#在文件中添加以下内容，保存并退出
1,张三,19
2,李四,18
3,王五,20
```

2. 创建对应的内部表

在 Hive 中创建一个 hive_db 数据库，并在该数据库中创建一个名称为 student 的表，结构与数据文件的结构一致，包含 sid、sname、sage 三列。

首先，使用"hive"命令启动 Hive CLI。

然后，创建数据库和表，如代码 4-23 所示。

代码 4-23 创建内部表

```
create database hive_db;
use hive_db;
create table student(sid int,sname string,sage int)
row format delimited fields terminated by ',';
```

可以在 http://master:9870（Hadoop 3.1.4 版本）Web 页面中打开 Hive 内部表所在的 HDFS 路径进程查看数据，如图 4-17 所示，表中数据为空。

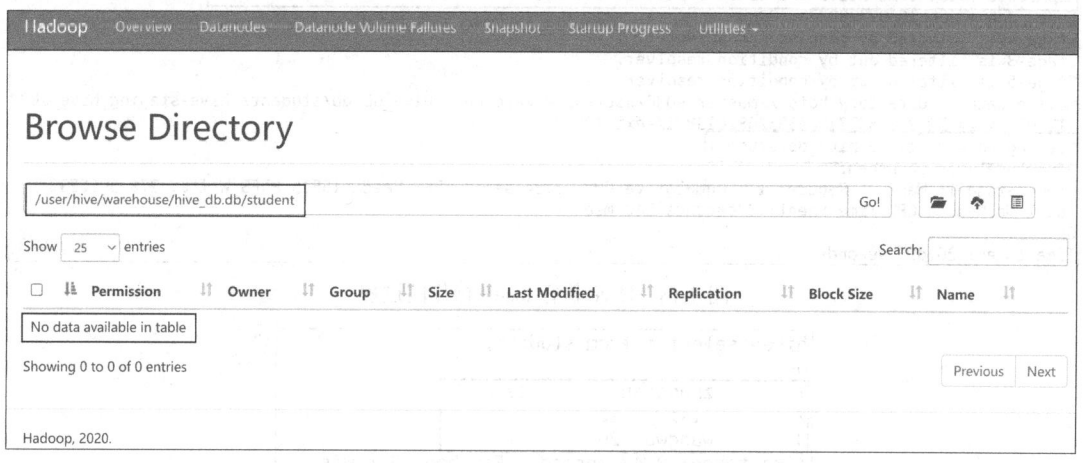

图 4-17 在 Web 页面中查看数据

3．添加数据

使用类似于 SQL 语句的 HQL 语句来管理数据，向 student 表中添加 3 条数据，如代码 4-24 所示。

代码 4-24 添加数据

```
insert into student(sid,sname,sage) select 1,'zhangsan',19;
insert into student(sid,sname,sage)  select 2,'lisi',18;
insert into student(sid,sname,sage)  select 3,'wangwu',20;
select * from student;
```

由于 Hive 的 SQL 语句需要转换为 MapReduce 操作来执行，因此每执行一条 SQL 语句，都需要比较长的时间来完成任务，效率很低。Hive 执行 insert 操作的过程如图 4-18 所示。

在完成添加数据后，执行查询语句查询数据，如图 4-19 所示。

继续通过 Web 页面的方式查询数据在 HDFS 中的情况，如图 4-20 所示。在 student 表对应的 HDFS 的文件夹中，可以查询到 3 个数据块，每个数据块的大小为 128MB（HDFS 的最小存储单位），每个数据的实际大小为 Size 标注的数字，每个数据块的副本数为 2 个（是项目 2 中配置 Hadoop HDFS 时设置的副本数）；3 条数据 3 个数据块是因为 insert 语句是单独执行的，每次执行均产生一个独立的数据块。

```
hive> insert into student(sid,sname,sage)  select 3,'wangwu',20;
Query ID = root_20221203042455_2fde1137-5b57-41b3-849d-0af292251273
Total jobs = 3
Launching Job 1 out of 3
Number of reduce tasks determined at compile time: 1
In order to change the average load for a reducer (in bytes):
  set hive.exec.reducers.bytes.per.reducer=<number>
In order to limit the maximum number of reducers:
  set hive.exec.reducers.max=<number>
In order to set a constant number of reducers:
  set mapreduce.job.reduces=<number>
Starting Job = job_1669972802280_0003, Tracking URL = http://master:8088/proxy/application_1669972802280_0
003/
Kill Command = /usr/local/src/hadoop/bin/mapred job  -kill job_1669972802280_0003
Hadoop job information for Stage-1: number of mappers: 1; number of reducers: 1
2022-12-03 04:25:05,892 Stage-1 map = 0%,  reduce = 0%
2022-12-03 04:25:13,206 Stage-1 map = 100%,  reduce = 0%, Cumulative CPU 1.67 sec
2022-12-03 04:25:20,491 Stage-1 map = 100%,  reduce = 100%, Cumulative CPU 3.34 sec
MapReduce Total cumulative CPU time: 3 seconds 340 msec
Ended Job = job_1669972802280_0003
Stage-4 is selected by condition resolver.
Stage-3 is filtered out by condition resolver.
Stage-5 is filtered out by condition resolver.
Moving data to directory hdfs://master:9000/user/hive/warehouse/hive_db.db/student/.hive-staging_hive_2022
-12-03_04-24-55_938_5377190935526828138-1/-ext-10000
Loading data to table hive_db.student
MapReduce Jobs Launched:
Stage-Stage-1: Map: 1 Reduce: 1   Cumulative CPU: 3.34 sec   HDFS Read: 15515 HDFS Write: 278 SUCCESS
Total MapReduce CPU Time Spent: 3 seconds 340 msec
OK
Time taken: 26.093 seconds
```

图 4-18　Hive 执行 insert 操作的过程

```
hive> select * from student;
OK
1          zhangsan            19
2          lisi    18
3          wangwu  20
Time taken: 0.47 seconds, Fetched: 3 row(s)
hive>
```

图 4-19　查询数据

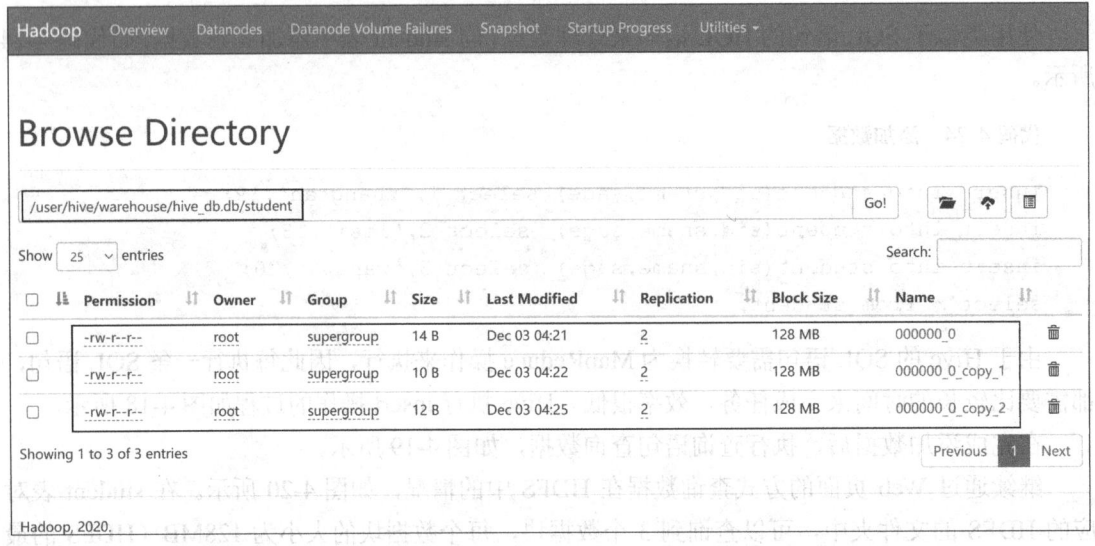

图 4-20　HDFS 的 Web 查询 1

4．导入数据

从上面的操作中可以看到，Hive 执行 insert 操作需要调用 MapReduce 操作，效率非常低，所以一般情况下，使用批量导入的方式来添加数据。Hive 提供了"local"命令向表中导入数据。

在第 1 步的数据文件中，文本数据有 3 行，每行数据的数据项之间使用的是逗号","分隔符；在第 2 步的创建内部表中，指定了表的选项行格式，设定了列的分隔符为","，读者需要注意这里的数据项数量和分隔符位置需要前后一致，否则导入数据会出错。

将/home/hive_data/student.txt 文件中的数据导入 Hive 的内部表 student 并查询，如代码 4-25 所示，运行结果如图 4-21 所示。

代码 4-25　Hive 导入数据

```
load data local inpath '/home/hive_data/student.txt' into table student;
select * from student;
```

```
hive>
    > load data local inpath '/home/hive_data/student.txt' into table student;
Loading data to table hive_db.student
OK
Time taken: 0.332 seconds
hive> select * from student;
OK
1       zhangsan        19
2       lisi    18
3       wangwu  20
1       张三     19
2       李四     18
3       王五     20
Time taken: 0.187 seconds, Fetched: 6 row(s)
hive>
```

图 4-21　Hive 导入数据

参考第 3 步，继续通过 Web 页面的方式查询数据在 HDFS 中的情况，如图 4-22 所示。发现刚才的数据导入产生了一个新的数据块记录，其中包含导入的 3 条数据。

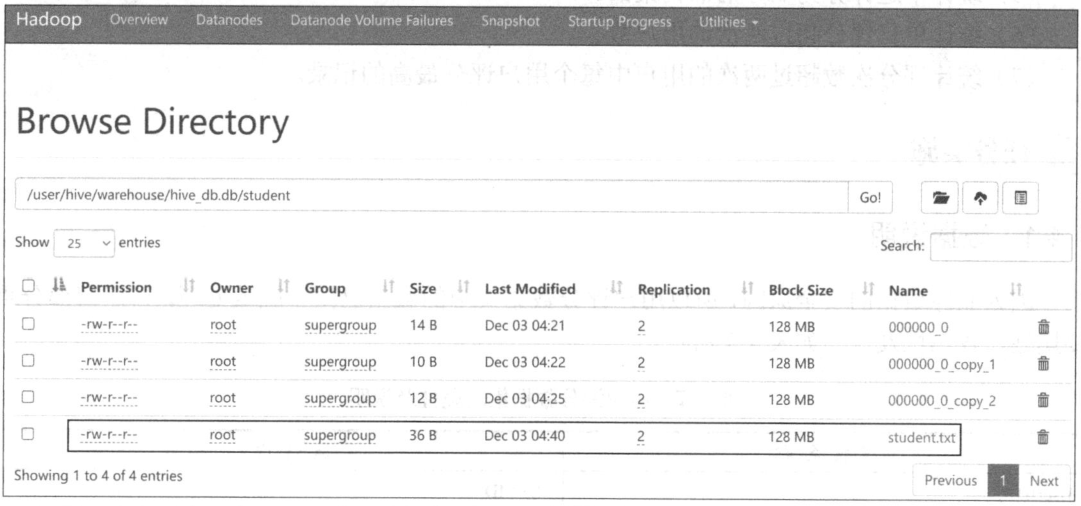

图 4-22　HDFS 的 Web 查询 2

本任务介绍的只是简单的创建数据库、创建内部表、添加数据、导入及基本查询的功能，Hive 中的外部表和分区表的应用及其他更多的 HQL 应用，请读者参考 Hive 应用案例。

任务 4.4　统计分析餐饮数据

📥 任务描述

都市生活紧张忙碌，不少上班族已经习惯在餐饮外卖平台上订餐。餐饮外卖平台的菜品种类丰富，可以提供各式风味的美食，即便如此，由于口味偏好及菜品质量的差异，人们常常有不知道今天午餐应该吃什么的烦恼。

W 餐饮外卖平台为广大用户提供网上订餐服务，市场占有率在近年不断增长。当用户在 W 餐饮外卖平台完成订餐后，平台会引导用户对品尝过的菜品进行评价打分，最高为 5 分，最低为 1 分。

为提高用户的订餐体验，W 餐饮外卖平台需要对用户的打分数据、相关菜品数据进行统计和分析，为后续推送菜品提供依据。本任务通过 W 餐饮外卖平台收集的用户评分数据，分析平台的受欢迎度、用户的体验度。

📥 任务分析

本任务将从如下的操作中，分析 W 餐饮外卖平台的受欢迎度、用户的体验度。

（1）根据用户评分数据统计日销量和日用户量。

（2）统计同时有评分和评分内容的记录。

（3）分析用户的评分分布情况。

（4）统计十大热销菜品。

（5）统计十道评分为 5 分的热销菜品。

（6）统计单日评分超过两次的用户数。

（7）统计评分次数超过两次的用户中每个用户评分最高的记录。

📥 任务实施

4.4.1　数据说明

因为业务数据的安全原因，所以用户评分数据集中的数据已做了脱敏处理，只保留部分重要属性，各属性及说明如表 4-7 所示。

表 4-7　用户评分数据集的属性及说明

属　性　名　称	属　性　说　明
UserID	用户 ID
MealID	菜品 ID
Rating	评分
ReviewTime	评分的时间戳
Review	评价内容

另外，W 餐饮外卖平台的后台数据库（MySQL）中保存着菜品数据集，其中的数据内容

如图 4-23 所示，导出后会形成 Parquet 文件。

mealno	mealID	meal_name
1	B000H00VBQ	口水鸡
2	B000H0X79O	宫保鸡丁
3	B000H29TXU	水煮牛肉
4	B000H2DMME	香煎茄饼
5	B000H4YNM0	五彩焖饭
6	B000HAB4NK	蛋包饭
7	B000HKWE3O	鱼香茄子
8	B000HZEHL6	塔尖大白菜
9	B000I5PVD8	醋溜土豆丝
10	B000I5Q0ZG	茄汁藕饼

图 4-23　菜品数据集中的数据内容

用户评分数据集中保存着用户对菜品的评分信息，这份数据很大程度上能反映用户对菜品的兴趣度，因此将这份数据作为统计分析的主要数据源。

4.4.2　创建表并导入数据

将用户评分数据 realrating.parquet 和菜品数据 meal_list.txt 上传到 Linux 操作系统的/opt 目录下，启动 Hadoop 集群、MySQL 数据库服务、MetaStore 服务，启动 Hive CLI，在命令行窗口中创建菜品表 meal_list 和用户评分表 meal_rating 并导入相应数据，如代码 4-26 所示。

代码 4-26　创建表并导入数据

```
create database meal;
use meal;
--创建菜品表
create table meal_list(
id int,
MealId string,
mealname string)
row format delimited fields terminated by ',';
--导入数据
load data local inpath '/opt/meal_list.txt' overwrite into table meal_list;

--创建用户评分表
create table meal_rating(
userid string,
mealid string,
rating double,
review string,
reviewtime string)
stored as parquet;
--导入数据
load data local inpath '/opt/mealrating.parquet' overwrite into table
meal_rating;
```

在导入数据后，可以使用 select 语句查询前 5 行数据，查询结果如图 4-24 所示。

```
hive> select * from meal_list limit 5;
OK
1           B000H00VBQ        口水鸡
2           B000H0X790        宫保鸡丁
3           B000H29TXU        水煮牛肉
4           B000H2DMME        香煎茄饼
5           B000H4YNM0        五彩焖饭
Time taken: 0.737 seconds, Fetched: 5 row(s)
hive> select * from meal_rating limit 5;
OK
A2WOH395IHGS0T   B0040HNZTW      5.0      风味独特，真的不错！        1496177056
A32KHS0VN0N0HB   B006Z48TZS      3.0      有特色，也比较卫生          1496177108
A1YQ4Z5U9NIGP    B00CDBTQCW      5.0      家常美味，推荐！            1496177276
A3E5V5TSTAY3R9   B00751IYQ4      4.0      好吃     1496179256
A1V50CTTDJ73ZM   B00C00LT6S      5.0      不得不赞        1496180009
Time taken: 0.486 seconds, Fetched: 5 row(s)
```

图 4-24　前 5 行数据的查询结果

4.4.3　统计分析任务实现

根据用户评分数据，先使用日期函数 from_unixtime 与 cast 实现日期格式的转换，然后使用聚合函数 count，结合分组关键字 group by，统计日销量和日用户量，最后使用排序关键字 order by 对日期进行升序排序，如代码 4-27 所示。

代码 4-27　统计日销量和日用户量

```
select ymd,count(1) as daycount,count(distinct userid) as usercount
from (select *,from_unixtime(cast(reviewtime as bigint),'yyyy-MM-dd') as ymd
from meal_rating) tmp
group by ymd
order by ymd;
```

日销量和日用户量部分统计结果如图 4-25 所示。其中，日销量比日用户量普遍都高，意味着存在部分用户在一天内购买同一道菜品的现象。

```
2017-06-15      491       371
2017-06-16      630       466
2017-06-17      577       427
2017-06-18      514       393
2017-06-19      560       431
2017-06-20      515       378
2017-06-21      733       497
2017-06-22      648       446
2017-06-23      669       460
2017-06-24      459       326
2017-06-25      664       480
2017-06-26      598       427
2017-06-27      575       418
2017-06-28      1023      733
2017-06-29      716       502
2017-06-30      36        33
Time taken: 79.159 seconds, Fetched: 62 row(s)
```

图 4-25　日销量和日用户量部分统计结果

使用聚合函数 count，结合条件筛选关键字 where，统计同时有评分和评分内容的记录，如代码 4-28 所示。

代码 4-28　统计同时有评分和评分内容的记录

```
select count(*) from meal_rating where review is not null and rating is not null;
```

同时有评分和评分内容的记录统计结果如图 4-26 所示。使用聚合函数 count 统计用户评分表的总数据量为 38 383，意味着用户评分表中的所有记录均有评分和评分内容。

```
OK
38383
Time taken: 36.655 seconds, Fetched: 1 row(s)
```

图 4-26　同时有评分和评分内容的记录统计结果

使用聚合函数 count 统计用户评分表中用户的评分分布情况，如代码 4-29 所示。

代码 4-29　统计用户的评分分布情况

```
select rating,count(1),round(count(1)/38383*100,2) as usercount from
meal_rating group by rating;
select max(rating) as maxrating,min(rating) as minrating,round(avg(rating),3)
as avgrating,
    round(stddev(rating),3) as stdrating from meal_rating;
```

由图 4-27 可知，54.77%左右的用户在评分时会打 5 分，打 3 分及以上的用户超过 90%；由图 4-28 可知，用户评分的最大值为 5 分，最小值为 1 分，平均值为 4.19 分，标准差为 1.118 分，说明评分数值数据较为集中，结合平均值 4.19 分，可以推断评分数值数据多为 4 分、5 分，也就是如图 4-27 所示的情况。

```
1.0    1782    4.64
2.0    1960    5.11
3.0    4475    11.66
4.0    9142    23.82
5.0    21024   54.77
Time taken: 30.697 seconds, Fetched: 5 row(s)
```

图 4-27　用户评分分布情况 1

```
OK
5.0    1.0    4.19    1.118
Time taken: 35.019 seconds, Fetched: 1 row(s)
```

图 4-28　用户评分分布情况 2

使用分组关键字 group by 对菜品 ID 进行分组，使用结合聚合函数 count 统计记录数，使用排序关键字 order by 降序排序 10 条数据，统计十大热销菜品，如代码 4-30 所示。

代码 4-30　统计十大热销菜品 1

```
select mealid,count(1) as mealcount from meal_rating group by mealid order by
mealcount desc limit 10;
```

十大热销菜品统计结果 1 如图 4-29 所示。其中，第 1 列数据为菜品 ID，第 2 列数据为销售数据。

```
B00I3MPDP4    467
B00DAHSVYC    460
B00I3MMN4I    432
B00APE00H4    398
B00CDBTQCW    371
B00I3MNGCG    353
B00I3MNVBW    335
B00B8P8O9K    325
B00I3MMTS8    320
B00CDBR1P6    301
Time taken: 66.485 seconds, Fetched: 10 row(s)
```

图 4-29　十大热销菜品统计结果 1

基于代码 4-30 的分析思路，使用联合关键字 join，连接菜品表，统计十大热销菜品与其对应的菜品名称，如代码 4-31 所示。

代码 4-31 统计十大热销菜品 2

```
select a.mealid,a.mealcount,b.mealname from (select mealid,count(1) as
mealcount from meal_rating group by mealid order by mealcount desc limit 10) a join
meal_list b on a.mealid=b.mealid;
```

十大热销菜品统计结果 2 如图 4-30 所示。其中，第 1 列数据为菜品 ID，第 2 列数据为销售数据，第 3 列数据为对应的菜品名称。

基于代码 4-31 的分析思路，统计十道评分为 5 分的热销菜品，如代码 4-32 所示，统计结果如图 4-31 所示。

代码 4-32 统计十道评分为 5 分的热销菜品

```
select a.mealid,a.mealcount,b.mealname from (select mealid,count(1) as
mealcount from meal_rating where rating=5 group by mealid order by mealcount desc
limit 10) a join meal_list b on a.mealid=b.mealid;
```

```
OK
B00I3MPDP4      467      蟹柳蔬菜沙拉
B00DAHSVYC      460      香菜陈皮鸭
B00I3MMN4I      432      红酒炖牛腩
B00APE00H4      398      红豆南瓜米糊
B00CDBTQCW      371      素鱼焗苦瓜
B00I3MNGCG      353      洋葱炒鸡蛋
B00I3MNVBW      335      懒人版红烧肉
B00B8P809K      325      冬瓜茶
B00I3MMTS8      320      烤猪颈肉
B00CDBR1P6      301      金银瓜条
Time taken: 115.285 seconds, Fetched: 10 row(s)
```

```
OK
B00APE00H4      289      红豆南瓜米糊
B00I3MPDP4      253      蟹柳蔬菜沙拉
B009FZF0N0      217      高汤
B006Z48TZS      215      手撕茄子
B004MWZLYC      193      蔬菜烤鱼
B00B8P809K      190      冬瓜茶
B00DAHSVYC      177      香菜陈皮鸭
B00DT0YIIE      174      肉燕
B005544TRQ      167      XO酱拌荷兰豆
B00F87ZUYG      167      大杏仁桃酥
Time taken: 128.263 seconds, Fetched: 10 row(s)
```

图 4-30 十大热销菜品统计结果 2　　　　图 4-31 十道评分为 5 分的热销菜品统计结果

为提高查询效率，创建一张视图 meal_rating_ymd，内容为用户评分表中的所有数据与进行了格式转换的日期；对创建好的视图使用聚合函数 count，结合条件筛选关键字 having，统计单日评分超过两次的用户数，如代码 4-33 所示。

代码 4-33 统计单日评分超过两次的用户数

```
create view meal_rating_ymd as select *,from_unixtime(cast(reviewtime as
bigint),'yyyy-MM-dd') as ymd from meal_rating;
select count(distinct userid) from (select ymd,userid,count(1) as ratingcount
from meal_rating_ymd group by ymd,userid having ratingcount>2)tmp;
```

单日评分超过两次的用户数统计结果如图 4-32 所示。总计 2 231 个用户单日评分超过两次，结合用户评分表的总数据量 38 383，单日评分超过两次的用户所占比例约为 5.81%，占比较小，说明很少有用户在一天内评分两次。

```
OK
2231
Time taken: 72.408 seconds, Fetched: 1 row(s)
```

图 4-32 单日评分超过两次的用户数统计结果

　　使用聚合函数 count 统计记录数，使用分析函数 rank 对通过 over()子句划分的分区进行数据排名，统计每个用户评分最高的记录，如代码 4-34 所示，统计结果如图 4-33 所示。

代码 4-34　统计每个用户评分最高的记录

```
select *,count(1) over(partition by userid) as ratingcount,rank() over(partition
by userid order by rating desc) as ratingrank from meal_rating limit 20;
```

```
OK
A0705654XT5UCAY0Y7TH    B00IC9X090     5.0    简直太赞了        1495492800      8    1
A0705654XT5UCAY0Y7TH    B00F406S2U     3.0    有特色，卫生      1495492800      8    2
A0705654XT5UCAY0Y7TH    B00H7NDSPC     2.0    基本OK  1498084800      8    3
A0705654XT5UCAY0Y7TH    B00B2G2RG6     2.0    基本OK  1495492800      8    3
A0705654XT5UCAY0Y7TH    B00IKT36S6     1.0    还算不错        1495492800      8    5
A0705654XT5UCAY0Y7TH    B00F4PKH5E     1.0    还算不错        1498171200      8    5
A0705654XT5UCAY0Y7TH    B00BLCHYKU     1.0    一般般吧        1494715200      8    5
A0705654XT5UCAY0Y7TH    B00APE06UA     1.0    还算不错        1493627200      8    5
A099090949AFP0GMFDCB    B001Y5913C     5.0    简直太赞了      1496009700      7    1
A099898949AFP0GMFDCB    B00C0OLT6S     5.0    太美味了，强烈推荐！   1498171200      7    1
A099898949AFP0GMFDCB    B003YUGS6S     5.0    简直太赞了      1495060800      7    1
A099898949AFP0GMFDCB    B005749LXQ     5.0    太美味了，强烈推荐！   1497480000      7    1
A099898949AFP0GMFDCB    B00B2LCW80     5.0    太美味了，强烈推荐！   1498171200      7    1
A099898949AFP0GMFDCB    B006NU7C48     5.0    此味只应天上有！      1497083200      7    1
A099898949AFP0GMFDCB    B002QS50Q4     1.0    还算不错        1496270400      7    7
A1004HZ4AR10UI  B0050HS0L6     5.0    太美味了，强烈推荐！   1495233600      6    1
A1004HZ4AR10UI  B00BG2TX9A     5.0    太美味了，强烈推荐！   1497342400      6    1
A1004HZ4AR10UI  B00DBT2QZY     5.0    太美味了，强烈推荐！   1495233600      6    1
A1004HZ4AR10UI  B00EY8MC0Q     5.0    太美味了，强烈推荐！   1495147200      6    1
A1004HZ4AR10UI  B00ESNDHQY     5.0    太美味了，强烈推荐！   1495147200      6    1
Time taken: 79.212 seconds, Fetched: 20 row(s)
```

图 4-33　每个用户评分最高的记录统计结果

　　基于代码 4-34 的分析思路，使用条件筛选关键字 where，统计评分次数超过两次的用户中每个用户评分最高的记录，如代码 4-35 所示，部分统计结果如图 4-34 所示。

代码 4-35　统计评分次数超过两次的用户中每个用户评分最高的记录

```
select * from (select *,count(1) over(partition by userid) as ratingcount,rank()
over(partition by userid
    order by rating desc) as ratingrank from meal_rating) tmp where ratingcount>2
and ratingrank=1;
```

```
AZU6MIE3PA7M    B005C4FD0Q     5.0    此味只应天上有！      1498638400      5    1
AZV9BLVTYCRC1   B00FDZ8S20     5.0    太美味了，强烈推荐！   1496788800      5    1
AZV9BLVTYCRC1   B004U8LF7K     5.0    太美味了，强烈推荐！   1496788800      5    1
AZV9BLVTYCRC1   B00574P75M     5.0    太美味了，强烈推荐！   1494715200      5    1
AZV9BLVTYCRC1   B00337ZGIS     5.0    简直太赞了      1496788800      5    1
AZV9BLVTYCRC1   B007427XS4     5.0    太美味了，强烈推荐！   1497566400      5    1
AZVLTNV02CNP7   B00ATLJYL6     5.0    简直太赞了      1496824000      5    1
AZVLTNV02CNP7   B00H7NDSPC     5.0    太美味了，强烈推荐！   1498171200      5    1
AZVLTNV02CNP7   B00I3MPDP4     5.0    太美味了，强烈推荐！   1495233600      5    1
AZVLTNV02CNP7   B00APE1NZW     5.0    简直太赞了      1496824000      5    1
AZWFKYXA6ZAV9   B0091P6X2E     5.0    太美味了，强烈推荐！   1498120000      6    1
AZWFKYXA6ZAV9   B002NWNTL0     5.0    简直太赞了      1494232000      6    1
AZX26WCIS8CNE   B00ICGZIKG     5.0    此味只应天上有！      1494369600      7    1
AZX26WCIS8CNE   B00JMJOWXG     5.0    太美味了，强烈推荐！   1498516800      7    1
AZX26WCIS8CNE   B00IJNKQHM     5.0    太美味了，强烈推荐！   1498171200      7    1
AZX26WCIS8CNE   B003RRW3BC     5.0    太美味了，强烈推荐！   1498171200      7    1
AZX8DJ3X10LD4   B008ZXSU02     5.0    太美味了，强烈推荐！   1494664000      5    1
AZXS6P5QWNMLC   B001EUKHRG     5.0    太美味了，强烈推荐！   1495096000      5    1
AZXS6P5QWNMLC   B000W4Z5Z0     5.0    太美味了，强烈推荐！   1495096000      5    1
AZXS6P5QWNMLC   B002QNBRYM     5.0    太美味了，强烈推荐！   1495096000      5    1
AZXS6P5QWNMLC   B002UXAEV0     5.0    太美味了，强烈推荐！   1494664000      5    1
AZXS6P5QWNMLC   B0012H0DBG     5.0    太美味了，强烈推荐！   1495096000      5    1
Time taken: 74.46 seconds, Fetched: 21989 row(s)
```

图 4-34　评分次数超过两次的用户中每个用户评分最高的记录部分统计结果

基于代码 4-35 的分析思路，统计评分次数超过两次的用户中每个用户评分最高、时间最近的一条记录，如代码 4-36 所示，部分统计结果如图 4-35 所示。

代码 4-36　统计评分次数超过两次的用户中每个用户评分最高、时间最近的一条记录

```
select * from (select *,count(1) over(partition by userid) as
ratingcount,row_number() over(partition by userid order by rating
desc,cast(reviewtime as bigint) desc) as ratingrank from meal_rating) tmp where
ratingcount>2 and ratingrank=1;
```

```
AZJ6N3ZYS2CWQ    B00HD6RLBK    5.0    太美味了，强烈推荐！    1498689600    5    1
AZJDD7W9UUVG0    B003NS0070    5.0    此味只应天上有！      1497688000    6    1
AZJ0KE3Y0UCBC    B00H7NDSPC    5.0    太美味了，强烈推荐！    1497652800    5    1
AZJRWV5IDX6BH    B003N1DFUU    5.0    太美味了，强烈推荐！    1498120000    9    1
AZLIQDH1JWCXN    B00252MNWY    5.0    太美味了，强烈推荐！    1495441600    5    1
AZP04WRQFEYN8    B00JRSBG9U    5.0    太美味了，强烈推荐！    1496788800    5    1
AZQJGDWARL3RR    B00337ZGIS    5.0    太美味了，强烈推荐！    1496702400    6    1
AZQP4EIUUNEWD    B00ETRANI0    5.0    太美味了，强烈推荐！    1498689600    6    1
AZR0M5TIZZW3W    B004X2M3N8    5.0    简直太赞了      1497428800    6    1
AZRRMG7IIE3H1    B00D5P4GUC    5.0    简直太赞了      1498724800    5    1
AZSZQXY81ZSM3    B00D6MQ6ZM    5.0    太美味了，强烈推荐！    1498084800    9    1
AZT3AX3A40809    B000UU4IX0    5.0    简直太赞了      1498689600    15    1
AZU0LWSMZTIIS    B005PK5KP0    5.0    太美味了，强烈推荐！    1498689600    5    1
AZU6MIE3PA7M     B008BQG3RE    5.0    此味只应天上有！      1498638400    5    1
AZV9BLVTYCRC1    B007427XS4    5.0    太美味了，强烈推荐！    1497566400    5    1
AZVLTNV02CNP7    B00H7NDSPC    5.0    太美味了，强烈推荐！    1498171200    5    1
AZWFKYXA6ZAV9    B0091P6X2E    5.0    太美味了，强烈推荐！    1498120000    6    1
AZX26WCIS8CNE    B00JMJ0WXG    5.0    太美味了，强烈推荐！    1498516800    7    1
AZX8DJ3X10LD4    B008ZXSU02    5.0    太美味了，强烈推荐！    1494664000    5    1
AZXS6P5QWNMLC    B0012H0DBG    5.0    太美味了，强烈推荐！    1495096000    5    1
Time taken: 86.007 seconds, Fetched: 5130 row(s)
```

图 4-35　评分次数超过两次的用户中每个用户评分最高、时间最近的一条记录部分统计结果

若想保存代码 4-36 执行后的数据，则可以基于代码 4-36，先创建一张视图 tmp，然后存储数据，这样可以有效地提高查询数据的效率，最后使用 insert overwrite 语句将视图 tmp 的所有数据导出到 Linux 操作系统的/opt/userrating 目录下，如代码 4-37 所示。

代码 4-37　UseCountReducer.java

```
create view tmp as select * from (select *,count(1) over(partition by userid)
as ratingcount,
    row_number() over(partition by userid order by rating desc,
    cast(reviewtime as bigint) desc) as ratingrank from meal_rating) tmp
    where ratingcount>2 and ratingrank=1;

insert overwrite local directory '/opt/userrating' row format delimited fields
terminated by ','
    select * from tmp;
```

执行完代码 4-37 后，在 Linux 操作系统的/opt 目录下有自动创建的 userrating 目录，/opt/userrating 目录下有存储着所导出数据的 000000_0 文件，使用 "cat" 命令即可查看该文件，部分数据如图 4-36 所示。

```
AZQJGDWARL3RR,B00337ZGIS,5.0,太美味了，强烈推荐！,1496702400,6,1
AZQP4EIUUNEWD,B00ETRANIO,5.0,太美味了，强烈推荐！,1498689600,6,1
AZR0M5TIZZW3W,B004X2M3N8,5.0,简直太赞了,1497428800,6,1
AZRRMG7IIE3H1,B00D5P4GUC,5.0,简直太赞了,1498724800,5,1
AZSZQXY81ZSM3,B00D6MQ6ZM,5.0,太美味了，强烈推荐！,1498084800,9,1
AZT3AX3A40809,B000UU4IX0,5.0,简直太赞了,1498689600,15,1
AZU0LWSMZTIIS,B005PK5KP0,5.0,太美味了，强烈推荐！,1498689600,5,1
AZU6MIE3PA7M,B008BQG3RE,5.0,此味只应天上有！,1498638400,5,1
AZV9BLVTYCRC1,B007427XS4,5.0,太美味了，强烈推荐！,1497566400,5,1
AZVLTNV02CNP7,B00H7NDSPC,5.0,太美味了，强烈推荐！,1498171200,5,1
AZWFKYXA6ZAV9,B0091P6X2E,5.0,太美味了，强烈推荐！,1498120000,6,1
AZX26WCIS8CNE,B00JMJ0WXG,5.0,太美味了，强烈推荐！,1498516800,7,1
AZX8DJ3X10LD4,B008ZXSU02,5.0,太美味了，强烈推荐！,1494664000,5,1
AZXS6P5QWNMLC,B0012H0DBG,5.0,太美味了，强烈推荐！,1495096000,5,1
```

图 4-36　000000_0 文件的部分数据

项目总结

　　本项目实现了 Hive 组件的安装与配置，在安装完成后，进行了简单的 Hive Shell 基础操作。基于 Hive Shell 实现餐饮数据的统计分析，使用 select 语句结合聚合函数 count、分组关键字 group by、条件筛选关键字 where 和 having、排序关键字 order by、优化查询的视图等实现了数据的查询、统计，包括统计日销量和日用户量、同时有评分和评分内容的记录、用户的评分分布情况、十大热销菜品、十道评分为 5 分的热销菜品、单日评分超过两次的用户数、评分次数超过两次的用户中每个用户评分最高的记录等，并通过 insert overwrite 语句实现查询数据的导出操作。

项目 5

ZooKeeper 的安装、配置与应用

项目介绍

ZooKeeper 是 Apache 软件基金会的一个软件项目,为大型分布式计算提供开源的分布式配置维护、域名服务、分布式同步、组服务等。ZooKeeper 是基于分布式计算的核心概念而设计的,主要目的是给开发人员提供一套容易理解和开发的接口,从而简化分布式系统搭建的服务。ZooKeeper 主要用来解决分布式集群中应用系统的一致性问题和单点故障问题,如避免因同时操作同一份数据而造成脏读的一致性问题等。

ZooKeeper 具有全局数据一致性、可靠性、顺序性、原子性及实时性。可以说,ZooKeeper 的其他特性都是为满足全局数据一致性这一特性。

ZooKeeper 集群是一个主从集群,一般是由一个 Leader(领导者)角色和多个 Follower(跟随者)角色组成。此外,针对访问量比较大的 ZooKeeper 集群,可以新增 Observer(观察者)角色。

① Leader。ZooKeeper 为了保证各节点的协同工作,在工作时需要一个 Leader 角色,其默认采用 FastLeaderElection 算法和投票数大于半数胜出的机制。Leader 是 ZooKeeper 集群工作的核心,也是事务性(写操作)请求的唯一调度和处理者,保证集群事务处理的顺序性,同时负责投票的发起和决议,以及更新系统状态。

② Follower。Follower 负责处理客户端的非事务性(读操作)请求,如果接收到客户端发来的事务性请求,则会转发给 Leader,让 Leader 进行处理。Follwer 在 Leader 选举过程中参与投票。

③ Observer。Observer 负责观察 ZooKeeper 集群的最新状态的变化,并将这些状态进行同步。对于非事务性请求,Observer 可以独立处理;对于事务性请求,Observer 会转发给 Leader 服务器进行处理。Observer 不参与任何形式的投票,只提供非事务性的服务。

ZooKeeper 集群中的 3 种角色各司其职,共同完成分布式协调服务。

本项目提供 ZooKeeper 组件的安装、配置、启动和关闭实操指南,以及 ZooKeeper 分布式协调服务应用案例。

任务安排

任务 5.1　分布式搭建部署与管理 ZooKeeper

任务 5.2　监控服务器上下线动态

学习目标

（1）了解搭建 ZooKeeper 的流程。
（2）熟悉配置 ZooKeeper 的操作。
（3）掌握启动和关闭 ZooKeeper 集群的操作。
（4）掌握使用 IDEA 连接 ZooKeeper 集群的方式。
（5）掌握设置 IDEA 参数的方法。
（6）掌握使用 ZooKeeper Java API 的方法。

任务 5.1　分布式搭建部署与管理 ZooKeeper

任务描述

项目 5 任务 5.1 分布式搭
建部署与管理 ZooKeeper

本任务将实现安装 ZooKeeper，修改 ZooKeeper 集群的配置选项，以及管理 ZooKeeper 集群的启动、关闭及其他相关配置内容。

任务分析

ZooKeeper 集群安装部署指的是 ZooKeeper 分布式模式安装。ZooKeeper 集群搭建通常由 $2n+1$ 台服务器组成，这是为了保证 Leader 选举（基于 Paxos 算法的实现）能够通过半数以上台服务器的支持，因此 ZooKeeper 集群的数量一般为奇数。本书采用 3 个节点集群模式。

由于运行 ZooKeeper 集群需要 Java 环境支持，因此需要提前安装 JDK（JDK 的下载安装请参考项目 1）。

在任务实施中的操作，除非特别说明，默认表示在 master 节点上进行操作。

任务实施

5.1.1　在 master 节点上安装 ZooKeeper 组件

ZooKeeper 组件的安装与其他组件的安装很类似，解压缩软件包后设置 ZooKeeper 的环境变量即可。

1. 解压缩软件包

本书所使用的 ZooKeeper 版本是 ZooKeeper 3.6.3，读者可以从 ZooKeeper 官网下载。下载好的软件包需要上传到指定目录下，本书指定为/root/目录，可以使用 "ls /root/" 命令查看上传的软件包（具体上传方式请参考项目 1），如图 5-1 所示。

```
[root@master ~]# ls /root/
anaconda-ks.cfg                    hadoop-2.7.1.tar.gz        jdk-8u144-linux-x64.tar.gz
apache-hive-3.1.2-bin.tar.gz       hadoop-3.1.4.tar.gz        mysql-5.7.18.zip
apache-zookeeper-3.6.3-bin.tar.gz  hbase-2.4.11-bin.tar.gz    mysql-connector-java-8.0.21.jar
[root@master ~]#
```

图 5-1　查看上传的软件包

使用"tar"命令解压缩软件包到/usr/local/src 文件夹中，并切换到安装目录下查看，可以使用"ls"命令查看解压缩后的软件包，如代码 5-1 所示，效果如图 5-2 所示。

代码 5-1　解压缩软件包

```
tar -zxvf /root/apache-zookeeper-3.6.3-bin.tar.gz  -C /usr/local/src/
cd  /usr/local/src/
ls
```

```
[root@master src]# cd  /usr/local/src/
[root@master src]# ls
apache-zookeeper-3.6.3-bin  hadoop  java
[root@master src]#
```

图 5-2　查看解压缩后的软件包

2．修改文件夹名称

解压缩后的文件夹名称有比较复杂的版本号，为了简化后续配置，此处需要修改文件夹名称。使用"mv"命令将解压缩的 apache-zookeeper-3.6.3-bin 文件夹名称修改为"zookeeper"，如代码 5-2 所示，效果如图 5-3 所示。

代码 5-2　修改文件夹名称

```
cd /usr/local/src/
mv apache-zookeeper-3.6.3-bin  zookeeper
```

```
[root@master src]# mv apache-zookeeper-3.6.3-bin  zookeeper
[root@master src]# ls
hadoop  java  zookeeper
[root@master src]#
```

图 5-3　修改文件夹名称

3．修改环境变量文件

为了在任何目录下直接执行 ZooKeeper 的相关命令，可以在环境变量文件中添加 ZooKeeper 的环境变量。在项目 1 中已经说明过，本书在/root/.bash_profile 文件中操作。修改环境变量文件如代码 5-3 所示。

代码 5-3　修改环境变量文件

```
vi /root/.bash_profile
```

将如表 5-1 所示的配置信息添加到/root/.bash_profile 文件的末尾，保存并退出。

表 5-1　环境变量文件的添加内容

```
# set zookeeper environment
export ZOOKEEPER_HOME=/usr/local/src/zookeeper
export PATH=$PATH:$ZOOKEEPER_HOME/bin
```

4．生效环境变量文件

为了刷新环境变量文件的配置，需要在 master 节点上执行代码 5-4 中的命令使该节点的环境变量文件生效。

代码 5-4　生效环境变量文件

```
source /root/.bash_profile
```

5.1.2　在 master 节点上配置 ZooKeeper 组件

在启动 ZooKeeper 集群之前需要进行一些相关的设置，如创建文件夹、写入节点编号及修改 zoo.cfg 配置文件。

1.　创建数据文件夹

由于在后面的配置文件中需要配置服务运行的数据和日志存放路径，使用代码 5-5 中的命令创建数据文件和日志文件的文件夹，并查看文件属性，运行结果如图 5-4 所示。

代码 5-5　创建文件和文件夹

```
mkdir /usr/local/src/zookeeper/data
mkdir /usr/local/src/zookeeper/logs
cd  /usr/local/src/zookeeper
ll
```

```
[root@master src]# mkdir /usr/local/src/zookeeper/data
[root@master src]# mkdir /usr/local/src/zookeeper/logs
[root@master src]# cd zookeeper
[root@master zookeeper]# ll
总用量 32
drwxr-xr-x 2 1000 1000   289 4月   9 2021 bin
drwxr-xr-x 2 1000 1000    77 4月   9 2021 conf
drwxr-xr-x 2 root root     6 12月  1 00:43 data
drwxr-xr-x 5 1000 1000  4096 4月   9 2021 docs
drwxr-xr-x 2 root root  4096 12月  1 00:29 lib
-rw-r--r-- 1 1000 1000 11358 4月   9 2021 LICENSE.txt
drwxr-xr-x 2 root root     6 12月  1 00:43 logs
-rw-r--r-- 1 1000 1000   432 4月   9 2021 NOTICE.txt
-rw-r--r-- 1 1000 1000  1963 4月   9 2021 README.md
-rw-r--r-- 1 1000 1000  3166 4月   9 2021 README_packaging.md
```

图 5-4　查看文件属性

2.　写入节点编号

每个 ZooKeeper 集群都由多台服务器节点组成，这些节点通过复制保证各个服务器节点之间的数据一致。每个服务器节点都需要配置一个唯一的编号，本任务中 3 个节点的编号分别为“1、2、3”。首先使用“echo”命令设置 master 节点编号为“1”，然后使用“cat”命令查看，如代码 5-6 所示，运行结果如图 5-5 所示。

代码 5-6　写入节点编号并查看

```
echo 1 > /usr/local/src/zookeeper/data/myid
cat /usr/local/src/zookeeper/data/myid
```

```
[root@master zookeeper]# echo 1 > /usr/local/src/zookeeper/data/myid
[root@master zookeeper]# cat /usr/local/src/zookeeper/data/myid
1
[root@master zookeeper]#
```

图 5-5　写入节点编号并查看

3.　修改 zoo.cfg 配置文件

ZooKeeper 集群的其他配置信息在安装目录下的 conf/zoo.cfg 配置文件中。在配置文件夹中有一个 zoo_sample.cfg 模板文件，需要将该模板文件复制为 zoo.cfg 配置文件，如代码 5-7

所示，运行结果如图 5-6 所示。

代码 5-7　复制配置文件

```
cd /usr/local/src/zookeeper/conf
ls
cp zoo_sample.cfg zoo.cfg
ls
```

```
[root@master zookeeper]# cd /usr/local/src/zookeeper/conf
[root@master conf]# ls
configuration.xsl  log4j.properties  zoo_sample.cfg
[root@master conf]# cp zoo_sample.cfg zoo.cfg
[root@master conf]# ls
configuration.xsl  log4j.properties  zoo.cfg  zoo_sample.cfg
[root@master conf]#
```

图 5-6　复制配置文件

使用 "vi zoo.cfg" 命令对该文件中的内容进行修改，修改的内容如表 5-2 所示。

表 5-2　配置文件的修改内容

dataDir=/usr/local/src/zookeeper/data　　#修改原值
dataLogDir=/usr/local/src/zookeeper/logs　#新增
server.1=master:2888:3888　　#新增
server.2=slave1:2888:3888　　#新增
server.3=slave2:2888:3888　　#新增

将修改的内容保存并退出。

5.1.3　在 slave 节点上安装与配置 ZooKeeper 组件

在 slave 节点安装 ZooKeeper 组件需要将 master 节点上配置好的文件夹和环境变量文件进行分发，分别使环境变量文件生效，还需要修改每个节点的编号。

1. 分发配置文件到 slave 节点上

在所有节点上配置 ZooKeeper 集群，将配置好的 zookeeper 文件夹和环境变量文件分发到 slave1 节点和 slave2 节点上，如代码 5-8 所示。

代码 5-8　分发 zookeeper 文件夹和环境变量文件到 slave 节点上

```
scp -r /usr/local/src/zookeeper/ slave1:/usr/local/src/
scp -r /usr/local/src/zookeeper/ slave2:/usr/local/src/
scp /root/.bash_profile slave1:/root/
scp /root/.bash_profile slave2:/root/
```

2. 生效环境变量文件

为了刷新环境变量文件的配置，需要在 slave1 节点和 slave2 节点上分别执行代码 5-9 中的命令，使两个节点的环境变量文件生效。

代码 5-9　生效环境变量文件

```
source /root/.bash_profile
```

3．修改从节点的编号

分发到 slave 节点上的 myid 编号为“1”，需要将其修改为“2”，如代码 5-10 所示，运行结果如图 5-7 所示。

代码 5-10　修改 slave1 节点的编号并查看

```
echo 2 > /usr/local/src/zookeeper/data/myid
cat /usr/local/src/zookeeper/data/myid
```

```
[root@slave1 ~]# echo 2 > /usr/local/src/zookeeper/data/myid
[root@slave1 ~]# cat /usr/local/src/zookeeper/data/myid
2
[root@slave1 ~]#
```

图 5-7　修改 slave1 节点的编号并查看

修改 slave2 节点的 myid 编号为“3”，如代码 5-11 所示，运行结果如图 5-8 所示。

代码 5-11　修改 slave2 节点的编号并查看

```
echo 3 > /usr/local/src/zookeeper/data/myid
cat /usr/local/src/zookeeper/data/myid
```

```
[root@slave2 ~]# echo 3 > /usr/local/src/zookeeper/data/myid
[root@slave2 ~]# cat /usr/local/src/zookeeper/data/myid
3
[root@slave2 ~]#
```

图 5-8　修改 slave2 节点的编号并查看

5.1.4　管理 ZooKeeper 服务

在 3 个节点上运行 ZooKeeper 服务。启动和关闭 ZooKeeper 服务均需要在这 3 个节点上分别进行。

1．启动 ZooKeeper 服务

截至目前，ZooKeeper 集群的安装与配置操作完成，现在可以启动 ZooKeeper 服务。
在所有节点上分别启动 ZooKeeper 服务，一般建议接连启动所有节点。
启动 ZooKeeper 服务，如代码 5-12 所示。

代码 5-12　启动 ZooKeeper 服务

```
zkServer.sh start
```

在启动 ZooKeeper 服务后，可以使用“jps”命令查看 Java 进程，如图 5-9 所示，发现进程列表中多了“QuorumPeerMain”，这是 ZooKeeper 集群的启动类。

```
[root@master ~]# zkServer.sh start
ZooKeeper JMX enabled by default
Using config: /usr/local/src/zookeeper/bin/../conf/zoo.cfg
Starting zookeeper ... STARTED
[root@master ~]# jps
1286 QuorumPeerMain
1311 Jps
[root@master ~]#
```

图 5-9　查看 Java 进程

在启动 ZooKeeper 服务成功后，可以在所有节点上查询节点的角色，每次启动后每个节点

的角色不尽相同，确保集群中有一个正常的 Leader 即可。

在各节点上分别查看 ZooKeeper 服务状态，如代码 5-13 所示。

代码 5-13 查看 ZooKeeper 服务状态

```
zkServer.sh status
```

master 节点的 ZooKeeper 服务状态如图 5-10 所示。

```
[root@master ~]# zkServer.sh status
ZooKeeper JMX enabled by default
Using config: /usr/local/src/zookeeper/bin/../conf/zoo.cfg
Mode: follower
[root@master ~]#
```

图 5-10   master 节点的 ZooKeeper 服务状态

slave1 节点的 ZooKeeper 服务状态如图 5-11 所示。

```
[root@slave1 ~]# zkServer.sh status
ZooKeeper JMX enabled by default
Using config: /usr/local/src/zookeeper/bin/../conf/zoo.cfg
Mode: leader
[root@slave1 ~]#
```

图 5-11   slave1 节点的 ZooKeeper 服务状态

slave2 节点的 ZooKeeper 服务状态如图 5-12 所示。

```
[root@slave2 ~]# zkServer.sh status
ZooKeeper JMX enabled by default
Using config: /usr/local/src/zookeeper/bin/../conf/zoo.cfg
Mode: follower
[root@slave2 ~]#
```

图 5-12   slave2 节点的 ZooKeeper 服务状态

由图 5-10～图 5-12 可知，3 个节点的服务状态分别为 Follower、Leader、Follower。在这 3 个节点中包括 1 个 Leader 和 2 个 Follower，Leader 是根据 ZooKeeper 集群内部算法进行选举的，每个节点的服务状态不固定。

2. 关闭 ZooKeeper 服务

如果想要关闭 ZooKeeper 服务，则需要在所有节点上分别关闭该服务，如代码 5-14 所示。

代码 5-14 关闭 ZooKeeper 服务

```
zkServer.sh stop
```

任务 5.2 监控服务器上下线动态

➡ 任务描述

本任务将介绍一个简单的 ZooKeeper 分布式协调服务应用案例。由于大数据场景多数采用分布式系统，因此有多个节点。考虑到 ZooKeeper 作为分布式的协调框架可以用作监控系统，监控多个节点的状态，因此这里使用 ZooKeeper 模拟监控服务器上下线动态情况。

⊙ 任务分析

通过 IDEA 配置好连接 ZooKeeper 集群的开发环境后，创建一个类 Server，在此类中连接 ZooKeeper 集群；创建一个父节点 "/Server"，并设置可变参数动态创建临时子节点，可以通过 IDEA 提供的参数添加子节点；创建一个类 Client，用于监控父节点 "/Server" 的子节点的上下线动态。

⊙ 任务实施

5.2.1　创建 Maven 工程并连接 ZooKeeper 集群

参考项目 3，在 IDEA 中创建一个 Maven 工程，并将其命名为 "ZooKeeperPro"。创建完成后，在 pom.xml 文件中添加 ZooKeeper 依赖，如表 5-3 所示。添加完成后，加载依赖。

表 5-3　添加依赖

```
<dependencies>
    <dependency>
        <groupId>org.apache.zookeeper</groupId>
        <artifactId>zookeeper</artifactId>
        <version>3.6.3</version>
    </dependency>
</dependencies>
```

5.2.2　任务实现

在 Maven 工程的/src/main/java 目录下创建一个包，并将其命名为 "OnlineMonitoring"。首先，创建一个类 Server，用于连接 ZooKeeper 集群。然后，创建一个父节点 "/Server"，并设置可变参数为动态创建临时子节点，如代码 5-15 所示。

代码 5-15　类 Server

```java
public class Server implements Watcher {
    public static void main(String[] args) throws IOException, KeeperException,
InterruptedException {
        ZooKeeper zooKeeper = new ZooKeeper("slave1:2181,slave2:2181,slave3:2181",
5000, new Server());

        //创建持久化服务节点 Server
        Stat exists = zooKeeper.exists("/Server", false);
        if (exists == null){
            zooKeeper.create("/Server","Hello".getBytes(),
ZooDefs.Ids.OPEN_ACL_UNSAFE,CreateMode.PERSISTENT);
        }
```

```
        zooKeeper.create("/Server/" + args[0], args[1].getBytes(),
ZooDefs.Ids.OPEN_ACL_UNSAFE, CreateMode.EPHEMERAL);
        //设置服务器不关闭
        Thread.sleep(Long.MAX_VALUE);
    }


    @Override
    public void process(WatchedEvent watchedEvent) {
        if (watchedEvent.getState() == Event.KeeperState.SyncConnected) {
            System.out.println("连接成功");
        }
    }
}
```

最后，创建一个类 Client，并将其作为客户端。类 Client 主要获取子节点信息，并在不关闭程序时，动态监控子节点的变化情况，如代码 5-16 所示。

代码 5-16 类 Client

```
public class Client implements Watcher {
    public static ZooKeeper zooKeeper;

    public static void main(String[] args) throws IOException,
InterruptedException {
        zooKeeper = new ZooKeeper("slave1:2181,slave2:2181,slave3:2181", 5000,
new Client());

        Thread.sleep(Long.MAX_VALUE);

    }

    //注册监控方法
    public static void monitor() throws KeeperException, InterruptedException {
        //获取 Server 节点的所有子节点
        List<String> children = zooKeeper.getChildren("/Server", new Client());

        System.out.println("在线的用户有: ");
        //输出子节点
        for (String c : children) {
            System.out.println(c);
        }
    }

    @Override
    public void process(WatchedEvent watchedEvent) {
```

```
        try {
            monitor();
        } catch (KeeperException e) {
            e.printStackTrace();
        } catch (InterruptedException e) {
            e.printStackTrace();
        }


    }
}
```

在执行服务端之前，需要设置 main()方法参数。在 IDEA 中选择"Run"→"Edit Configurations…"命令，如图 5-13 所示。

图 5-13　打开"Edit Configurations…"

在弹出的对话框中选中"Sever"选项卡，在"Program arguments"文本框中输入"001 0"，注意参数之间需要用空格隔开，如图 5-14 所示。

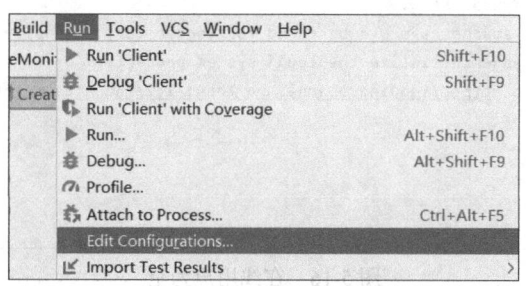

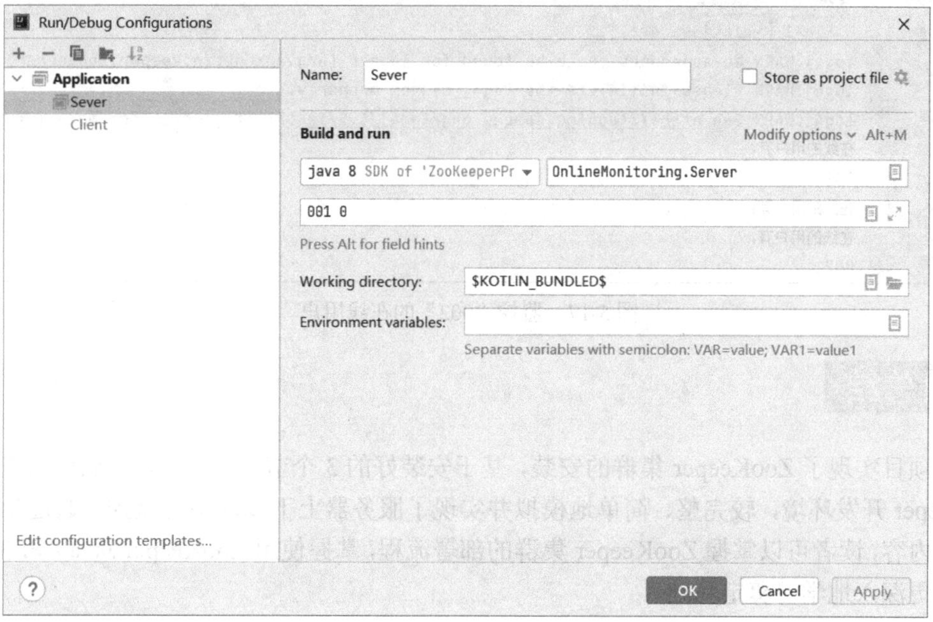

图 5-14　设置类 Server 的 main()方法参数

在执行类 Server 后，执行类 Client，即可监控"001"的在线用户（子节点），如图 5-15 所示。

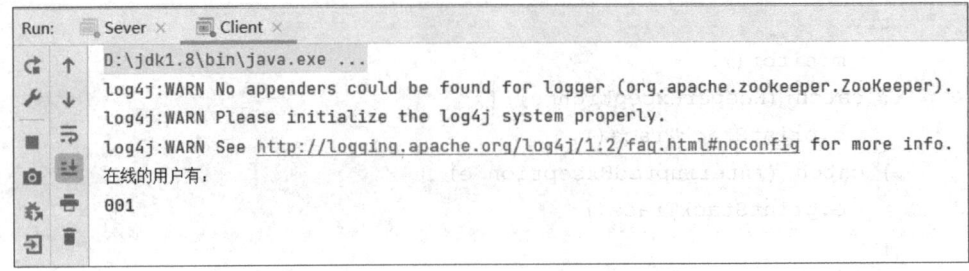

图 5-15　监控"001"的在线用户

如果关闭类 Server，那么子节点"001"将消失，Client 端将更新在线用户为空，如图 5-16 所示。

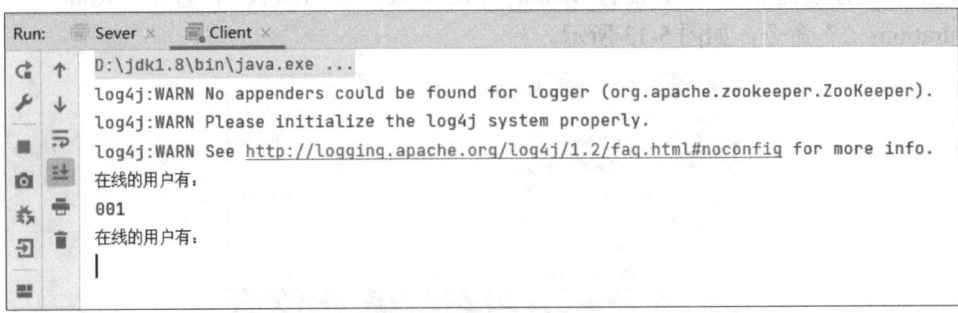

图 5-16　在线用户为空

若更改类 Server 的 main()方法参数为"002 1"，则将图 5-14 中的参数"001 0"修改为"002 1"，再次执行类 Server，Client 端将监控"002"的在线用户，如图 5-17 所示。

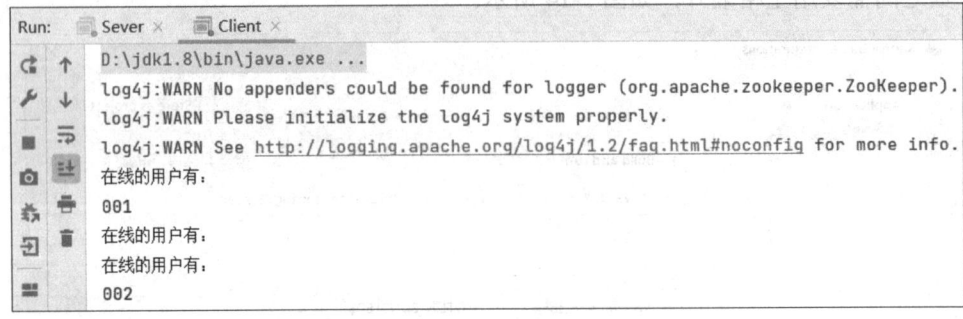

图 5-17　监控"002"的在线用户

项目总结

本项目实现了 ZooKeeper 集群的安装，基于安装好的 3 个节点，借助开发软件 IDEA 搭建 ZooKeeper 开发环境，较完整、简单地模拟并实现了服务器上下线动态的监控。通过学习本项目中的内容，读者可以掌握 ZooKeeper 集群的部署流程，掌握使用 ZooKeeper Java API 的方法，为后续更深入地学习奠定基础。

HBase 的安装、配置与应用

项目介绍

HBase（Hadoop DataBase）是一个高可靠性、高性能、面向列、可伸缩的分布式数据库，典型的 NoSQL（Not only SQL）数据库。

HBase 主要特性如下。

（1）面向列设计：面向列（族）的存储和权限控制，列（族）独立检索。

（2）支持多版本：每个单元中的数据可以有多个版本。在默认情况下，HBase 可以自动分配版本号。版本号就是单元格插入时的时间戳。

（3）稀疏性：空的列不占用存储空间，表可以设计得非常稀疏。

（4）高可靠性：WAL 机制保证了在写入数据时，不会因集群异常而导致数据丢失；Replication 机制保证了在集群出现严重的问题时，数据不会丢失或被损坏。

（5）高性能：底层的数据结构和 Rowkey 有序排列等架构上的独特设计，使 HBase 具有非常高的写入性能。通过科学性地设计 RowKey 可以让数据进行合理的 Region 切分，主键索引和缓存机制使 HBase 在海量数据下具备高速的随机读取性能。

HBase（NoSQL）与 RDBMS 的区别如下。

（1）传统的 RDBMS 的特征：面向表格、视图设计的标准化数据，表中的数据类型会进行预定义，数据保存后不易修改表的结构；每个表格对列的数据有限制，最大不会超过几百个，导致不同的数据可能会存放到多个表中，表格之间存在一对一、一对多、多对多等复杂关系。正因如此，RDBMS 的使用场景受到了限制，使其更适用于高度结构化的行业，如医疗、机关、教育等。

（2）HBase 属于一种高效的映射嵌套型弱视图设计，以键值对的方式存储数据，每行数据可以有不同的列设计。数据依赖于 RowKey 作为唯一标识，当行数据的结构发生变化时，HBase 能根据需求做出灵活调整。HBase 中的数据以文本方式保存，把数据的解释任务交给了应用程序，因此其更适用于灵活的数据结构项目。

HBase 的架构依托于 Hadoop 的 HDFS 作为基本存储基础单元。在 HBase 集群中，由一个主节点 HMaster 管理多个从节点 HRegionServer，而 ZooKeeper 进行协调操作。HBase 的体系结构是一个主从式的结构，在整个集群中只运行一个主节点 HMaster，多个从节点 HRegionServe。主节点 HMaster 与从节点 HRegionServer 实际上指的是不同的物理服务器，即一个服务器上面跑的进程是主节点 HMaster，很多服务器上面跑的进程是从节点 HRegionServer。主节点 HMaster 没有单点问题，在 HBase 集群中可以启动多个主节点 HMaster，但通过 ZooKeeper 的事件处理机制可以保证整个集群中只运行一个主节点 HMaster。

所以，在部署 HBase 之前，应该先配置好 Hadoop 完全分布式集群和 ZooKeeper 服务。

本项目基于 Hadoop 3.1.4 的集群架构和 ZooKeeper 3.6.3 分布式协调服务框架，部署 HBase 2.4.11 分布式数据库，并用一个 HBase 分布式数据库应用案例来介绍 HBase 分布式数据库的典型应用场景。

任务安排

任务 6.1　安装与配置 HBase
任务 6.2　HBase Shell 的基本操作
任务 6.3　设计手游信息数据存储

学习目标

（1）了解部署 HBase 的流程。
（2）了解配置 HBase 环境变量的方法。
（3）熟悉分布式部署 HBase 的方法。
（4）熟悉 HBase Shell 命令的操作。
（5）掌握设计 HBase 表结构的方法。
（6）掌握配置 HBase 开发环境的方法。
（7）掌握创建表、查询 HBase Java API 的操作。

任务 6.1　安装与配置 HBase

任务描述

项目 6 任务 6.1 安装与配置 HBase

HBase 分布式数据库需要运行在 Hadoop 完全分布式集群和 ZooKeeper 分布式协调服务框架上，所以本任务完成该组件的基本安装后，主要对 Hadoop 完全分布式集群和 ZooKeeper 集群的相关属性进行配置，以及对 HBase 本身的集群框架进行部署。

任务分析

由于 Hadoop 版本和 HBase 版本之间的兼容性问题，Hadoop 2.7.7 版本基本兼容目前 HBase 的各版本，但 Hadoop 3.1.4 版本只兼容 HBase 2.3.X 版本和 HBase 2.4.X 版本，因此本项目选择 HBase 2.4.11 版本进行部署。

6.1.1　在 master 节点上安装 HBase 组件

HBase 组件的安装与其他组件的安装类似，解压缩软件包后设置 HBase 的环境变量即可。

1. 解压缩软件包

本书使用的版本是 HBase 2.4.11，读者可以从 HBase 官网下载。下载好的软件包需要上传到指定目录下，本书指定为/root/目录，可以使用"ls /root/"命令查看上传的软件包（具体上传方式请参考项目 1），如图 6-1 所示。

```
[root@master ~]# ls
anaconda-ks.cfg                    hadoop-3.1.4.tar.gz
apache-hive-3.1.2-bin.tar.gz       hbase-2.4.11-bin.tar.gz
apache-zookeeper-3.6.3-bin.tar.gz  jdk-8u144-linux-x64.tar.gz
bak                                mysql-8.0.21
hadoop-2.7.7.tar.gz                mysql-connector-java-8.0.21.jar
[root@master ~]#
```

图 6-1　查看上传的软件包

使用"tar"命令解压缩软件包到/usr/local/src 目录下，并切换到安装目录下查看，可以使用"ls"命令查看解压缩后的软件包，如代码 6-1 所示，效果如图 6-2 所示。

代码 6-1　解压缩软件包

```
tar -zxvf hbase-2.4.11-bin.tar.gz -C /usr/local/src/
ls /usr/local/src/
```

```
[root@master ~]# cd  /usr/local/src/
[root@master src]# ls
hadoop  hbase-2.4.11  hive  java  zookeeper
[root@master src]#
```

图 6-2　查看解压缩后的软件包

2. 修改文件夹名称

解压缩后的文件夹名称有比较复杂的版本号，为了简化后续配置，此处需要修改文件夹名称。使用"mv"命令将解压缩的 hbase-2.4.11 文件夹名称修改为"hbase"，如代码 6-2 所示，效果如图 6-3 所示。

代码 6-2　修改文件夹名称

```
mv /usr/local/src/hbase-2.4.11  /usr/local/src/hbase
ls
```

```
[root@master src]# mv hbase-2.4.11 hbase
[root@master src]# ls
hadoop  hbase  hive  java  zookeeper
[root@master src]#
```

图 6-3　修改文件夹名称

3. 修改环境变量文件

为了在任何目录下直接执行 HBase 的相关命令，可以在环境变量文件中添加 HBase 的环境变量。参考项目 2，使用"vi /root/.bash_profile"命令将如表 6-1 所示的配置信息添加到/root/.bash_profile 文件的末尾，保存并退出。

表 6-1　环境变量文件的添加内容

set HBase environment
export HBASE_HOME=/usr/local/src/hbase
export PATH=$HBASE_HOME/bin:$PATH

4．生效环境变量文件

在 master 节点上执行代码 6-3 中的命令，使 master 节点上配置的 HBase 环境变量生效。

代码 6-3　master 节点生效环境变量文件

```
source /root/.bash_profile
```

6.1.2　在 master 节点上修改配置文件

HBase 配置环境需要修改 hbase-env.sh 配置文件、hbase-site.xml 配置文件和 regionservers 配置文件中的一些配置项，还需要创建临时数据文件夹。

1．修改 hbase-env.sh 配置文件

hbase-env.sh 是 HBase 运行时加载 Hadoop 环境变量和 ZooKeeper 的配置文件，用于指定 Hadoop 环境变量和 ZooKeeper 配置。修改 hbase-env.sh 配置文件如代码 6-4 所示。

代码 6-4　修改 hbase-env.sh 配置文件

```
cd /usr/local/src/hbase/conf/
vi hbase-env.sh
```

需要修改该文件中的三处设置：其一，将 JAVA_HOME 设置为项目 1 中安装 Java 的路径；其二，将 HBASE_CLASSPATH 设置为项目 2 中安装 Hadoop 的路径；其三，HBASE_MANAGES_ZK 在配置文件偏后的位置，读者需要自行查找，其默认值为"true"，表示使用 HBase 自带的 ZooKeeper，需要改为"false"，表示使用在 Hadoop 上安装的 ZooKeeper 服务。请读者注意，要将配置项前面的"#"去掉。hbase-env.sh 配置文件的修改内容如表 6-2 所示。

表 6-2　hbase-env.sh 配置文件的修改内容

export JAVA_HOME=/usr/local/src/java #修改 Java 安装位置
export HBASE_CLASSPATH=/usr/local/src/hadoop/etc/hadoop/ #修改 HBase 类路径
export HBASE_MANAGES_ZK=false　　　#修改 true 为 false
export HBASE_DISABLE_HADOOP_CLASSPATH_LOOKUP="true"　#去掉前面的"#"

2．修改 hbase-site.xml 配置文件

hbase-site.xml 是 HBase 集群运行时必需的核心配置文件，用于配置 Hadoop 集群和 ZooKeeper 集群的相关属性。修改 hbase-site.xml 配置文件如代码 6-5 所示。

代码 6-5　修改 hbase-site.xml 配置文件

```
cd /usr/local/src/hbase/conf/
vi hbase-site.xml
```

先删除该文件中<configuration>和</configuration>一对标签之间的配置项内容，然后添加配置信息，如表 6-3 所示，保存并退出。

表 6-3　hbase-site.xml 配置文件的修改内容

```
<property>
    <name>hbase.rootdir</name>
    <value>hdfs://master:9000/hbase</value> #使用 9000 端口
</property>
<property>
 <name>hbase.master.info.port</name>
    <value>60010</value> #使用 master 节点 60010 端口
</property>
<property>
    <name>hbase.ZooKeeper.property.clientPort</name>
    <value>2181</value> #使用 master 节点 2181 端口
</property>
<property>
    <name>ZooKeeper.session.timeout</name>
    <value>120000</value> #ZooKeeper 超时时间
</property>
<property>
    <name>hbase.ZooKeeper.quorum</name>
    <value>master,slave1,slave2</value> #ZooKeeper 管理节点
</property>
<property>
    <name>hbase.tmp.dir</name>
    <value>/usr/local/src/hbase/tmp</value> #HBase 临时文件路径
</property>
<property>
    <name>hbase.cluster.distributed</name>
    <value>true</value> #使用分布式 HBase
</property>
```

hbase-site.xml 配置文件中需要添加的配置项参数如表 6-4 所示。

表 6-4　hbase-site.xml 配置文件中需要添加的配置项参数

序　号	配　置　项	默　认　值	修　改　值
1	hbase.rootdir	${hbase.tmp.dir}/HBase	hdfs://master:9000/hbase
2	hbase.master.info.port	16000	60010
3	hbase.ZooKeeper.property.clientPort	localhost	2181
4	ZooKeeper.session.timeout	60000	120000
5	hbase.ZooKeeper.quorum	localhost	master,slave1,slave2
6	hbase.tmp.dir	java.io.tmpdir/HBase−{user.name}	/usr/local/src/hbase/tmp
7	hbase.cluster.distributed	false	true

3．创建临时数据文件夹

由于在上面的配置文件中配置了 HBase 的临时文件夹信息，使用代码 6-6 中的命令创建临时数据文件夹。

代码 6-6　创建临时数据文件夹

```
mkdir /usr/local/src/hbase/tmp
```

4．修改 regionservers 配置文件

在 regionservers 配置文件中标识 HBase 集群中的从节点，使用"vi　regionservers"命令删除该文件中原有的"localhost"内容，并添加配置信息，如表 6-5 所示，保存并退出。

表 6-5　regionservers 配置文件的修改内容

slave1
slave2

注意：regionservers 配置文件中添加的内容结尾不允许有空格，文件中不允许有空行。

6.1.3　在 slave 节点上安装 HBase 组件

在 slave 节点上安装 HBase 组件只需将 master 节点上配置好的文件夹和环境变量文件进行分发，并分别使环境变量文件生效。

1．分发配置文件到 slave 节点上

将 master 节点上配置好的 hbase 文件夹和环境变量文件分别分发到 slave1 节点和 slave2 节点上，分发命令如代码 6-7 所示。

代码 6-7　分发 hbase 文件夹和环境变量到 slave 节点上

```
scp -r /usr/local/src/hbase slave1:/usr/local/src/
scp -r /usr/local/src/hbase slave2:/usr/local/src/
scp /root/.bash_profile slave1:/root/
scp /root/.bash_profile slave2:/root/
```

2．生效环境变量文件

在 slave 节点上执行代码 6-8 中的命令，使每个节点上配置的 HBase 环境变量生效。

代码 6-8　slave 节点生效环境变量文件

```
source /root/.bash_profile
```

6.1.4　启动 HBase 集群

在启动 HBase 之前，需要先启动 Hadoop 集群、ZooKeeper 集群，请读者自行确定是否已启动（参考项目 2 和项目 5）。

在启动 HBase 之前，先使用"jps"命令查看 master 节点和 slave1 节点的 Java 进程，如图 6-4、图 6-5 所示。

```
[root@master conf]# jps
2818 ResourceManager
2325 NameNode
2581 SecondaryNameNode
2093 QuorumPeerMain
3134 Jps
[root@master conf]#
```

```
[root@slave1 ~]# jps
1664 DataNode
1576 QuorumPeerMain
1768 NodeManager
1880 Jps
[root@slave1 ~]#
```

图 6-4　HBase 启动前 master 节点的 Java 进程　　　图 6-5　HBase 启动前 slave1 节点的 Java 进程

接下来在 master 节点上启动 HBase（见代码 6-9），并查看 Java 进程。

代码 6-9　启动 HBase

```
start-hbase.sh
```

启动 HBase 的过程提示如图 6-6 所示。能看到分别在 3 个节点中启动了 HBase。

```
[root@master conf]# start-hbase.sh
SLF4J: Class path contains multiple SLF4J bindings.
SLF4J: Found binding in [jar:file:/usr/local/src/hbase/lib/client-facing-thirdparty/slf4j-re
load4j-1.7.33.jar!/org/slf4j/impl/StaticLoggerBinder.class]
SLF4J: Found binding in [jar:file:/usr/local/src/hadoop/share/hadoop/common/lib/slf4j-log4j1
2-1.7.25.jar!/org/slf4j/impl/StaticLoggerBinder.class]
SLF4J: See http://www.slf4j.org/codes.html#multiple_bindings for an explanation.
SLF4J: Actual binding is of type [org.slf4j.impl.Reload4jLoggerFactory]
running master, logging to /usr/local/src/hbase/bin/../logs/hbase-root-master-master.out
slave1: running regionserver, logging to /usr/local/src/hbase/bin/../logs/hbase-root-regions
erver-slave1.out
slave2: running regionserver, logging to /usr/local/src/hbase/bin/../logs/hbase-root-regions
erver-slave1.out
[root@master conf]#
```

图 6-6　启动 HBase 的过程提示

使用"jps"命令分别查看 master 节点和 slave1 节点的 Java 进程，如图 6-7、图 6-8 所示。能看到 master 节点中多了一个 HMaster 进程，slave1 节点中多了一个 HRegionServer 进程（slave2 节点与此节点类似）。

```
[root@master conf]# jps
2818 ResourceManager
2325 NameNode
2581 SecondaryNameNode
2093 QuorumPeerMain
3357 HMaster
3711 Jps
[root@master conf]#
```

```
[root@slave1 ~]# jps
1664 DataNode
1922 HRegionServer
1576 QuorumPeerMain
1768 NodeManager
2139 Jps
[root@slave1 ~]#
```

图 6-7　HBase 启动后 master 节点的 Java 进程　　　图 6-8　HBase 启动后 slave1 节点的 Java 进程

可以在浏览器中访问 http://192.168.88.181:60010/，会出现 HBase 启动后的 Web 页面，效果如图 6-9 所示。

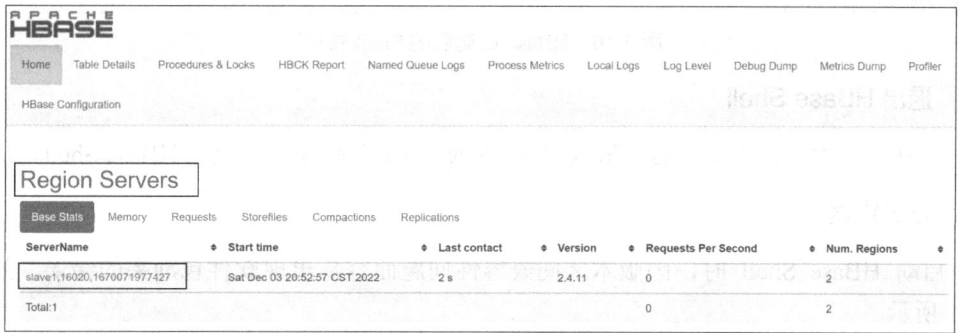

图 6-9　HBase 启动后的 Web 页面

如果要关闭 HBase，则可以在 master 节点上执行 "stop-hbase.sh" 命令。至此，HBase 的安装与配置成功完成。

任务 6.2 HBase Shell 的基本操作

任务描述

项目 6 任务 6.2 HBase Shell 的基本操作

本任务主要介绍基于 Linux 操作系统，在 Hadoop 集群中使用 HBase Shell 命令的方法。通过完成任务实施中的任务，读者可以熟练掌握使用 HBase Shell 命令的方法，为后续实验奠定基础。

任务分析

HBase 是一个面向列的分布式数据库。HBase 不同于一般的关系数据库，是一个适合于非结构化数据存储的数据库。另一个不同的是，HBase 是基于列的，而不是基于行的模式。所以，HBase Shell 的操作在过程上与 Hive 的类似，但具体的语法有较大的区别。

本任务主要在 HBase Shell 中体验面向列的模式进行表的管理和基本操作。

任务实施

6.2.1 应用 HBase Shell

使用 HBase Shell 需要先启动 HBase，在启动过程中可能出现软件包冲突等常见错误，本节将提供一个解决方案。

1. 启动 HBase Shell

在 master 节点上进入 HBase 的命令行模式，执行 "hbase shell" 命令，效果如图 6-10 所示。

```
[root@master src]# hbase shell
2022-12-03 22:39:38,774 WARN  [main] util.NativeCodeLoader: Unable to load native-hadoop lib
ava classes where applicable
HBase Shell
Use "help" to get list of supported commands.
Use "exit" to quit this interactive shell.
For Reference, please visit: http://hbase.apache.org/2.0/book.html#shell
Version 2.4.11, r7e672a0da0586e6b74493108151826695bc6ae193, Tue Mar 15 10:31:00 PDT 2022
Took 0.0011 seconds
hbase:001:0>
```

图 6-10　HBase 启动后的 Shell 窗口

2. 退出 HBase Shell

完成 HBase 中的相关操作后，输入 "exit" 或 "quit" 命令即可退出 HBase Shell。

3. 常见错误

在启动 HBase Shell 时，因版本之间兼容性问题而容易出现软件包冲突的错误，效果如图 6-11 所示。

```
[root@master conf]# hbase shell
LoadError: load error: irb/completion -- java.lang.NoSuchMethodError: jline.console.complete
r.CandidateListCompletionHandler.setPrintSpaceAfterFullCompletion(Z)V
  require at org/jruby/RubyKernel.java:974
  require at uri:classloader:/META-INF/jruby.home/lib/ruby/stdlib/rubygems/core_ext/kernel_r
equire.rb:54
    <main> at classpath:/jar-bootstrap.rb:42
[root@master conf]#
```

图 6-11　软件包冲突的错误

4．解决方案

进入 master 节点中的/usr/local/src/hbase/lib/client-facing-thirdparty 目录，会看到如图 6-12 所示的两个软件包，可以将其删除，也可以将其改名和备份。

```
[root@master ~]# cd /usr/local/src/hbase/lib/client-facing-thirdparty
[root@master client-facing-thirdparty]# ls
audience-annotations-0.5.0.jar      reload4j-1.2.19.jar
commons-logging-1.2.jar             slf4j-api-1.7.33.jar
htrace-core4-4.2.0-incubating.jar   slf4j-reload4j-1.7.33.jar
[root@master client-facing-thirdparty]#
```

图 6-12　需要替换的软件包

改名和备份 jar 文件如代码 6-10 所示。

代码 6-10　改名和备份 jar 文件

```
cd /usr/local/src/hbase/lib/client-facing-thirdparty
mv slf4j-api-1.7.33.jar  slf4j-api-1.7.33.jar.bak
mv slf4j-reload4j-1.7.33.jar  slf4j-reload4j-1.7.33.jar.bak
```

进入 master 节点中的/usr/local/src/hadoop/share/hadoop/common/lib/目录，使用 "ls slf*" 命令查看以 slf 开头的软件包，如图 6-13 所示。

```
[root@master lib]# cd /usr/local/src/hadoop/share/hadoop/common/lib/
[root@master lib]# ls slf*
slf4j-api-1.7.25.jar  slf4j-log4j12-1.7.25.jar
[root@master lib]#
```

图 6-13　查看以 slf 开头的软件包

复制这两个以 slf 开头的软件包（jar 文件）到 HBase 的/lib 文件夹中，如代码 6-11 所示。请读者特别注意，需要先查询本地软件包中的版本号，再根据查询结果修改版本号，否则在进行复制操作时会出现错误。

代码 6-11　复制 jar 文件

```
cd /usr/local/src/hadoop/share/hadoop/common/lib/
cp slf4j-log4j12-1.7.25.jar /usr/local/src/hbase/lib/client-facing-thirdparty/
cp slf4j-api-1.7.25.jar /usr/local/src/hbase/lib/client-facing-thirdparty/
```

在执行完以上操作后，需要重启 HBase，如代码 6-12 所示。再次启动 HBase Shell 就可以解决软件包冲突的问题了。

代码 6-12　重启 HBase

```
stop-hbase.sh
start-hbase.sh
hbase shell
```

6.2.2 操作 HBase 表

HBase 是面向列的分布式数据库，所以其对表的管理主要是对列族的管理。

1. 创建表

学生基本信息表中包含 3 个列族：sid、sname、sage。创建 student 表（包含前 2 个列族）并查看表结构，如代码 6-13 所示，效果如图 6-14 所示。

代码 6-13　HBase 创建表 1

```
create 'student',{NAME=>'sid'},{NAME=>'sname'}
describe 'student'
```

```
hbase:003:0> create 'student',{NAME=>'sid'},{NAME=>'sname'}
Created table student
Took 2.1222 seconds
=> Hbase::Table - student
hbase:004:0> describe 'student'
Table student is ENABLED
student
COLUMN FAMILIES DESCRIPTION
{NAME => 'sid', BLOOMFILTER => 'ROW', IN_MEMORY => 'false', VERSIONS => '1', KEEP_DELETED_CE
LLS => 'FALSE', DATA_BLOCK_ENCODING => 'NONE', COMPRESSION => 'NONE', TTL => 'FOREVER', MIN_
VERSIONS => '0', BLOCKCACHE => 'true', BLOCKSIZE => '65536', REPLICATION_SCOPE => '0'}

{NAME => 'sname', BLOOMFILTER => 'ROW', IN_MEMORY => 'false', VERSIONS => '1', KEEP_DELETED_
CELLS => 'FALSE', DATA_BLOCK_ENCODING => 'NONE', COMPRESSION => 'NONE', TTL => 'FOREVER', MI
N_VERSIONS => '0', BLOCKCACHE => 'true', BLOCKSIZE => '65536', REPLICATION_SCOPE => '0'}

2 row(s)
Quota is disabled
Took 0.2867 seconds
hbase:005:0>
```

图 6-14　HBase 创建表 1

2. 修改表

通过修改表结构的方式在 student 表中添加 sage 列族，并查看其表结构，如代码 6-14 所示，效果如图 6-15 所示。

代码 6-14　HBase 修改表

```
alter 'student',{NAME=>'sage'}
describe 'student'
```

```
hbase:005:0> alter 'student',{NAME=>'sage'}
Updating all regions with the new schema...
1/1 regions updated.
Done.
Took 2.1151 seconds
hbase:006:0> desc 'student'
Table student is ENABLED
student
COLUMN FAMILIES DESCRIPTION
{NAME => 'sage', BLOOMFILTER => 'ROW', IN_MEMORY => 'false', VERSIONS => '1', KEEP_DELETED_C
ELLS => 'FALSE', DATA_BLOCK_ENCODING => 'NONE', COMPRESSION => 'NONE', TTL => 'FOREVER', MIN
_VERSIONS => '0', BLOCKCACHE => 'true', BLOCKSIZE => '65536', REPLICATION_SCOPE => '0'}

{NAME => 'sid', BLOOMFILTER => 'ROW', IN_MEMORY => 'false', VERSIONS => '1', KEEP_DELETED_CE
LLS => 'FALSE', DATA_BLOCK_ENCODING => 'NONE', COMPRESSION => 'NONE', TTL => 'FOREVER', MIN_
VERSIONS => '0', BLOCKCACHE => 'true', BLOCKSIZE => '65536', REPLICATION_SCOPE => '0'}

{NAME => 'sname', BLOOMFILTER => 'ROW', IN_MEMORY => 'false', VERSIONS => '1', KEEP_DELETED_
CELLS => 'FALSE', DATA_BLOCK_ENCODING => 'NONE', COMPRESSION => 'NONE', TTL => 'FOREVER', MI
N_VERSIONS => '0', BLOCKCACHE => 'true', BLOCKSIZE => '65536', REPLICATION_SCOPE => '0'}

3 row(s)
Quota is disabled
Took 0.0582 seconds
hbase:007:0>
```

图 6-15　HBase 修改表

3．删除表

不需要表了，可以将其删除，但是在删除表之前应该先执行 disable 操作，再删除表，如代码 6-15 所示。

代码 6-15　HBase 删除表

```
disable 'student'
drop 'student'
```

6.2.3　操作 HBase 数据

HBase 数据与关系型 SQL 语句的操作有较大的区别。以下使用 6.2.2 节中的 student 表做一个简单的示例。

1．创建表

创建 student 表，如代码 6-16 所示，效果如图 6-16 所示。如果没有删除 student 表，则可以略过本步骤。

代码 6-16　HBase 创建表 2

```
create 'student',{NAME=>'sid'},{NAME=>'sname'},{NAME=>'sage'}
describe 'student'
```

```
hbase:002:0> describe 'student'
Table student is ENABLED
student
COLUMN FAMILIES DESCRIPTION
{NAME => 'sage', BLOOMFILTER => 'ROW', IN_MEMORY => 'false', VERSIONS => '1', KEEP_DELET
ED_CELLS => 'FALSE', DATA_BLOCK_ENCODING => 'NONE', COMPRESSION => 'NONE', TTL => 'FOREV
ER', MIN_VERSIONS => '0', BLOCKCACHE => 'true', BLOCKSIZE => '65536', REPLICATION_SCOPE
=> '0'}

{NAME => 'sid', BLOOMFILTER => 'ROW', IN_MEMORY => 'false', VERSIONS => '1', KEEP_DELETE
D_CELLS => 'FALSE', DATA_BLOCK_ENCODING => 'NONE', COMPRESSION => 'NONE', TTL => 'FOREVE
R', MIN_VERSIONS => '0', BLOCKCACHE => 'true', BLOCKSIZE => '65536', REPLICATION_SCOPE =
> '0'}

{NAME => 'sname', BLOOMFILTER => 'ROW', IN_MEMORY => 'false', VERSIONS => '1', KEEP_DELE
TED_CELLS => 'FALSE', DATA_BLOCK_ENCODING => 'NONE', COMPRESSION => 'NONE', TTL => 'FORE
VER', MIN_VERSIONS => '0', BLOCKCACHE => 'true', BLOCKSIZE => '65536', REPLICATION_SCOPE
 => '0'}

3 row(s)
Quota is disabled
Took 0.3414 seconds
```

图 6-16　HBase 创建表 2

2．添加数据

将 4.3.3 节中测试的 3 条数据添加到 HBase 表中。HBase 的添加数据命令为"put"，而且是一列一列地添加数据的，如代码 6-17 所示。

代码 6-17　HBase 添加数据

```
put 'student','rk1','sid','1'
put 'student','rk1','sname','张三'
put 'student','rk1','sage','19'
```

```
put 'student','rk2','sid','2'
put 'student','rk2','sname','李四'
put 'student','rk2','sage','18'
put 'student','rk3','sid','3'
put 'student','rk3','sname','王五'
put 'student','rk3','sage','20'
```

3. 查询表中所有的数据

HBase 的查询表中所有的数据命令为"scan"。查询 student 表中所有的数据如代码 6-18
所示，效果如图 6-17 所示。

代码 6-18　HBase 查询 student 表中所有的数据

```
scan 'student',{FORMATTER=>'toString'}
```

```
hbase:001:0> scan 'student',{FORMATTER=>'toString'}
ROW                   COLUMN+CELL
 rk1                  column=sage:, timestamp=2022-12-30T22:19:49.371, value=19
 rk1                  column=sid:, timestamp=2022-12-30T22:19:49.164, value=1
 rk1                  column=sname:, timestamp=2022-12-30T22:19:49.246, value=张三

 rk2                  column=sage:, timestamp=2022-12-30T22:19:49.598, value=18
 rk2                  column=sid:, timestamp=2022-12-30T22:19:49.450, value=2
 rk2                  column=sname:, timestamp=2022-12-30T22:19:49.528, value=李四

 rk3                  column=sage:, timestamp=2022-12-30T22:19:50.803, value=20
 rk3                  column=sid:, timestamp=2022-12-30T22:19:49.662, value=3
 rk3                  column=sname:, timestamp=2022-12-30T22:19:49.702, value=王五

3 row(s)
Took 1.3886 seconds
```

图 6-17　HBase 查询 student 表中所有的数据

从图 6-17 可以看出，HBase 表中的数据结构与一般的关系型数据库中的数据结构不一样，
每个学生用行标识来表示，每个列族具有列名、列值和时间戳（数据版本）。

如果要修改其中某列的数据，则可以直接进行添加列操作。对于同一行、同一列的值的修
改，实际上是增加一个版本的数据，以 put 的时间戳作为版本，并显示最新的版本数据，以实
现修改的功能。

4. 删除数据

如果要删除某列的数据，则需要使用"delete"命令，指定对应表名、行标识及列名。例
如，删除 rk3 行的年龄（sage）列值，如代码 6-19 所示。

代码 6-19　HBase 删除数据

```
delete 'student','rk3','sage'
scan 'student'
```

删除列值后再查询表中的数据会发现没有这项值了，效果如图 6-18 所示。

5. 带条件查询

查询数据除了可以使用"scan"命令查询表中所有的数据，还可以指定列或进行条件查询。
查询 sid 列值，如代码 6-20 所示，效果如图 6-19 所示。

```
hbase:017:0> delete 'student','rk3','sage'
Took 0.0204 seconds
hbase:018:0> scan 'student'
ROW                    COLUMN+CELL
 rk1                   column=sage:, timestamp=2022-12-03T23:26:30.080, value=19
 rk1                   column=sid:, timestamp=2022-12-03T23:26:29.930, value=1
 rk1                   column=sname:, timestamp=2022-12-03T23:26:29.992, value=\xE5\xBC\xA
                       0\xE4\xB8\x89
 rk2                   column=sage:, timestamp=2022-12-03T23:26:30.249, value=18
 rk2                   column=sid:, timestamp=2022-12-03T23:26:30.140, value=2
 rk2                   column=sname:, timestamp=2022-12-03T23:26:30.203, value=\xE6\x9D\x8
                       E\xE5\x9B\x9B
 rk3                   column=sid:, timestamp=2022-12-03T23:26:30.281, value=3
 rk3                   column=sname:, timestamp=2022-12-03T23:26:30.342, value=\xE7\x8E\x8
                       B\xE4\xBA\x94
3 row(s)
Took 0.0257 seconds
hbase:019:0>
```

图 6-18　删除列值后的数据

代码 6-20　HBase 带条件查询

```
scan 'student',{COLUMNS=>'sid'}
```

```
hbase:020:0> scan   'student',{COLUMNS=>'sid'}
ROW                    COLUMN+CELL
 rk1                   column=sid:, timestamp=2022-12-03T23:26:29.930, value=1
 rk2                   column=sid:, timestamp=2022-12-03T23:26:30.140, value=2
 rk3                   column=sid:, timestamp=2022-12-03T23:26:30.281, value=3
3 row(s)
Took 0.0604 seconds
hbase:021:0>
```

图 6-19　查询 sid 列的值

任务 6.3　设计手游信息的数据存储

➡ 任务描述

现有互联网手机游戏平台，需要针对广大手游用户进行手游产品的统计分析，也需要存储每个手游用户的信息，即用户对每款手游产品的关注度（游戏热度），还需要存储时间维度上的关注度，从而针对用户的喜好进行挖掘，以类似精准营销的手游定点推送、广告营销等业务来扩大平台的用户量并提升用户黏度。

根据上述用户需求，本任务将创建 HBase 表结构，用于记录用户关注的手游、手游被哪些用户关注、用户每日使用手游记录、查看某手游被关注的情况、用户每日使用手游次数的统计。

➡ 任务分析

本任务首先创建用户关注手游信息表、手游被关注信息表、用户手游使用记录表、用户手游日使用次数统计表 4 张 HBase 表结构，然后对这 4 张表结构完成如下业务逻辑。

（1）当用户关注手游时，将信息记录到用户关注手游信息表和手游被关注信息表中。

（2）当用户使用手游时，将使用记录记录到用户手游使用记录表中。

（3）查看某手游被关注的情况。

（4）统计用户每日使用手游的次数，将结果存储到用户手游日使用次数统计表中。

➜ 任务实施

6.3.1 设计表结构

用户关注手游信息表如表 6-6 所示。

表 6-6 用户关注手游信息表

编　号	项　目	项 目 内 容	说　明
1	RowKey	user_id	用户 ID
2	列族	games	
3	列名	games_id	手游 ID
4	值	文本内容	手游名称

手游被关注信息表如表 6-7 所示。

表 6-7 手游被关注信息表

编　号	项　目	项 目 内 容	说　明
1	RowKey	games_id	手游 ID
2	列族	user	
3	列名	user_id	用户 ID
4	值	user_id	用户 ID

用户手游使用记录表如表 6-8 所示。

表 6-8 用户手游使用记录表

编　号	项　目	项 目 内 容	说　明
1	RowKey	user_id_timestamp	用户 ID+使用开始时间
2	列族	degee	
3	列名	games_id	手游 ID
4	值	1	表示使用 1 次

用户手游日使用次数统计表如表 6-9 所示。

表 6-9 用户手游日使用次数统计表

编　号	项　目	项 目 内 容	说　明
1	RowKey	user_id_ymd	用户 ID+使用日期
2	列族	degee	
3	列名	games_id	手游 ID
4	值	game counts	使用次数

6.3.2 创建表结构

参考项目 3，打开 IDEA，创建名为 "hbase_mobilegame" 的工程，在 src/main/resources 目录下添加 Hadoop 配置文件 core-site.xml 和 hdfs-site.xml，在 pom.xml 文件中添加所需的工程

依赖，如表 6-10 所示。添加完成后加载工程依赖。

表 6-10 添加工程依赖

```
<dependencies>
        <dependency>
            <groupId>org.apache.hadoop</groupId>
            <artifactId>hadoop-common</artifactId>
            <version>3.1.4</version>
        </dependency>
        <dependency>
            <groupId>org.apache.hadoop</groupId>
            <artifactId>hadoop-hdfs</artifactId>
            <version>3.1.4</version>
        </dependency>
        <dependency>
            <groupId>org.apache.hadoop</groupId>
            <artifactId>hadoop-client</artifactId>
            <version>3.1.4</version>
        </dependency>
        <dependency>
            <groupId>org.apache.hadoop</groupId>
            <artifactId>hadoop-mapreduce-client-common</artifactId>
            <version>3.1.4</version>
        </dependency>
        <dependency>
            <groupId>org.apache.hbase</groupId>
            <artifactId>hbase-mapreduce</artifactId>
            <version>2.4.11</version>
        </dependency>
        <dependency>
            <groupId>org.apache.hbase</groupId>
            <artifactId>hbase-client</artifactId>
            <version>2.4.11</version>
        </dependency>
        <dependency>
            <groupId>org.apache.hbase</groupId>
            <artifactId>hbase-server</artifactId>
            <version>2.4.11</version>
        </dependency>
    </dependencies>
```

在 src/main/java 目录下创建名为"createtable"的包，在 createtable 包内创建 CreateTable.java 程序，在 main()方法外定义一些全局变量，包括所需的 4 张表结构的表名、Configuration 对象 conf、Connection 对象 conn，如代码 6-21 所示。

代码 6-21　CreateTable.java 程序

```java
public class CreateTable {
    private static final byte[] USERFOLLOWS = "userfollows".getBytes();
    private static final byte[] GAMEFOLLOWS = "gamefollows".getBytes();
    private static final byte[] USAGERECORDS = "usagerecords".getBytes();
    private static final byte[] USAGECOUNT = "usagecount".getBytes();
    private static Configuration conf;
    private static Connection conn;

    public static void main(String[] args) {

    }

}
```

根据如表 6-6 所示的表结构，在 main()方法外创建 initUserfollows()方法，用于创建用户关注手游信息表，如代码 6-22 所示。

代码 6-22　创建用户关注手游信息表

```java
private static void initUserfollows() throws IOException {
    // 创建 Admin
    Admin admin = conn.getAdmin();
    // 创建表描述器
    HTableDescriptor userfollowsHTableDescriptor =
            new HTableDescriptor(TableName.valueOf(USERFOLLOWS));
    // 创建列族描述器
    HColumnDescriptor gamesHColumnDescriptor = new
HColumnDescriptor("games");
    userfollowsHTableDescriptor.addFamily(gamesHColumnDescriptor);
    // 创建表
    if (admin.tableExists(TableName.valueOf(USERFOLLOWS))) {
        if (admin.isTableEnabled(TableName.valueOf(USERFOLLOWS))) {
            admin.disableTable(TableName.valueOf(USERFOLLOWS));
        }
        admin.deleteTable(TableName.valueOf(USERFOLLOWS));
    }
    admin.createTable(userfollowsHTableDescriptor);
    admin.close();
}
```

根据如表 6-7 所示的表结构，在 main()方法外创建 initGamefollows()方法，用于创建手游被关注信息表，如代码 6-23 所示。

代码 6-23　创建手游被关注信息表

```java
private static void initGamefollows() throws IOException {
```

```
        // 创建 Admin
        Admin admin = conn.getAdmin();
        TableName tableName = TableName.valueOf(GAMEFOLLOWS);
        // 创建表描述器
        HTableDescriptor gamefollowsHTableDescriptor = new HTableDescriptor
(tableName);
        // 创建列族描述器
        HColumnDescriptor usersHColumnDescriptor = new HColumnDescriptor
("users");
        gamefollowsHTableDescriptor.addFamily(usersHColumnDescriptor);
        // 创建表
        if (admin.tableExists(tableName)) {
            if (admin.isTableEnabled(tableName)) {
                admin.disableTable(tableName);
            }
            admin.deleteTable(tableName);
        }
        admin.createTable(gamefollowsHTableDescriptor);
        admin.close();
    }
```

根据如表 6-8 所示的表结构，在 main()方法外创建 initUsagerecords()方法，用于创建用户手游使用记录表，如代码 6-24 所示。

代码 6-24　创建用户手游使用记录表

```
    private static void initUsagerecords() throws IOException {
        // 创建 Admin
        Admin admin = conn.getAdmin();
        TableName tableName = TableName.valueOf(USAGERECORDS);
        // 创建表描述器
        HTableDescriptor usagerecordsHTableDescriptor = new HTableDescriptor
(tableName);
        // 创建列族描述器
        HColumnDescriptor degeeHColumnDescriptor = new HColumnDescriptor("degee");
        usagerecordsHTableDescriptor.addFamily(degeeHColumnDescriptor);
        // 创建表
        if (admin.tableExists(tableName)) {
            if (admin.isTableEnabled(tableName)) {
                admin.disableTable(tableName);
            }
            admin.deleteTable(tableName);
        }
        admin.createTable(usagerecordsHTableDescriptor);
        admin.close();
    }
```

根据如表 6-9 所示的表结构，在 main()方法外创建 initUsagecount()方法，用于创建用户手游日使用次数统计表，如代码 6-25 所示。

代码 6-25　创建用户手游日使用次数统计表

```
private static void initUsagecount() throws IOException {
    // 创建 Admin
    Admin admin = conn.getAdmin();
    TableName tableName = TableName.valueOf(USAGECOUNT);
    // 创建表描述器
    HTableDescriptor usagecountHTableDescriptor = new HTableDescriptor
(tableName);
    // 创建列族描述器
    HColumnDescriptor degeeHColumnDescriptor = new HColumnDescriptor("degee");
    usagecountHTableDescriptor.addFamily(degeeHColumnDescriptor);
    // 创建表
    if (admin.tableExists(tableName)) {
        if (admin.isTableEnabled(tableName)) {
            admin.disableTable(tableName);
        }
        admin.deleteTable(tableName);
    }
    admin.createTable(usagecountHTableDescriptor);
    admin.close();
}
```

在 main()方法内使用 HBaseConfiguration 的单例方法，实例化 conf，并配置参数，建立 HBase 连接，调用创建表的 4 个方法，如代码 6-26 所示。

代码 6-26　main()方法

```
public static void main(String[] args) throws IOException {
    // 创建 Configuration 对象
    conf = HBaseConfiguration.create();
    conf.set("hbase.master", "master:16010");
    conf.set("hbase.rootdir", "hdfs://master:8020/hbase");
    conf.set("hbase.zookeeper.quorum", "master,slave1,slave2,slave3");
    conf.set("hbase.zookeeper.property.clientPort", "2181");

    // 建立 HBase 连接
    conn = ConnectionFactory.createConnection(conf);
    // 创建用户关注手游信息表 userfollows
    initUserfollows();
    // 手游被关注信息表 gamefollows
    initGamefollows();
    // 用户手游使用记录表 usagerecords
```

```
    initUsagerecords();
    // 用户手游日使用次数统计表 usagecount
    initUsagecount();
}
```

按顺序依次启动 Hadoop 集群、Zookeeper 集群、HBase 集群。

运行 CreatTable.java 程序成功后，IDEA 的"Run"窗口会输出"Process finished with exit code 0"命令，表示运行成功，进入 HBase Shell，使用"list"命令查看 HBase 表，如图 6-20 所示。已成功创建 gamefollows、usagecount、usagerecords、userfollows 这 4 张表。

```
hbase:002:0> list
TABLE
emp
gamefollows
scores
student
test
usagecount
usagerecords
userfollows
8 row(s)
Took 0.0198 seconds
=> ["emp", "gamefollows", "scores", "student", "test", "usagecount", "usagerecords", "userfollows"]
```

图 6-20　查看 HBase 表

6.3.3　设计业务逻辑

现模拟生成一份 userfollowgame.txt，并记录用户关注手游时的用户 ID、手游 ID 和手游内容，如表 6-11 所示。

表 6-11　userfollowgame.txt 中的内容

用户 ID	手游 ID	手游内容
weixin01	g01	手游 A
weixin01	g02	手游 B
qq01	g02	手游 B
qq01	g03	手游 C
weixin02	g04	手游 D

在 src/main/java 目录下创建名为"business"的包，在 business 包内创建 UserFollowGame.java 程序，基于表 6-11 中的数据，实现当用户关注手游时，将该用户的信息记录到用户关注手游信息表（userfollows 表）和手游被关注信息表（gamefollows 表）中，如代码 6-27 所示。

代码 6-27　UserFollowGame.java 程序

```
public class UserFollowGame {
    private static final byte[] USERFOLLOWS = "userfollows".getBytes();
    private static final byte[] GAMEFOLLOWS = "gamefollows".getBytes();
    private static Configuration conf;
    private static Connection conn;
```

```
public static void main(String[] args) throws IOException {
    // 创建 Configuration 对象
    conf = HBaseConfiguration.create();
    conf.set("hbase.master", "master:16010");
    conf.set("hbase.rootdir", "hdfs://master:8020/hbase");
    conf.set("hbase.zookeeper.quorum", "master,slave1,slave2,slave3");
    conf.set("hbase.zookeeper.property.clientPort", "2181");
    // 建立 HBase 连接
    conn = ConnectionFactory.createConnection(conf);
    userfollowgame("weixin01", "g01", "手游 A");
    userfollowgame("weixin01", "g02", "手游 B");
    userfollowgame("qq01", "g02", "手游 B");
    userfollowgame("qq01", "g03", "手游 C");
    userfollowgame("weixin02", "g04", "手游 D");
}


/**
 * 写入用户关注手游时的数据记录
 *
 * @param user
 * @param gameid
 * @param game
 * @throws IOException
 */
private static void userfollowgame(String user, String gameid, String game)
throws IOException {
    // 写入数据到 userfollows 表中
    Table userfollowTable = conn.getTable(TableName.valueOf(USERFOLLOWS));
    long timestamp = System.currentTimeMillis();
    Put put = new Put(Bytes.toBytes(user));
    put.addColumn(Bytes.toBytes("games"), Bytes.toBytes(gameid), timestamp,
Bytes.toBytes(game));
    userfollowTable.put(put);
    // 写入数据到 gamefollows 表中
    Table gamefollowTable = conn.getTable(TableName.valueOf(GAMEFOLLOWS));
    put = new Put(Bytes.toBytes(gameid));
    put.addColumn(Bytes.toBytes("users"), Bytes.toBytes(user), timestamp,
Bytes.toBytes(user));
    gamefollowTable.put(put);
    // 释放资源
    gamefollowTable.close();
    userfollowTable.close();
}
}
```

运行 UserFollowGame.java 程序成功后，通过 HBase Shell 的 "scan" 命令遍历 userfollows 表、gamefollows 表，如图 6-21 所示，已成功将数据写入相应表。

```
hbase:003:0> scan 'userfollows',{FORMATTER => 'toString'}
ROW                          COLUMN+CELL
 qq01                        column=games:g02, timestamp=2023-03-07T13:53:24.950, value=手游B

 qq01                        column=games:g03, timestamp=2023-03-07T13:53:24.984, value=手游C

 weixin01                    column=games:g01, timestamp=2023-03-07T13:53:17.973, value=手游A

 weixin01                    column=games:g02, timestamp=2023-03-07T13:53:24.923, value=手游B

 weixin02                    column=games:g04, timestamp=2023-03-07T13:53:25.002, value=手游D

3 row(s)
Took 0.0307 seconds
hbase:004:0> scan 'gamefollows'
ROW                          COLUMN+CELL
 g01                         column=users:weixin01, timestamp=2023-03-07T13:53:17.973, value=weixin01
 g02                         column=users:qq01, timestamp=2023-03-07T13:53:24.950, value=qq01
 g02                         column=users:weixin01, timestamp=2023-03-07T13:53:24.923, value=weixin01
 g03                         column=users:qq01, timestamp=2023-03-07T13:53:24.984, value=qq01
 g04                         column=users:weixin02, timestamp=2023-03-07T13:53:25.002, value=weixin02
4 row(s)
Took 0.0478 seconds
```

图 6-21　遍历 userfollows 表、gamefollows 表

现模拟生成一份 gamerecords.txt，并记录用户使用手游时的用户 ID 和手游 ID，如表 6-12 所示。

表 6-12　gamerecords.txt 中的内容

用户 ID	手游 ID
weixin01	g01
qq01	g02
weixin02	g04
weixin01	g01
qq01	g02
qq01	g03

在 business 包内创建 UserGameRecords.java 程序，基于表 6-12 中的数据，实现当用户使用手游时，将使用记录记录到用户手游使用记录表（usagerecords 表）中，如代码 6-28 所示。

代码 6-28　UserGameRecords.java 程序

```java
public class UserGameRecords {
    private static final byte[] USAGERECORDS = "usagerecords".getBytes();
    private static Configuration conf;
    private static Connection conn;

    public static void main(String[] args) throws IOException {
        // 创建 Configuration 对象
        conf = HBaseConfiguration.create();
        conf.set("hbase.master", "master:16010");
        conf.set("hbase.rootdir", "hdfs://master:8020/hbase");
```

```
        conf.set("hbase.zookeeper.quorum", "master,slave1,slave2,slave3");
        conf.set("hbase.zookeeper.property.clientPort", "2181");
        // 建立 HBase 连接
        conn = ConnectionFactory.createConnection(conf);
        putUserRecords("weixin01", "g01");
        putUserRecords("qq01", "g02");
        putUserRecords("weixin02", "g04");
        putUserRecords("weixin01", "g01");
        putUserRecords("qq01", "g02");
        putUserRecords("qq01", "g03");
    }


    /**
     * 写入使用记录到 usagerecords 表中
     *
     * @param user
     * @param gameid
     * @throws IOException
     * @throws IllegalArgumentException
     */
    private static void putUserRecords(String user, String gameid)
            throws IllegalArgumentException, IOException {
        Table table = conn.getTable(TableName.valueOf(USAGERECORDS));
        long timestamp = System.currentTimeMillis();
        Put put = new Put(Bytes.toBytes(user + "_" + timestamp));
        put.addColumn(Bytes.toBytes("degee"), Bytes.toBytes(gameid),
timestamp, Bytes.toBytes("1"));
        table.put(put);
        table.close();
    }
}
```

运行 UserGameRecords.java 程序成功后，通过 HBase Shell 的"scan"命令遍历 usagerecords 表，如图 6-22 所示，已成功将数据写入相应表。

```
hbase:005:0> scan 'usagerecords'
ROW                      COLUMN+CELL
 qq01_1667789052577      column=degee:g02, timestamp=2022-11-07T10:44:12.577, value=1
 qq01_1667789052599      column=degee:g02, timestamp=2022-11-07T10:44:12.599, value=1
 qq01_1667789052607      column=degee:g03, timestamp=2022-11-07T10:44:12.607, value=1
 weixin01_1667789048422  column=degee:g01, timestamp=2022-11-07T10:44:08.422, value=1
 weixin01_1667789052593  column=degee:g01, timestamp=2022-11-07T10:44:12.593, value=1
 weixin02_1667789052585  column=degee:g04, timestamp=2022-11-07T10:44:12.585, value=1
6 row(s)
Took 0.1915 seconds
```

图 6-22　遍历 usagerecords 表

在 business 包内创建 ScanData.java 程序，模拟实现查看手游 g02 被关注情况、用户 weixin01 关注手游情况、用户 qq01 使用手游情况，如代码 6-29 所示，运行结果如图 6-23 所示。

代码 6-29　ScanData.java 程序

```java
public class ScanData {

    private static Configuration conf;
    private static Connection conn;
    private static final byte[] USERFOLLOWS = "userfollows".getBytes();
    private static final byte[] GAMEFOLLOWS = "gamefollows".getBytes();
    private static final byte[] USAGERECORDS = "usagerecords".getBytes();

    public static void main(String[] args) throws IOException {
        // 创建 Configuration 对象
        conf = HBaseConfiguration.create();
        conf.set("hbase.master", "master:16010");
        conf.set("hbase.rootdir", "hdfs://master:8020/hbase");
        conf.set("hbase.zookeeper.quorum", "master,slave1,slave2,slave3");
        conf.set("hbase.zookeeper.property.clientPort", "2181");

        // 建立 HBase 连接
        conn = ConnectionFactory.createConnection(conf);
        // 查看手游被关注情况
        System.out.println("查看手游被关注情况：");
        getData("g02", GAMEFOLLOWS);
        System.out.println("查看用户关注手游情况：");
        getData("weixin01", USERFOLLOWS);
        System.out.println("查看手游使用记录情况：");
        scanData("qq01", USAGERECORDS);
    }

    /**
     * 扫描表中的数据
     *
     * @param gameid
     * @param tablename
     * @throws IOException
     * @throws IllegalArgumentException
     */
    private static void scanData(String gameid, byte[] tablename)
            throws IllegalArgumentException, IOException {
        Table table = conn.getTable(TableName.valueOf(tablename));
        Scan scan = new Scan();
        scan.setFilter(new RowFilter(CompareOp.EQUAL, new SubstringComparator
(gameid)));
        ResultScanner scanner = table.getScanner(scan);
        for (Result result : scanner) {
            // 输出查询结果
            for (Cell cell : result.rawCells()) {
```

```
                    System.out.println(Bytes.toString(CellUtil.cloneRow(cell)) + ":"
                        + Bytes.toString(CellUtil.cloneFamily(cell)) + ":"
                        + Bytes.toString(CellUtil.cloneQualifier(cell)) + ":"
                        + Bytes.toString(CellUtil.cloneValue(cell)));
            }
        }
    }

    /**
     * 获取一行数据
     *
     * @param gameid
     * @param tablename
     * @throws IllegalArgumentException
     * @throws IOException
     */
    private static void getData(String gameid, byte[] tablename)
            throws IllegalArgumentException, IOException {
        Table table = conn.getTable(TableName.valueOf(tablename));
        Get get = new Get(Bytes.toBytes(gameid));
        get.setMaxVersions();
        // 查找表中的数据
        Result result = table.get(get);
        // 输出查询结果
        for (Cell cell : result.rawCells()) {
            System.out.println(Bytes.toString(CellUtil.cloneRow(cell)) + ":"
                    + Bytes.toString(CellUtil.cloneFamily(cell)) + ":"
                    + Bytes.toString(CellUtil.cloneQualifier(cell)) + ":"
                    + Bytes.toString(CellUtil.cloneValue(cell)));
        }

    }

}
```

```
查看手游被关注情况：
g02:users:qq01:qq01
g02:users:weixin01:weixin01
查看用户关注手游情况：
weixin01:games:g01:手游A
weixin01:games:g02:手游B
查看手游使用记录情况：
qq01_1667789052577:degee:g02:1
qq01_1667789052599:degee:g02:1
qq01_1667789052607:degee:g03:1

Process finished with exit code 0
```

图 6-23 ScanData.java 程序运行结果

在 src/main/java 目录下创建名为 "mr_putdata" 的包，在 mr_putdata 包内通过编写 MapReduce 程序，实现统计每个用户每日使用手游的次数，并将结果存储到 usagecount 表中。

在 mr_putdata 包内创建 UseCountMapper.java 程序，读取 usagerecords 表，将该表中的数据转成键值对，并将 RowKey 中的时间戳转化为日期，以 user_ymd_gameID 为键，1 为值，如代码 6-30 所示。

代码 6-30　UseCountMapper.java 程序

```
public class UseCountMapper extends TableMapper<Text, IntWritable> {

    Text user_ymd = new Text();
    IntWritable one = new IntWritable(1);

    /**
     * 读取每行记录，将 Rowkey 中的时间戳转化为日期
     * 以 user_ymd_gameID 为键，1 为值
     */
    @Override
    protected void map(ImmutableBytesWritable key, Result value,
                Mapper<ImmutableBytesWritable, Result, Text,
IntWritable>.Context context)
            throws IOException, InterruptedException {
        // 分割 Rowkey 的用户和时间戳
        String[] user_ts = Bytes.toString(key.get()).split("_");
        for (Cell cell : value.rawCells()) {
            String user_ts_game = user_ts[0] + "_" + getYMD(Long.valueOf
(user_ts[1])) + "_"
                + Bytes.toString(CellUtil.cloneQualifier(cell));

            user_ymd.set(user_ts_game);
            context.write(user_ymd, one);
        }
    }

    /**
     * 将时间戳转换为日期并返回年月日
     *
     * @param ts
     * @return
     */
    public static String getYMD(long ts) {
        Date date = new Date(ts);
        SimpleDateFormat sd = new SimpleDateFormat("yyyyMMdd");
```

```
        return sd.format(date);
    }
}
```

在 mr_putdata 包内创建 UseCountReducer.java 程序，读取 Mapper 传输过来的键值对，统计键相同的值的和，以"user+年月日"为键，求和结果为值，如代码 6-31 所示。

代码 6-31　UseCountReducer.java 程序

```
public class UseCountReducer extends TableReducer<Text, IntWritable,
ImmutableBytesWritable> {
    ImmutableBytesWritable user_ymd = new ImmutableBytesWritable();
    Logger log = LoggerFactory.getLogger(UseCountReducer.class);

    @Override
    protected void reduce(Text rk, Iterable<IntWritable> ones,
                    Reducer<Text, IntWritable,
                            ImmutableBytesWritable, Mutation>.Context context)
        throws IOException, InterruptedException {
        String[] user_ymd_game = rk.toString().split("_");

        int sum = 0;
        for (IntWritable one : ones) {
            sum += one.get();
        }
        // 用户_日期作为 RowKey
        String rowkey = user_ymd_game[0] + "_" + user_ymd_game[1];
        user_ymd.set(Bytes.toBytes(rowkey));
        Put put = new Put(Bytes.toBytes(rowkey));
        put.addColumn(Bytes.toBytes("degee"), Bytes.toBytes(user_ymd_game[2]),
            Bytes.toBytes(String.valueOf(sum)));
        context.write(user_ymd, put);
    }
}
```

在 mr_putdata 包内创建 UseCountDriver.java 程序，用于关联 UseCountMapper.Java、UseCountReducer.Java，以及在 IDEA 上提交整个程序，如代码 6-32 所示。

代码 6-32　UseCountDriver.java 程序

```
public class UseCountDriver extends Configured implements Tool {

    @Override
    public int run(String[] args) throws Exception {
        // 创建 Configuration
        Configuration conf = getConf();
        // 配置 HBase 连接参数
```

```
        conf.set("hbase.master", "master:16010");
        conf.set("hbase.rootdir", "hdfs://master:8020/hbase");
        conf.set("hbase.zookeeper.quorum", "master,slave1,slave2,slave3");
        conf.set("hbase.zookeeper.property.clientPort", "2181");

        // 创建 Job 对象
        Job job = Job.getInstance(conf);
        // 定义 Driver 类
        job.setJarByClass(UseCountDriver.class);

        // 定义输入 HBase 表
        byte[] inTable = Bytes.toBytes(args[0]);
        Scan scan = new Scan();
        scan.setMaxVersions();
        TableMapReduceUtil.initTableMapperJob(inTable, scan,
                UseCountMapper.class, Text.class, IntWritable.class, job);
        // 定义输出 HBase 表
        String outTable = args[1];
        TableMapReduceUtil.initTableReducerJob(outTable, UseCountReducer.class,
job);

        // 提交任务
        return job.waitForCompletion(true) ? 0 : 1;
    }

    public static void main(String[] args) throws Exception {
        String[] myArgs = new String[]{
                "usagerecords",
                "usagecount"
        };
        ToolRunner.run(HBaseConfiguration.create(), new UseCountDriver(), myArgs);
    }
}
```

由于在 UseCountDriver.java 程序中直接调用了 ToolRunner 类的 run()方法，以及配置好了
HBase 连接参数，因此无须将程序打包上传至虚拟机，可以直接在 IDEA 上运行 MapReduce
程序。

运行 UseCountDriver.java 程序，使用 HBase Shell 查看 usagecount 表中的数据，如图 6-24
所示，每个用户每日使用手游的次数已统计并记录在该表中。

```
hbase:006:0> scan 'usagecount'
ROW                     COLUMN+CELL
 qq01_20221107          column=degee:g02, timestamp=2022-11-07T19:09:40.144, value=2
 qq01_20221107          column=degee:g03, timestamp=2022-11-07T19:09:40.144, value=1
 weixin01_20221107      column=degee:g01, timestamp=2022-11-07T19:09:40.144, value=2
 weixin02_20221107      column=degee:g04, timestamp=2022-11-07T19:09:40.144, value=1
3 row(s)
Took 0.0271 seconds
```

图 6-24　查看 usagecount 表中的数据

项目总结

　　本项目先实现了 HBase 的安装与配置；然后进行了简单的 HBase Shell 基础操作，包括启动 HBase Shell、HBase 表操作和数据操作；最后基于 HBase Java API，在 IDEA 中实现了手游数据的存储设计，根据业务需求创建了 4 张 HBase 表结构，以及根据创建好的表结构模拟实现了 4 项业务逻辑，包括数据的导入、查看、基于 MapReduce 程序实现数据的统计并存储到对应的 HBase 表中。

Sqoop 组件的安装、配置与应用

项目介绍

Sqoop 组件是一个在 Hadoop 系统和关系数据库服务器之间传输数据的工具，属于大数据 ETL 工具之一，用于将数据从关系数据库（如 MySQL、Oracle、MSSQL Server 等）中导入 Hadoop（HDFS、Hive、HBase 等）系统，并从 Hadoop 系统中导出到关系数据库中。

Sqoop 组件是连接关系型数据库和 Hadoop 系统的桥梁，主要有导入和导出两方面功能。

（1）将关系型数据库中的数据导入 Hadoop 系统及其相关的系统，如 Hive 和 HBase。

（2）将数据从 Hadoop 系统中抽取并导出到关系型数据库中。

1. Sqoop 组件的导入原理

在开始导入之前，Sqoop 组件使用 JDBC 检查要导入的表，并检索出表中所有的列及其 SQL 数据类型。这些 SQL 数据类型（Varchar、Integer 等）被映射成 Java 数据类型（String、Integer 等），并在 MapReduce 应用中使用这些对应的 Java 数据类型来保存字段的值。Sqoop 组件的代码生成器使用这些信息来创建对应表的类，用于保存从表中抽取的记录。

2. Sqoop 组件的导出原理

Sqoop 组件的导出功能的架构与导入功能的架构非常相似。在开始导出之前，Sqoop 组件先根据数据库的连接字符串选择一个导出方法，一般为 JDBC；然后根据目标表的定义生成一个 Java 类，这个生成的类能够从文本文件中解析记录，并向表中插入类型合适的值；最后启动一个 MapReduce 作业，从 HDFS 中读取源数据文件，使用生成的类解析记录，并且执行选定的导出方法。

Sqoop 组件有两个版本，而且这两个版本完全不兼容。

（1）Sqoop1：Apache 1.4.x 之后的版本，主要特点如下。

① 在架构上：Sqoop1 使用 Sqoop 客户端直接提交代码。

② 访问方式：使用 CLI 命令行控制台方式访问。

③ 安全性：使用命令或脚本指定用户的数据库名和密码。

（2）Sqoop2：Apache 1.99.0 之前的版本，主要特点如下。

① 引入 Sqoop Server，便于集中化地管理 Connector 或其他的第三方插件。

② 多种访问方式：CLI、WebUIRESTAPI。

③ 引入了基于角色的安全机制，管理员可以在 Sqoop Server 上配置不同的角色。

本项目基于 Hadoop 3.1.4 的集群架构、Hive 3.1.2 的数据仓库和 HBase 2.4.11 的分布式数据库来安装与配置 Sqoop 组件，并在这些数据库（包括 HDFS）之间实现数据的导入与导出，同时以一个 Sqoop 数据迁移应用案例介绍 Sqoop 组件的典型应用场景。

 **任务安排**

任务 7.1　安装与配置 Sqoop 组件
任务 7.2　Sqoop 组件的导入与导出应用操作
任务 7.3　查询与传输用户日志数据

学习目标

（1）了解安装 Sqoop 组件的流程。
（2）了解配置 Sqoop 环境的方法。
（3）熟悉 Sqoop 组件的导入和导出应用操作。
（4）熟悉 Sqoop 组件的数据传输的应用场景。

任务 7.1　安装与配置 Sqoop 组件

项目 7 任务 7.1 安装与
配置 Sqoop 组件

任务描述

因为 Sqoop 组件是一个在 Hadoop 系统和关系数据库服务器之间传输数据的工具，其中 Hadoop 系统主要是 HDFS、Hive 和 HBase 等，所以安装 Sqoop 组件后的配置主要针对这几个环境变量及更新所需的 Hive 和 HBase 的软件包。

任务分析

由于 Sqoop2 偏向服务化，特别是架构稍复杂，配置部署很烦琐，Sqoop1 在功能上完全可以满足基本的需求，因此本项目使用 Sqoop1 中的 Sqoop 1.4.7 版本。本任务在 master 节点上进行安装、配置与应用。

任务实施

7.1.1　安装 Sqoop 组件

Sqoop 组件的安装与其他组件的安装类似，解压缩软件包后设置 Sqoop 组件的环境变量即可。

1.　解压缩软件包

下载好的软件包需要上传到指定目录下，本书指定为/root/目录，可以使用"ls"命令查看上传的软件包（具体上传方式请参考项目 1），如图 7-1 所示。

使用"tar"命令解压缩软件包到/usr/local/src 文件夹中，并切换到安装目录下查看，可以使用"ls"命令查看解压缩后的效果，如代码 7-1 所示，效果如图 7-2 所示。

```
[root@master ~]# ls
anaconda-ks.cfg                      hbase-2.4.11-bin.tar.gz
apache-hive-3.1.2-bin.tar.gz         jdk-8u144-linux-x64.tar.gz
apache-zookeeper-3.6.3-bin.tar.gz    mysql-8.0.21
hadoop-2.7.7.tar.gz                  mysql-connector-java-8.0.21.jar
hadoop-3.1.4.tar.gz                  sqoop-1.4.7.bin__hadoop-2.6.0.tar.gz
[root@master ~]#
```

图 7-1　查看上传的软件包

代码 7-1　解压缩软件包

```
tar -zxf sqoop-1.4.7.bin__hadoop-2.6.0.tar.gz -C /usr/local/src/
cd /usr/local/src/
ls
```

```
[root@master ~]# cd /usr/local/src/
[root@master src]# ls
hadoop  hbase  hive  java  sqoop-1.4.7.bin__hadoop-2.6.0  zookeeper
[root@master src]#
```

图 7-2　查看解压缩后的软件包

2．修改文件夹名称

解压缩后的文件夹名称有比较复杂的版本号，为了简化后续配置，此处需要修改文件夹名称。使用"mv"命令将解压缩的 sqoop-1.4.7.bin__hadoop-2.6.0 文件夹名称修改为"sqoop"，如代码 7-2 所示，效果如图 7-3 所示。

代码 7-2　修改文件夹名称

```
cd /usr/local/src/
mv sqoop-1.4.7.bin__hadoop-2.6.0  sqoop
ls
```

```
[root@master src]# mv sqoop-1.4.7.bin__hadoop-2.6.0  sqoop
[root@master src]# ls
hadoop  hbase  hive  java  sqoop  zookeeper
[root@master src]#
```

图 7-3　修改文件夹名称

3．修改环境变量文件

为了在任何目录下直接执行 Sqoop 组件的相关命令，可以在环境变量文件中添加 Sqoop 组件的环境变量。参考项目 2，使用"vi /root/.bash_profile"命令将如表 7-1 所示的配置信息添加到/root/.bash_profile 环境变量文件的末尾，保存并退出。

表 7-1　环境变量文件的添加内容

set sqoop environment
export SQOOP_HOME=/usr/local/src/sqoop
export PATH=$PATH:$SQOOP_HOME/bin
export CLASSPATH=$CLASSPATH:$SQOOP_HOME/lib

4．生效环境变量文件

为了刷新环境变量文件的配置，需要在 master 节点上执行代码 7-3 中的命令使环境变量文件生效。

代码 7-3　生效环境变量文件

```
source /root/.bash_profile
```

7.1.2　修改 Sqoop 组件配置文件

在使用 Sqoop 组件之前需要进行一些相关的设置，如设置相关的组件安装目录的环境变量、导入 MySQL 数据库连接的驱动程序，以及为了解决 Hive 版本与 Sqoop 组件版本兼容性问题需要更新相关的软件包。

1. 修改 sqoop-env.sh 配置文件

sqoop-env.sh 文件是 "sqoop" 命令执行时加载 Hadoop HDFS 环境变量、Hive 和 HBase 环境变量的核心配置文件。由于/usr/local/src/sqoop/conf 目录下的 sqoop-env.sh 文件是模板文件，因此需要先将 sqoop-env-template.sh 从模板文件复制为 sqoop-env.sh 配置文件，再修改文件中的内容，如代码 7-4 所示。

代码 7-4　复制和修改文件

```
cd /usr/local/src/sqoop/conf
cp sqoop-env-template.sh  sqoop-env.sh
vi sqoop-env.sh
```

sqoop-env.sh 配置文件需要修改的环境变量配置项，如图 7-4 所示。

```
#       http://www.apache.org/licenses/LICENSE-2.0
#
# Unless required by applicable law or agreed to in writing, software
# distributed under the License is distributed on an "AS IS" BASIS,
# WITHOUT WARRANTIES OR CONDITIONS OF ANY KIND, either express or implied.
# See the License for the specific language governing permissions and
# limitations under the License.

# included in all the hadoop scripts with source command
# should not be executable directly
# also should not be passed any arguments, since we need original $*

# Set Hadoop-specific environment variables here.

#Set path to where bin/hadoop is available
#export HADOOP_COMMON_HOME=

#Set path to where hadoop-*-core.jar is available
#export HADOOP_MAPRED_HOME=

#set the path to where bin/hbase is available
#export HBASE_HOME=

#Set the path to where bin/hive is available
#export HIVE_HOME=

#Set the path for where zookeper config dir is
```

图 7-4　sqoop-env.sh 配置文件需要修改的环境变量配置项

sqoop-env.sh 配置文件中需要修改的 4 处设置：将每个配置项前面的#去掉，将 HADOOP_COMMON_HOME 和 HADOOP_MAPRED_HOME 设置为 Hadoop 安装目录，HBASE_HOME 设置为 HBase 安装目录，HIVE_HOME 设置为 Hive 安装目录。sqoop-env.sh 配置文件具体设置内容如表 7-2 所示。

表 7-2　sqoop-env.sh 配置文件具体设置内容

```
export HADOOP_COMMON_HOME=/usr/local/src/hadoop
export HADOOP_MAPRED_HOME=/usr/local/src/hadoop
export HBASE_HOME=/usr/local/src/hbase
export HIVE_HOME=/usr/local/src/hive
export HCAT_HOME=/usr/local/src/hive/hcatalog　#此项为新增的配置项
```

2. 复制 MySQL 数据库和 Hive 的驱动软件包

为了使 Sqoop 组件连接 MySQL 数据库，需要将 mysql-connector-java-8.0.21.jar 文件放入 Sqoop 组件的/usr/local/src/sqoop/lib/目录，该 jar 文件的版本需要与 MySQL 数据库的版本相对应，否则 Sqoop 组件导入数据时会报错。（MySQL 8.0.21 版本对应的是 mysql-connector-java-8.0.21.jar 版本）。

为了使 Sqoop 组件连接 Hive，需要将 Hive 组件/usr/local/src/hive/lib/目录下的 hive-common-3.1.2.jar 放入 Sqoop 组件的/usr/local/src/sqoop/lib/目录。执行代码 7-5 中的命令，将 hive-common-3.1.2.jar 复制到/usr/local/src/sqoop/lib/目录下，读者在复制之前需要先查看本地的软件包版本，不要照抄本书。

代码 7-5　复制软件包

```
cp /root/mysql-connector-java-8.0.21.jar /usr/local/src/sqoop/lib/
cp /usr/local/src/hive/lib/hive-common-3.1.2.jar /usr/local/src/sqoop/lib/
cp /usr/local/src/hive/lib/hive-exec-3.1.2.jar /usr/local/src/sqoop/lib/
```

7.1.3　测试 Sqoop 组件的安装情况

在正式应用之前，可以先测试 Sqoop 组件是否能正常连接 MySQL 数据库。

1. 启动 Hadoop 集群

在运行 Sqoop 组件前，需要先启动 Hadoop 集群，参考项目 2，在 master 节点上执行"start-all.sh"命令启动 Hadoop 集群，并执行"jps"命令查看 Java 进程是否正常，此处不再赘述。

2. 测试连接

执行代码 7-6 中的"sqoop"命令，连接 MySQL 数据库，该命令的几个参数说明如下。

（1）list-databases：显示连接上的 MySQL 服务器的数据库名称。

（2）--connect：MySQL 数据库连接的 URL，此处为"jdbc:mysql://master:3306/"。

（3）--username：MySQL 数据库的用户名，此处为"root"。

（4）-P：root 用户的密码，在交互中输入"Password123$"。（MySQL 数据库 root 用户的密码，请读者根据实际情况修改。）

代码 7-6　连接 MySQL 数据库

```
sqoop list-databases --connect jdbc:mysql://master:3306/ --username root -P
```

连接 MySQL 数据库如图 7-5 所示。

```
[root@master ~]# sqoop list-databases --connect jdbc:mysql://master:3306/ --username root -P
Warning: /usr/local/src/sqoop/../hcatalog does not exist! HCatalog jobs will fail.
Please set $HCAT_HOME to the root of your HCatalog installation.
Warning: /usr/local/src/sqoop/../accumulo does not exist! Accumulo imports will fail.
Please set $ACCUMULO_HOME to the root of your Accumulo installation.
SLF4J: Class path contains multiple SLF4J bindings.
SLF4J: Found binding in [jar:file:/usr/local/src/hadoop/share/hadoop/common/lib/slf4j-log4j12
-1.7.25.jar!/org/slf4j/impl/StaticLoggerBinder.class]
SLF4J: Found binding in [jar:file:/usr/local/src/hbase/lib/client-facing-thirdparty/slf4j-rel
oad4j-1.7.33.jar!/org/slf4j/impl/StaticLoggerBinder.class]
SLF4J: See http://www.slf4j.org/codes.html#multiple_bindings for an explanation.
SLF4J: Actual binding is of type [org.slf4j.impl.Log4jLoggerFactory]
2022-12-04 16:36:00,293 INFO sqoop.Sqoop: Running Sqoop version: 1.4.7
Enter password: 输入MySQL的root用户的密码
2022-12-04 16:36:00,792 INFO manager.MySQLManager: Preparing to use a MySQL streaming results
et.
Loading class `com.mysql.jdbc.Driver'. This is deprecated. The new driver class is `com.mysql
.cj.jdbc.Driver'. The driver is automatically registered via the SPI and manual loading of th
e driver class is generally unnecessary.
mysql
information_schema
performance_schema
sys
hive
[root@master ~]#
```

图 7-5　连接 MySQL 数据库

至此，完成了 Sqoop 组件的安装与配置。

任务 7.2　Sqoop 组件的导入与导出应用操作

项目 7 任务 7.2 Sqoop 组件
的导入与导出应用操作

➡ 任务描述

本任务主要介绍基于 Linux 操作系统，在 Hadoop 集群中使用 Sqoop 组件的导入与导出命令的方法。通过完成本任务，读者能熟练掌握 Sqoop 组件的导入与导出命令中各项参数的使用方法，以及查看导入与导出效果。

➡ 任务分析

本任务分为如下两个过程。

（1）导入数据：将 MySQL 数据库中的数据导入 HDFS、Hive。

（2）导出数据：将 Hive 中的数据导出到 MySQL 数据库中。

"sqoop"命令执行的原理是将执行命令转化成 MapReduce 作业来实现数据的迁移，所以需要确保 Hadoop 集群正常运行、MySQL 数据库及 Hive 正常启动。

➡ 任务实施

7.2.1　准备 MySQL 数据库数据

在 MySQL 数据库中创建一个名称为"sqoop_db"的数据库，在该数据库中创建一个名称为"student"的表，该表包含 3 列 sid（学号）、sname（姓名）、sage（年龄），并在该表中添加一些测试数据，读者可以自行添加。执行代码 7-7 中的命令启动 MySQL 数据库。

代码 7-7　启动 MySQL 数据库

```
mysql -uroot -pPassword123$
```

执行代码 7-8 中的 MySQL 数据库的 SQL 语句，准备 MySQL 数据库数据，如图 7-6 所示。

代码 7-8　准备 MySQL 数据库数据

```
create database sqoop_db;  #创建数据库
use sqoop_db;      #切换到创建的数据库中
create table student(
sid int,
sname varchar(20),
sage int);    #创建 student 表
insert into student values
(1,'张三',19),
(2,'李四',20),
(3,'王五',18);    #在 student 表中添加一些测试数据
select * from student;  #查询 student 表中的数据
exit;  #退出 MySQL 数据库
```

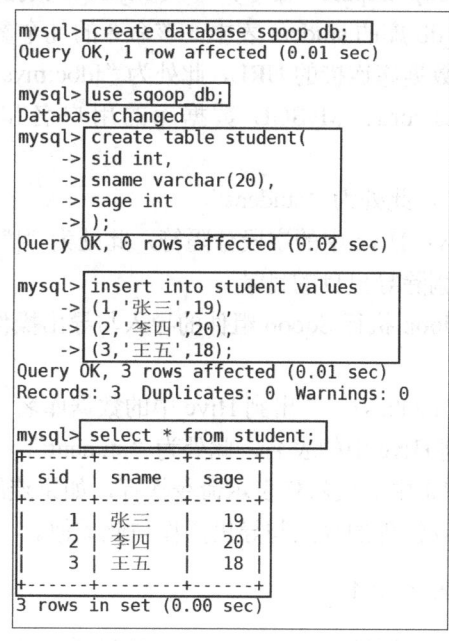

图 7-6　准备 MySQL 数据库数据

7.2.2　在 Hive 中准备表

若使用 Sqoop 组件将 MySQL 数据库中的测试数据导入 Hive，则在 Hive 中创建一个与该测试数据同名的数据库及同名同结构的空表。

使用"hive"命令启动 Hive CLI 的用户接口后，执行代码 7-9 中 Hive 的 HQL 语句创建数据库和表。

代码 7-9　Hive 创建数据库和表

```
create database sqoop_db;  #创建数据库
use sqoop_db;    #切换到创建的数据库中
create table student(
sid int,
sname varchar(20),
sage int);    #创建 student 表
exit;  #退出 Hive CLI
```

由于 Hive 中执行的操作需要提交至 MapReduce，执行过程比较复杂，因此请读者参考项目 4 中的 Hive 的数据库和表操作效果，此处不再显示截图。

7.2.3　将 MySQL 数据库中的数据导入 Hive

将 MySQL 数据库表中的数据导入 Hive 表，这里使用导入命令来完成，并查询 Hive 中导入的数据来验证导入操作是否正确。

1. 使用 "import" 命令导入数据到 Hive 中

执行代码 7-10 中的 "sqoop import" 命令，导入 MySQL 数据库的 sqoop_db 库的 student 表中的数据到 Hive 的 sqoop_db 库的 student 表中，该命令的几个参数说明如下。

（1）--connect：MySQL 数据库连接的 URL，此处为 "jdbc:mysql://master:3306/sqoop_db"。

（2）--username 和 --password：MySQL 数据库的用户名和密码，此处为 "root" 和 "Password123$"。

（3）--table：导出的表名，此处为 "student"。

（4）--fields-terminated-by：Hive 中的字段分隔符，此处为 "|"。

（5）--delete-target-dir：删除导出目的目录。

（6）--num-mappers：Hadoop 执行 Sqoop 组件的导入与导出操作时启动的 Map 任务数，此处为 1。

（7）--hive-import --hive-database：导出到 Hive 中的数据库名，此处为 "sqoop_db"。

（8）--hive-table：导出到 Hive 中的表名，此处为 "student"。

请读者特别注意代码 7-10 中的反斜杠表示命令换行，如果连续写完完整的命令，则不需要使用反斜杠，后面的 Sqoop 组件的导入与导出操作与此类似。

代码 7-10　Sqoop 组件的导入命令 1

```
sqoop import --connect jdbc:mysql://master:3306/sqoop_db  \
--username root --password Password123$  \
--table student  \
--fields-terminated-by '|'  \
--delete-target-dir  \
--num-mappers 1  \
--hive-import --hive-database sqoop_db  --hive-table student
```

将 MySQL 数据库中的数据导入 Hive 的效果如图 7-7 所示。

```
2022-12-10 17:52:48,059 INFO stats.BasicStatsTask: Table sqoop_db.student stats: [num
Files=3, numRows=0, totalSize=102, rawDataSize=0]
2022-12-10 17:52:48,059 INFO ql.Driver: Completed executing command(queryId=root_2022
1210175246_135dfa82-ecf3-48cf-ad74-c7f21241c213); Time taken: 1.121 seconds
OK
2022-12-10 17:52:48,059 INFO ql.Driver: OK
2022-12-10 17:52:48,059 INFO ql.Driver: Concurrency mode is disabled, not creating a
lock manager
Time taken: 1.7 seconds
2022-12-10 17:52:48,060 INFO CliDriver: Time taken: 1.7 seconds
2022-12-10 17:52:48,060 INFO conf.HiveConf: Using the default value passed in for log
id: 0ebaa0d4-af35-4185-afcd-ed8a4fa63627
2022-12-10 17:52:48,060 INFO session.SessionState: Resetting thread name to  main
2022-12-10 17:52:48,060 INFO conf.HiveConf: Using the default value passed in for log
id: 0ebaa0d4-af35-4185-afcd-ed8a4fa63627
2022-12-10 17:52:48,094 INFO session.SessionState: Deleted directory: hdfs://master:9
000/user/hive/tmp/root/0ebaa0d4-af35-4185-afcd-ed8a4fa63627 on fs with scheme hdfs
2022-12-10 17:52:48,096 INFO session.SessionState: Deleted directory: /tmp/root/0ebaa
0d4-af35-4185-afcd-ed8a4fa63627 on fs with scheme file
2022-12-10 17:52:48,098 INFO metastore.HiveMetaStoreClient: Closed a connection to me
tastore, current connections: 1
2022-12-10 17:52:48,098 INFO hive.HiveImport: Hive import complete.
2022-12-10 17:52:48,106 INFO hive.HiveImport: Export directory is contains the _SUCCE
SS file only, removing the directory.
[root@master conf]#
```

图 7-7 将 MySQL 数据库中的数据导入 Hive 的效果

2. 查看 Hive 中的数据

使用"hive"命令启动 Hive CLI 的用户接口后,执行代码 7-11 中 Hive 的 HQL 语句,查看 student 表中的数据,效果如图 7-8 所示,发现已成功将 MySQL 数据库中的数据导入 Hive。

代码 7-11 查询 Hive 中的数据

```
hive  #启动 Hive
hive> use sqoop_db;
hive> select * from student;
```

```
2022-12-10 18:07:42,284 INFO  [19c327a3-5971-4969-9f25-55be49a4c878 main] mapred.File
InputFormat: Total input files to process : 1
2022-12-10 18:07:42,468 INFO  [19c327a3-5971-4969-9f25-55be49a4c878 main] exec.TableS
canOperator: RECORDS_OUT_INTERMEDIATE:0, RECORDS_OUT_OPERATOR_TS_0:3,
2022-12-10 18:07:42,468 INFO  [19c327a3-5971-4969-9f25-55be49a4c878 main] exec.Select
Operator: RECORDS_OUT_INTERMEDIATE:0, RECORDS_OUT_OPERATOR_SEL_1:3,
2022-12-10 18:07:42,468 INFO  [19c327a3-5971-4969-9f25-55be49a4c878 main] exec.ListSi
nkOperator: RECORDS_OUT_INTERMEDIATE:0, RECORDS_OUT_OPERATOR_LIST_SINK_3:3,
1        张三        19
2        李四        20
3        王五        18
Time taken: 2.883 seconds, Fetched: 3 row(s)
2022-12-10 18:07:42,480 INFO  [19c327a3-5971-4969-9f25-55be49a4c878 main] CliDriver:
Time taken: 2.883 seconds, Fetched: 3 row(s)
2022-12-10 18:07:42,480 INFO  [19c327a3-5971-4969-9f25-55be49a4c878 main] conf.HiveCo
nf: Using the default value passed in for log id: 19c327a3-5971-4969-9f25-55be49a4c87
8
2022-12-10 18:07:42,480 INFO  [19c327a3-5971-4969-9f25-55be49a4c878 main] session.Ses
sionState: Resetting thread name to  main
hive>
```

图 7-8 查看 student 表中的数据的效果

7.2.4 将 MySQL 数据库中的数据导入 HDFS

将 MySQL 数据库表中的数据导入 HDFS,这里使用导入命令来完成,并查询 HDFS 中导入的数据来验证导入操作是否正确。

1. 使用"import"命令导入数据到 HDFS 中

执行代码 7-12 中的"sqoop import"命令,导入 MySQL 数据库的 sqoop_db 库的 student

表中的数据到 HDFS 中，该命令的几个参数说明如下。

（1）--connect：MySQL 数据库连接的 URL，此处为 "jdbc:mysql://master:3306/sqoop_db"。

（2）--username 和--password：MySQL 数据库的用户名和密码，此处为 "root" 和 "Password123$"。

（3）--table：导出的表的名，此处为 "student"。

（4）--columns：导出的表中的列，此处为 "sid,sname,sage"。

（5）-m：Hadoop 执行 Sqoop 组件的导入操作时启动的 Map 任务数，此处为 1。

（6）--target-dir：数据导入到 HDFS 中的路径，此处为 "/sqoop/student"，HDFS 会自动创建该目录和文件。

代码 7-12　Sqoop 组件的导入命令 2

```
sqoop import \
--connect jdbc:mysql://master:3306/sqoop_db \
-username root -password Password123$ \
--table student --columns sid,sname,sage \
-m 1 --target-dir '/sqoop/student'
```

将 MySQL 数据库中的数据导入 HDFS 的效果如图 7-9 所示，此处为最后一段效果。

```
        Map-Reduce Framework
                Map input records=3
                Map output records=3
                Input split bytes=87
                Spilled Records=0
                Failed Shuffles=0
                Merged Map outputs=0
                GC time elapsed (ms)=149
                CPU time spent (ms)=1150
                Physical memory (bytes) snapshot=121651200
                Virtual memory (bytes) snapshot=3606720512
                Total committed heap usage (bytes)=24330240
                Peak Map Physical memory (bytes)=121651200
                Peak Map Virtual memory (bytes)=3606720512
        File Input Format Counters
                Bytes Read=0
        File Output Format Counters
                Bytes Written=36
2022-12-10 18:21:10,363 INFO mapreduce.ImportJobBase: Transferred 36 bytes in 22.1369
 seconds (1.6262 bytes/sec)
2022-12-10 18:21:10,366 INFO mapreduce.ImportJobBase: Retrieved 3 records.
[root@master conf]#
```

图 7-9　将 MySQL 数据库中的数据导入 HDFS 的效果

2. 查看 HDFS 中的数据

通过 HDFS 的查看数据命令可以查看导入 HDFS 的数据，效果如图 7-10 所示。

```
[root@master conf]# hdfs dfs -cat /sqoop/student/*
1,张三,19
2,李四,20
3,王五,18
[root@master conf]#
```

图 7-10　查看导入 HDFS 的数据的效果

打开 HDFS Web 页面查看其中的数据。在浏览器中输入 http://master:9870（Hadoop 3.1.4 版本），并按如下操作顺序查看数据。

（1）登录网址，打开 HDFS Web 页面（见图 7-11），选择"Utilities"→"Browse the file system"命令。

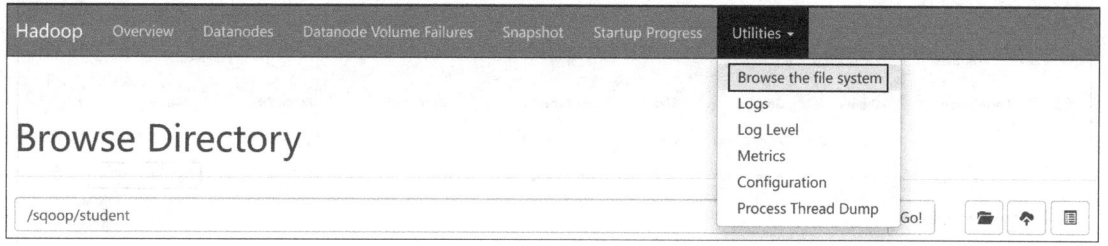

图 7-11　HDFS Web 页面

（2）进入 HDFS 后，能看到列表中有"sqoop"文件夹（见图 7-12），单击该文件夹。

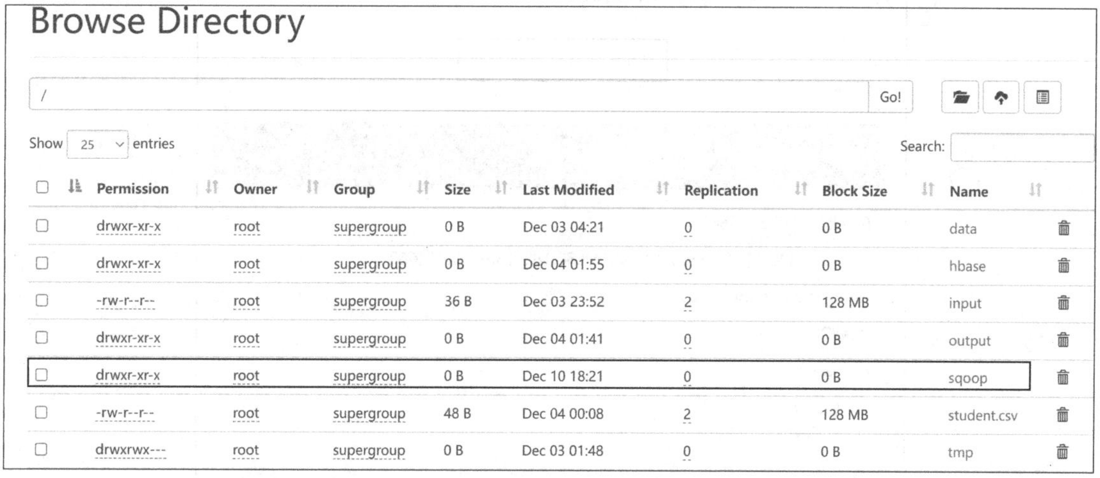

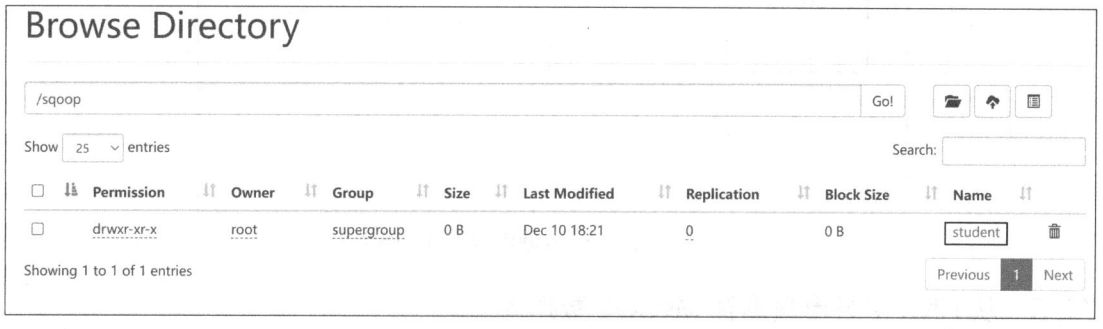

图 7-12　"sqoop"文件夹

（3）单击"student"文件夹，如图 7-13 所示。

图 7-13　"student"文件夹

（4）在"student"文件夹中有两个文件（见图 7-14），其中"part-m-00000"文件为数据存储的文件。单击"part-m-00000"文件打开"File information"对话框。

（5）"File information"对话框中会显示"part-m-00000"文件的详细信息，单击"Head the file"按钮，将在页面下方显示该文件中的数据，如图 7-15 所示。

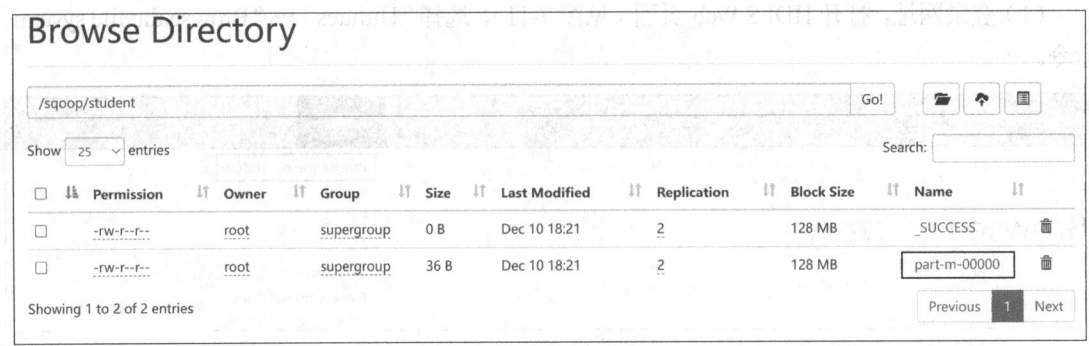

图 7-14　"student"文件夹中的文件

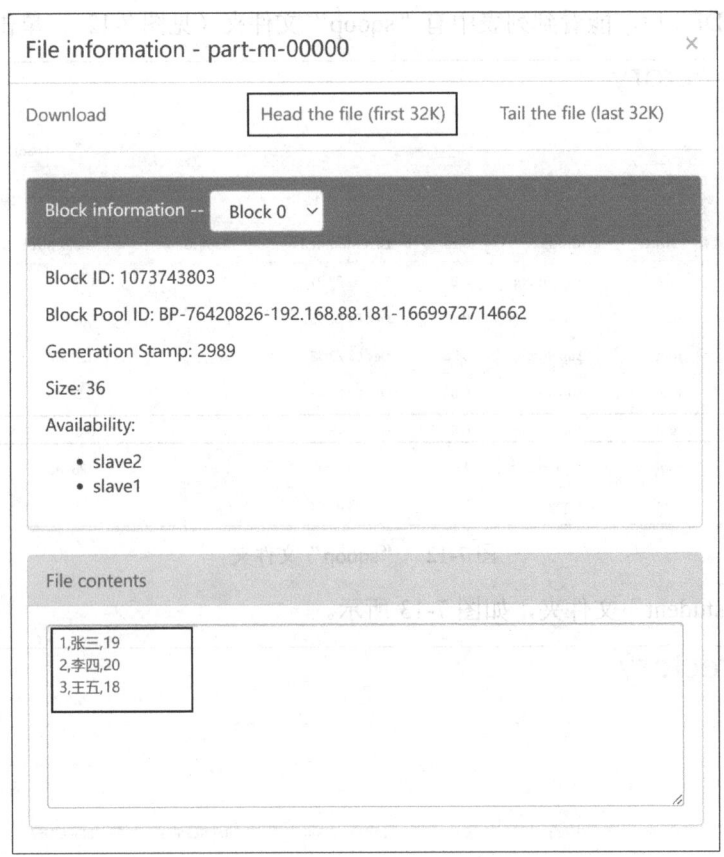

图 7-15　"part-m-00000"文件中的数据

7.2.5　从 Hive 中导出数据至 MySQL 数据库

从 Hive 表中导出数据到 MySQL 数据库表中，这里使用导出命令来完成，并查询 MySQL 数据库中的数据来验证导出操作是否正确。

1. 使用 "export" 命令将数据导出到 MySQL 数据库中

执行代码 7-13 中的 "sqoop export" 命令，导出 Hive 的 sqoop_db 库的 student 表中的数据到 MySQL 数据库的 sqoop_db 库的 student 表中。"sqoop export" 命令的几个参数说明如下。

（1）--connect：MySQL 数据库连接的 URL，此处为 "jdbc:mysql://master:3306/sqoop_db?

useUnicode=true&characterEncoding=utf-8"。

（2）--username 和--password：MySQL 数据库的用户名和密码，此处为"root"和"Password123$"。

（3）--table：导出的表的名，此处为"student"。

（4）--input-fields-terminated-by：Hive 中的字段分隔符，此处为"|"。

（5）--export-dir：Hive 表在 HDFS 中的存储路径，此处为"/user/hive/warehouse/sqoop_db.db/student/*"。因为 Hive 的数据实际存储在 HDFS 中，所以路径为"/user/hive/warehouse/数据库名称.db/表名/*"。

代码 7-13 Sqoop 组件的导出命令

```
sqoop export \
--connect \
"jdbc:mysql://master:3306/sqoop_db?useUnicode=true&characterEncoding=utf-8" \
--username root --password Password123$ \
--table student \
--input-fields-terminated-by '|' \
--export-dir /user/hive/warehouse/sqoop_db.db/student/*
```

从 Hive 中导出数据到 MySQL 数据库中的效果如图 7-16 所示，此处为最后一段效果。

```
Map-Reduce Framework
        Map input records=3
        Map output records=3
        Input split bytes=608
        Spilled Records=0
        Failed Shuffles=0
        Merged Map outputs=0
        GC time elapsed (ms)=1235
        CPU time spent (ms)=4320
        Physical memory (bytes) snapshot=471973888
        Virtual memory (bytes) snapshot=14425096192
        Total committed heap usage (bytes)=99000320
        Peak Map Physical memory (bytes)=120795136
        Peak Map Virtual memory (bytes)=3611791360
File Input Format Counters
        Bytes Read=0
File Output Format Counters
        Bytes Written=0
2022-12-10 18:55:32,715 INFO mapreduce.ExportJobBase: Transferred 710 bytes in 32.686
 seconds (21.7218 bytes/sec)
2022-12-10 18:55:32,719 INFO mapreduce.ExportJobBase: Exported 3 records.
[root@master conf]#
```

图 7-16 从 Hive 中导出数据到 MySQL 数据库中的效果

2. 查看 MySQL 数据库中的数据

可以登录 MySQL 数据库查看 student 表中的数据，效果如图 7-17 所示。

```
mysql> select * from student;
+------+--------+------+
| sid  | sname  | sage |
+------+--------+------+
|    1 | 张三   |   19 |
|    2 | 李四   |   20 |
|    3 | 王五   |   18 |
|    1 | 张三   |   19 |
|    2 | 李四   |   20 |
|    3 | 王五   |   18 |
+------+--------+------+
6 rows in set (0.00 sec)

mysql>
```

图 7-17 查看 MySQL 数据库中的数据的效果

任务 7.3　查询与传输用户日志数据

➡ 任务描述

　　某网站的数据库中储存了约 10 万条用户日志数据，现已被导出为 CSV 格式的文件（data_browse.csv），该文件中储存的是用户在该网站上浏览设备的信息，包括用户 ID、浏览器、操作系统、设备类别、访问次数，具体的字段说明如表 7-3 所示。现通过对用户日志数据进行处理，根据操作系统类型进行用户信息分类，实现用户群分，以便研究不同用户群的兴趣特征，以及筛选出操作系统类型为"iOS"的用户信息并保存到 Hive 的 new_browse 表中。

表 7-3　字段说明

属 性 名 称	属 性 说 明
visitId	用户 ID
browser	浏览器
operatingSystem	操作系统
deviceCategory	设备类别
visitNumber	访问次数

➡ 任务分析

　　使用 Sqoop 组件实现在 Hadoop 和 MySQL 数据库之间进行高效的数据传输，实现过程如下。

　　（1）将 CSV 格式的用户日志数据导入 MySQL 数据库。

　　（2）将 MySQL 数据库中的数据增量导入 Hive。

　　（3）将 Hive 中的浏览信息筛选结果导出至 MySQL 数据库。

➡ 任务实施

7.3.1　查询 MySQL 数据库的用户日志数据表中的记录数

　　根据表 7-3 中的数据字段说明，在 MySQL 数据库中创建存储用户日志数据的用户日志数据表（browse_log 表），并将 data_browse.csv 文件中的数据导入该表，如代码 7-14 所示。

代码 7-14　创建表 1

```
create database browse;
USE browse;
// 创建表
create table browse_log (
visitid long,
browser varchar(50),
operatingSystem varchar(50),
deviceCategory varchar(50),
visitNumber int
```

```
);
// 导入 data_browse.csv 文件中的数据
load data infile "/var/lib/mysql-files/data_browse.csv"
into table browse_log
fields terminated by ',';
```

使用 "eval" 命令查询 MySQL 数据库的 browse_log 表中的记录数，如代码 7-15 所示。

代码 7-15 查询记录数

```
bin/sqoop eval \
--connect jdbc:mysql://master:3306/browse \
--username root \
--password 123456 \
--query "select count(browser) from browse_log "
```

查询结果如图 7-18 所示，browse_log 表中的记录数为 99 024。

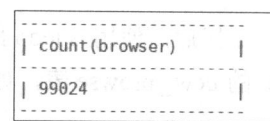

图 7-18 查询结果

7.3.2 增量导入 MySQL 数据库中的用户日志数据至 Hive

用户日志数据是一份静态离线数据，将 MySQL 数据库的 browse_log 表中 "operatingSystem" 是 "iOS" 的数据导入 Hive，具体操作步骤如下。

（1）导入 "operatingSystem" 是 "iOS" 的数据至 Hive 的 browse_log 表，如代码 7-16 所示。

代码 7-16 导入数据

```
bin/sqoop import \
--connect jdbc:mysql://master:3306/browse \
--username root --password 123456 \
--table browse_log \
--num-mappers 1 \
--lines-terminated-by '\n' \
--fields-terminated-by ',' \
--hive-import \
--hive-overwrite \
--hive-table browse_log \
--hive-drop-import-delims \
--where "operatingSystem like '%iOS%'"
```

（2）在 Hive 中查询导入的前 5 条数据，结果如图 7-19 所示。

```
hive> select * from browse_log limit 5;
OK
Safari  mobile  iOS    1472839882    1
Safari  mobile  iOS    1472803483    1
Safari  mobile  iOS    1472872530    1
Safari  mobile  iOS    1472826138    1
Chrome  mobile  iOS    1472884186    1
Time taken: 0.964 seconds, Fetched: 5 row(s)
```

图 7-19 前 5 条数据查询结果

7.3.3 导出 Hive 中的浏览信息筛选结果至 MySQL 数据库

将存储在 Hive 中的浏览信息筛选结果导出至 MySQL 数据库。首先，在 MySQL 数据库中创建一个与 Hive 中 browse_log 表数据结构一致的 new_browse 表，如代码 7-17 所示。

代码 7-17   创建表 2

```
create table new_browse (
browser varchar(50),
operatingSystem varchar(50),
deviceCategory varchar(50),
visitid long,
visitNumber int
);
```

然后，使用 Sqoop 组件的传输命令，将 Hive 中的浏览信息筛选结果导出至 MySQL 数据库的 new_browse 表，如代码 7-18 所示。

代码 7-18   导出 Hive 中的数据至 MySQL 数据库

```
bin/sqoop export \
--connect jdbc:mysql://master:3306/browse \
--username root --password 123456 \
--table new_browse \
--num-mappers 1 \
--hcatalog-database default \
--hcatalog-table browse_log \
--input-fields-terminated-by ',' \
--fields-terminated-by ',' \
--input-null-string '\\N' \
--input-null-non-string '\\N'
```

代码 7-18 中的程序运行结束后，在 MySQL 数据库中查询 new_browse 表中的数据，结果如图 7-20 所示。

```
mysql> select * from new_browse limit 5;
+---------+-----------------+----------------+------------+-------------+
| browser | operatingSystem | deviceCategory | visitid    | visitNumber |
+---------+-----------------+----------------+------------+-------------+
| Safari  | iOS             | mobile         | 1472839882 |           1 |
| Safari  | iOS             | mobile         | 1472803483 |           1 |
| Safari  | iOS             | mobile         | 1472872530 |           1 |
| Safari  | iOS             | mobile         | 1472826138 |           1 |
| Chrome  | iOS             | mobile         | 1472884186 |           1 |
+---------+-----------------+----------------+------------+-------------+
5 rows in set (0.01 sec)
```

图 7-20   new_browse 表中的数据查询结果

项目总结

　　本项目首先实现了 Sqoop 组件的安装与配置；然后基于配置好的 Sqoop 组件，简单实现了将 MySQL 数据库中的数据导入至 Hive、HDFS 和将数据从 Hive 中导出至 MySQL 数据库；最后实现了用户日志数据的查询与传输，包括使用 "sqoop" 命令查询 MySQL 数据库的用户日志数据表中的记录数、导入 MySQL 数据库中的用户日志数据至 Hive 和导出 Hive 中的浏览信息筛选结果至 MySQL 数据库。通过学习本项目中的内容，读者能够熟悉 Sqoop 组件的安装与配置方法，掌握 Hadoop 与关系型数据库之间数据传输的方法。

Flume 组件的安装、配置与应用

项目介绍

Flume 是 Cloudera 提供的一个高可用的、高可靠的、分布式的海量日志采集、聚合和传输的系统,支持在日志系统中定制各类数据发送方,用于收集数据。同时,Flume 具有对数据进行简单处理,并将数据写入各种数据输出源(文本文件、HDFS、HBase 等)的能力。

Flume 主要有以下两方面的功能。

1. 日志收集

任何生产系统在运行过程中都会产生大量的日志,这些日志中往往隐藏了很多有价值的信息。在没有分析方法之前,这些日志存储一段时间后会被清理。随着技术的发展和分析能力的提高,日志中的信息被重新重视起来。在分析这些日志之前,需要将分散在各个生产系统中的日志收集起来。

2. 数据处理

Flume 提供了从 Console(控制台)、RPC(Thrift-RPC)、text(文件)、tail(UNIXtail)、syslog(syslog 日志系统,支持 TCP 和 UDP 等两种模式)、exec(命令执行)等数据源上收集数据的功能。

Flume 以 Agent 为最小的独立运行单位。Agent 包含如下 3 个组件。

(1)Source:从数据发生器接收数据,并将接收的数据以 Flume 的 event 格式传递给一个或多个 Channel(通道)。Flume 提供多种数据接收方式,如 Avro、Thrift 等。

(2)Channel:一种短暂的存储容器,其将从 Source 接收的 event 格式的数据缓存起来,直到这些数据被 Sink 消费掉。Channel 在 Source 和 Sink 之间起着桥梁的作用,并且是一个完整的事物,因此能保证数据在收发时的一致性。Channel 可以和任意数量的 Source 和 Sink 连接。Channel 的支持类型有 JDBC Channel、File System Channel、Memort Channel 等。

(3)Sink:将数据存储到集中存储器中,如 HBase 和 HDFS。Sink 从 Channel 中消费数据(event),并将该数据传递给目标地。

Flume 提供了大量内置的 Source、Channel 和 Sink 类型,不同类型的 Source、Channel 和 Sink 可以自由组合,并且组合方式基于用户设置的配置文件,非常灵活。

本项目基于 Hadoop 3.1.4 的集群架构来安装与配置 Flume 组件,同时以一个 Flume 数据采集应用案例介绍 Flume 的典型应用场景。

任务安排

　　任务 8.1　安装与配置 Flume 组件

　　任务 8.2　广告日志数据采集系统

学习目标

（1）了解安装 Flume 组件的流程。

（2）熟悉配置 Flume 环境的方法。

（3）熟悉 Flume 的基本用法。

（4）熟悉 Flume 数据采集的应用场景。

任务 8.1　安装与配置 Flume 组件

项目 8 任务 8.1 安装与
配置 Flume 组件

➡ 任务描述

　　Flume 组件的安装相对比较简单，本任务的核心配置是设置 Flume 代理的配置文件，并通过这个代理实例完成数据采集。

➡ 任务分析

　　在安装 Flume 组件后，需要增加运行的环境变量，并设置 Java 的安装目录。使用 Flume 需要编辑一个配置文件，在该配置文件中描述 Source、Channel 和 Sink 的具体实现后，再运行一个 Agent 实例。在运行 Agent 实例的过程中，该实例会读取配置文件中的内容，Flume 会完成数据采集的任务，Source 可以被设置为系统日志、文件目录、Kafka 等类型，Sink 可以传输给 HDFS、Hive 或 HBase 等。在 8.1.4 节中，监控采集文件目录的日志并将其传输到 HDFS 文件中。

➡ 任务实施

8.1.1　安装 Flume 组件

　　本书所使用的 Flume 版本是 Flume 1.9.0，读者可以从 Flume 官网下载。Flume 组件的安装与其他组件的安装类似，解压缩软件包后设置 Flume 的环境变量即可。

1. 解压缩软件包

　　下载好的软件包需要上传到指定目录下，本书指定为/root/目录，可以使用"ls"命令查看上传的软件包（具体上传方式请参考项目 1），如图 8-1 所示。

　　使用"tar"命令解压缩软件包到/usr/local/src 文件夹中，并切换到安装目录下查看，可以使用"ls"命令查看解压缩后的效果，如代码 8-1 所示，效果如图 8-2 所示。

```
[root@master ~]# ls
anaconda-ks.cfg                    apache-zookeeper-3.6.3-bin.tar.gz   hbase-2.4.11-bin.tar.gz
apache-flume-1.9.0-bin.tar.gz      hadoop-2.7.7.tar.gz                 jdk-8u144-linux-x64.tar.gz
apache-hive-3.1.2-bin.tar.gz       hadoop-3.1.4.tar.gz                 mysql-8.0.21
[root@master ~]#
```

图 8-1　查看上传的软件包

代码 8-1　解压缩软件包

```
tar -zxf apache-flume-1.9.0-bin.tar.gz  -C /usr/local/src/
ls /usr/local/src/
```

```
[root@master ~]# cd /root
[root@master ~]# tar -zxf apache-flume-1.9.0-bin.tar.gz -C /usr/local/src/
[root@master ~]# cd  /usr/local/src/
[root@master src]# ls
apache-flume-1.9.0-bin   hbase   java    student.java   zookeeper_audit.log
hadoop                   hive    sqoop   zookeeper
[root@master src]#
```

图 8-2　查看解压缩后的软件包

2. 修改文件夹名称

解压缩后的文件夹名称有比较复杂的版本号，为了简化后续配置，此处需要修改文件夹名称。使用 "mv" 命令将解压缩的 apache-flume-1.9.0-bin 文件夹名称修改为 "flume"，如代码 8-2 所示，效果如图 8-3 所示。

代码 8-2　修改文件夹名称

```
mv /usr/local/src/apache-flume-1.9.0-bin  /usr/local/src/flume
ls /usr/local/src/
```

```
[root@master src]# mv apache-flume-1.9.0-bin flume
[root@master src]# ls
flume   hbase   java    student.java   zookeeper_audit.log
hadoop  hive    sqoop   zookeeper
[root@master src]#
```

图 8-3　修改文件夹名称

3. 修改环境变量文件

为了在任何目录下直接执行 Flume 的相关命令，可以在环境变量文件中添加 Flume 的环境变量。参考项目 2，使用 "vi /root/.bash_profile" 命令编辑环境变量文件，将表 8-1 中的配置信息添加到/root/.bash_profile 文件的末尾，保存并退出。

表 8-1　环境变量文件的添加内容

```
# set flume environment
export FLUME_HOME=/usr/local/src/flume
export PATH=$PATH:$FLUME_HOME/bin
```

4. 生效环境变量文件

为了刷新环境变量文件的配置，需要在 master 节点上执行代码 8-3 中的命令使环境变量文件生效。

代码 8-3　生效环境变量文件

```
source /root/.bash_profile
```

8.1.2 配置 Flume 组件

在应用 Flume 之前需要进行一些相关的设置，如设置 Java 安装目录的环境变量。另外，由于 Flume 版本与 Hadoop 版本兼容性问题，因此需要更新相关软件包。

1. 修改 flume-env.sh 配置文件

flume-env.sh 是 Flume 命令执行时加载 Java 的环境变量设置文件。由于/usr/local/src/flume/conf 目录下的 flume-env.sh 是模板文件，因此需要先将 flume-env.sh.template 从模板文件复制为 flume-env.sh，再修改文件中的内容，如代码 8-4 所示。

代码 8-4 修改 flume-env.sh 配置文件

```
cd /usr/local/src/flume/conf
cp flume-env.sh.template  flume-env.sh
vi flume-env.sh
```

打开 flume-env.sh 配置文件，首先将"export JAVA_HOME"前面的#去掉，然后将值的内容修改为 Java 的安装目录，具体修改内容如表 8-2 所示。

表 8-2 flume-env.sh 配置文件的修改内容

export JAVA_HOME=/usr/local/src/java

2. 更新软件包

因为 Hadoop 是 3.1.4 版本的，所带的 guava 版本较高，与 Flume 所带的版本冲突，所以这里要在 Flume 的/lib 文件夹下将 guava-11.0.2.jar 删除，并将 Hadoop 的较高版本 guava 的 jar 包复制进来。执行代码 8-5 中的命令更新软件包，具体的软件包版本应该根据本地的实际版本进行调整。

代码 8-5 更新软件包

```
cd /usr/local/src/flume/lib
rm guava-11.0.2.jar
#放到 /usr/local/src/flume/lib 目录下
cp /usr/local/src/hive/lib/guava-27.0-jre.jar ./
```

3. 验证 Flume 的安装情况

至此，Flume 组件的安装与配置已经完成，可以使用代码 8-6 中的命令来验证 Flume 的安装情况。

代码 8-6 验证 Flume 的安装情况

```
flume-ng version
```

在执行代码 8-6 中的命令后，显示 Flume 的版本号为"1.9.0"，表示安装 Flume 成功，如图 8-4 所示。

```
[root@master ~]# flume-ng version
错误: 找不到或无法加载主类 org.apache.flume.tools.GetJavaProperty
Flume 1.9.0
Source code repository: https://git-wip-us.apache.org/repos/asf/flume.git
Revision: d4fcab4f501d41597bc616921329a4339f73585e
Compiled by fszabo on Mon Dec 17 20:45:25 CET 2018
From source with checksum 35db629a3bda49d23e9b3690c80737f9
[root@master ~]#
```

图 8-4　安装的 Flume 版本

8.1.3　创建代理配置文件

要完成 Flume 数据采集的任务，需要创建一个 Agent 的代理配置文件，内容包括 Source、Channel 和 Sink 的属性配置。

在 Flume 安装目录下创建一个 simple_hdfs_flume.conf 代理配置文件，如代码 8-7 所示。

代码 8-7　创建 simple_hdfs_flume.conf 代理配置文件

```
cd /usr/local/src/flume/conf/
vi simple_hdfs_flume.conf
```

在 simple_hdfs_flume.conf 代理配置文件中添加内容，如表 8-3 所示。其中，a1.sources.r1.spoolDir 的设置为 "/usr/local/src/hadoop/logs/"，表示采集 Hadoop 集群运行的日志；a1.sinks.k1.hdfs.path 的设置为 "hdfs://master:9000/tmp/flume"，表示将采集到的日志以文件的形式存储到 HDFS 的该目录中，其他具体的设置如表 8-3 所示。

表 8-3　simple_hdfs_flume.conf 代理配置文件的添加内容

#设置 Agent 的名称为 a1，a1 的 sources 名称为 r1，a1 的 sinks 名称为 k1，a1 的 channels 名称为 c1
a1.sources=r1
a1.sinks=k1
a1.channels=c1
#设置 r1 的类型为监听目录，并设置监听的目录及文件头属性
a1.sources.r1.type=spooldir
a1.sources.r1.spoolDir=/usr/local/src/hadoop/logs/
a1.sources.r1.fileHeader=true
#设置 k1 的类型为 hdfs，并设置 HDFS 的目标路径及文件的相关属性
a1.sinks.k1.type=hdfs
a1.sinks.k1.hdfs.path=hdfs://master:9000/tmp/flume
a1.sinks.k1.hdfs.rollsize=1048760
a1.sinks.k1.hdfs.rollCount=0
a1.sinks.k1.hdfs.rollInterval=900
a1.sinks.k1.hdfs.useLocalTimeStamp=true
#设置 c1 的容器属性为文件，以及容器的大小
a1.channels.c1.type=file
a1.channels.c1.capacity=1000
a1.channels.c1.transactionCapacity=100
#通过 c1 作为 r1 和 k1 的传输通道
a1.sources.r1.channels=c1
a1.sinks.k1.channel=c1

在代理配置文件中，各个组件的属性设置有很多的选项，具体请参考官方文档，这里仅举例说明。

8.1.4　启动 Flume 并传输数据

在启动 Flume 前需要先启动 Hadoop 集群，然后使用"flume-ng"命令运行代理并采集日志。

1.　启动 Hadoop 集群

参考项目 2，在 master 节点上使用"start-all.sh"命令启动 Hadoop 集群，并使用"jps"命令查看 Java 进程是否正常。

2.　传输数据

在 master 节点的一个终端窗口中使用 Flume 命令加载 simple_hdfs_flume.conf 代理配置文件，并启动 Flume 来采集与传输日志数据，如代码 8-8 所示。

代码 8-8　启动 Flume

```
cd /usr/local/src/flume/conf
flume-ng agent --conf-file simple_hdfs_flume.conf --name a1
```

在启动 Flume 和 Agent 的 a1 实例后，会成功创建 c1、r1、k1 组件实例，其中最后一段内容如图 8-5 所示，表示 Flume 正在监控对应的目录，并采集与传输数据，如果需要查看采集与传输的过程，则不要关闭该窗口，请打开新的窗口进行查看。

```
2022-12-10 23:03:03,391 INFO hdfs.BucketWriter: Creating hdfs://master:9000/tmp/flume/F
lumeData.1670684497845.tmp
2022-12-10 23:03:03,411 INFO hdfs.BucketWriter: Closing hdfs://master:9000/tmp/flume/Fl
umeData.1670684497845.tmp
2022-12-10 23:03:03,416 INFO hdfs.BucketWriter: Renaming hdfs://master:9000/tmp/flume/F
lumeData.1670684497845.tmp to hdfs://master:9000/tmp/flume/FlumeData.1670684497845
2022-12-10 23:03:03,429 INFO hdfs.BucketWriter: Creating hdfs://master:9000/tmp/flume/F
lumeData.1670684497846.tmp
2022-12-10 23:03:03,449 INFO hdfs.BucketWriter: Closing hdfs://master:9000/tmp/flume/Fl
umeData.1670684497846.tmp
2022-12-10 23:03:03,456 INFO hdfs.BucketWriter: Renaming hdfs://master:9000/tmp/flume/F
lumeData.1670684497846.tmp to hdfs://master:9000/tmp/flume/FlumeData.1670684497846
2022-12-10 23:03:03,467 INFO hdfs.BucketWriter: Creating hdfs://master:9000/tmp/flume/F
lumeData.1670684497847.tmp
2022-12-10 23:03:03,489 INFO hdfs.BucketWriter: Closing hdfs://master:9000/tmp/flume/Fl
umeData.1670684497847.tmp
2022-12-10 23:03:03,494 INFO hdfs.BucketWriter: Renaming hdfs://master:9000/tmp/flume/F
lumeData.1670684497847.tmp to hdfs://master:9000/tmp/flume/FlumeData.1670684497847
2022-12-10 23:03:03,506 INFO hdfs.BucketWriter: Creating hdfs://master:9000/tmp/flume/F
lumeData.1670684497848.tmp
2022-12-10 23:03:03,526 INFO hdfs.BucketWriter: Closing hdfs://master:9000/tmp/flume/Fl
umeData.1670684497848.tmp
2022-12-10 23:03:03,532 INFO hdfs.BucketWriter: Renaming hdfs://master:9000/tmp/flume/F
lumeData.1670684497848.tmp to hdfs://master:9000/tmp/flume/FlumeData.1670684497848
2022-12-10 23:03:03,547 INFO hdfs.BucketWriter: Creating hdfs://master:9000/tmp/flume/F
lumeData.1670684497849.tmp
2022-12-10 23:03:03,569 INFO hdfs.BucketWriter: Closing hdfs://master:9000/tmp/flume/Fl
umeData.1670684497849.tmp
```

图 8-5　启动 Flume 后最后一段内容

8.1.5　查看 Flume 传输的文件数据

开启一个新的 master 节点终端，进入配置文件中所设置的 HDFS 文件存储路径，查看该文件路径，如代码 8-9 所示。

代码 8-9　查看 HDFS 文件路径

```
hdfs dfs -ls /tmp/flume/conf
```

从代码 8-9 的运行结果可以看到该文件夹（/tmp/flume/）下面已经收集了很多的日志文件，每次或不同的主机产生的日志文件记录是不相同的。HDFS 收集的数据文件如图 8-6 所示。

```
-rw-r--r--    2 root supergroup         1283 2022-12-10 23:05 /tmp/flume/FlumeData.1670684
501045
-rw-r--r--    2 root supergroup         1303 2022-12-10 23:05 /tmp/flume/FlumeData.1670684
501046
-rw-r--r--    2 root supergroup         1283 2022-12-10 23:05 /tmp/flume/FlumeData.1670684
501047
-rw-r--r--    2 root supergroup         1283 2022-12-10 23:05 /tmp/flume/FlumeData.1670684
501048
-rw-r--r--    2 root supergroup         1283 2022-12-10 23:05 /tmp/flume/FlumeData.1670684
501049
-rw-r--r--    2 root supergroup         1283 2022-12-10 23:05 /tmp/flume/FlumeData.1670684
501050
-rw-r--r--    2 root supergroup         1283 2022-12-10 23:05 /tmp/flume/FlumeData.1670684
501051
-rw-r--r--    2 root supergroup         1283 2022-12-10 23:05 /tmp/flume/FlumeData.1670684
501052
-rw-r--r--    2 root supergroup         1283 2022-12-10 23:05 /tmp/flume/FlumeData.1670684
501053
-rw-r--r--    2 root supergroup         1283 2022-12-10 23:05 /tmp/flume/FlumeData.1670684
501054
-rw-r--r--    2 root supergroup         1283 2022-12-10 23:05 /tmp/flume/FlumeData.1670684
501055
-rw-r--r--    2 root supergroup         1283 2022-12-10 23:05 /tmp/flume/FlumeData.1670684
501056
-rw-r--r--    2 root supergroup          293 2022-12-10 23:05 /tmp/flume/FlumeData.1670684
501057.tmp
```

图 8-6　HDFS 收集的数据文件

通过 HDFS Web 页面查看 HDFS 收集的数据文件，如图 8-7 所示。

Browse Directory

	Permission	Owner	Group	Size	Last Modified	Replication	Block Size	Name	
☐	-rw-r--r--	root	supergroup	1.33 KB	Dec 10 23:01	2	128 MB	FlumeData.1670684496411	🗑
☐	-rw-r--r--	root	supergroup	1.23 KB	Dec 10 23:01	2	128 MB	FlumeData.1670684496412	🗑
☐	-rw-r--r--	root	supergroup	1.27 KB	Dec 10 23:01	2	128 MB	FlumeData.1670684496413	🗑
☐	-rw-r--r--	root	supergroup	1.33 KB	Dec 10 23:01	2	128 MB	FlumeData.1670684496414	🗑
☐	-rw-r--r--	root	supergroup	1.31 KB	Dec 10 23:01	2	128 MB	FlumeData.1670684496415	🗑
☐	-rw-r--r--	root	supergroup	1.32 KB	Dec 10 23:01	2	128 MB	FlumeData.1670684496416	🗑
☐	-rw-r--r--	root	supergroup	1.28 KB	Dec 10 23:01	2	128 MB	FlumeData.1670684496417	🗑

Show 25 entries　　　　Search:

/tmp/flume　　Go!

图 8-7　通过 HDFS Web 页面查看 HDFS 收集的数据文件

任务 8.2　广告日志数据采集系统

➡ 任务描述

系统运维人员和开发人员可以通过日志了解服务器软硬件信息、检查配置过程中的错误及错误发生的原因。经常分析日志可以了解服务器的负荷、性能安全性，及时分析相关问题，追查错误根源纠正错误。

许多公司的业务平台每天会产生大量的日志数据。收集业务日志数据，供离线和在线的分析系统使用，正是广告日志数据采集系统（以下简称广告系统）的主要工作。现有一个服装电商网站将与某热门视频网站公司广告部合作，在视频网站中为用户推送广告，要求在视频网站主页面播放广告，且保证曝光率不低于 1/5，以及在视频播放过程中穿插播放广告，且保证总曝光量不低于 100 000 次。基于该目标，使用 Flume 模拟广告系统数据采集的过程。

在广告系统中有两种日志类型：一种是文件型系统日志，该日志是广告系统在运行过程中产生的文件型系统日志；另一种是广告曝光日志，该日志是一个广告曝光一次产生的日志。

本案例先模拟广告系统实时生成的日志文件 catalina.log，并将其保存到 HDFS 中，再模拟采集广告曝光日志数据，并将采集到的数据保存到 HDFS 中，所用数据为 case_data_new.csv，各数据字段说明如表 8-4 所示。

表 8-4　case_data_new.csv 数据字段说明

属性名称	中文名称	示例	备注
rank	记录序号	5（第 5 条记录）	
dt	相对日期	3（第 3 天）	单位为天
cookie	cookie 值	7083a0cba2acd512767737c65d5800c8	
ip	IP 地址	101.52.165.247	经过脱敏
idfa	idfa 值	bc50cc5fb39336cf39e3c9fe1b16bf48	可用于识别 iOS 用户
imei	imei 值	990de8af5ed0f3744b61770173794555	可用于识别 Android 用户
android	android 值	7730a40b70cf9b023d23e332da846bfb	可用于识别 Android 用户
openudid	openudid 值	7aaeb5d6af25f9fe918ec39b0f79a2c8	可用于识别 iOS 用户
mac	mac 值	6ed9fcefd06a2ab5f901e601a3a53a2d	可用于识别不同硬件设备
timestamps	时间戳	0（记录于数据区间的初始时间点）	
camp	项目 ID	61520	
creativeid	创意 ID	0	
mobile_os	设备 OS 版本信息	5.0.2	该值为原始值
mobile_type	机型	'Redmi+Note+3'（设备为红米 Note3）	
app_key_md5	app key 信息	ffe435bdb6ce18dd4758c0005c4787db	
app_name_md5	app name 信息	6f569b4fa576d25fb98e60bda9c97426	
placementid	广告位信息	72ee620530c7c8cd4b423d4b4502b45b	
useragent	浏览器信息	"Mozilla%2f5.0%20%28compatible%3b	
mediaid	媒体 ID 信息	1118	
os_type	OS 类型标记	0（采集到的 OS 类型标记为 0）	
born_time	cookie 生成时间	160807（第 160807 日）	

任务分析

为了贴近真实的生产环境，针对广告系统中产生的系统日志和广告曝光日志数据，将通过模拟产生数据的方式对数据进行采集，采集步骤如下。

（1）通过脚本定时抽取数据并将该数据写入指定的目录，模拟产生系统日志的过程。

（2）编写 conf 脚本实现采集系统日志数据，并将该数据保存到 HDFS 中。

（3）创建 MySQL 数据库表，并通过脚本实时导入数据，模拟产生广告曝光记录的过程。

（4）编写 conf 脚本实现采集广告曝光记录，并将该数据保存到 HDFS 中。

➡ 任务实施

8.2.1 采集系统日志数据

将系统日志 catalina.log 上传至 Linux 操作系统的/opt 目录下，并在该目录下创建/flumeproject 文件夹，用于存放抽取的数据。

在/opt 目录下创建脚本 createLog.sh，脚本的内容如代码 8-10 所示，用于抽取 100 条数据，并按日期格式保存至/flumeproject 文件夹。

代码 8-10 脚本 createLog.sh 的内容

```
time=$(date "+%Y%m%d%H%M%S")
shuf -n100 /opt/catalina.log > /opt/flumeproject/catalina_${time}.log
```

在 master 节点上输入"crontab -e"命令，打开定时任务，输入"* * * * * sh /opt/createLog.sh"命令，开始每 60s 抽取 100 条数据，模拟产生系统日志的过程。

创建脚本 ad-spool-file-hdfs.conf，实现采集系统日志数据并将该数据保存至 HDFS，脚本的内容如代码 8-11 所示。

代码 8-11 脚本 ad-spool-file-hdfs.conf 的内容

```
ad.sources=r1
ad.channels=c1
ad.sinks=s1
#定义 source
ad.sources.r1.type=spooldir
ad.sources.r1.spoolDir=/opt/flumeproject
ad.sources.r1.channels=c1
#设置时间戳拦截器
ad.sources.r1.interceptors=ts
ad.sources.r1.interceptors.ts.type=timestamp
#定义 file channel
ad.channels.c1.type=file
ad.channels.c1.dataDirs=/opt/flumefilechannel
ad.channels.c1.checkpointDir=/opt/flumecheckpoint
#定义 hdfs sink
ad.sinks.s1.type=hdfs
ad.sinks.s1.hdfs.path=hdfs://192.168.88.131:8020/user/root/flumeproject/%Y
-%m-%d/%H-%M
ad.sinks.s1.hdfs.filePrefix=advance
ad.sinks.s1.hdfs.fileType=DataStream
ad.sinks.s1.hdfs.writeFormat=Text
#设置每 60s 将临时文件滚动成目标文件
```

```
ad.sinks.s1.hdfs.rollInterval=60
ad.sinks.s1.hdfs.rollCount=0
ad.sinks.s1.hdfs.rollSize=0
#设置每 3min 生成一个新目录，用于保存数据
ad.sinks.s1.hdfs.round=true
ad.sinks.s1.hdfs.roundUnit=minute
ad.sinks.s1.hdfs.roundValue=3
ad.sinks.s1.hdfs.useLocalTimeStamp=true
ad.sinks.s1.channel=c1
```

将脚本 ad-spool-file-hdfs.conf 放在/usr/local/flume/conf/目录下，启动 Flume Agent 程序采集系统日志数据，如代码 8-12 所示。

代码 8-12　启动 Flume Agent 程序采集系统日志数据

```
/usr/local/flume/bin/flume-ng agent -c /usr/local/flume/conf -f
/usr/local/flume/conf/ad-spool-file-hdfs.conf -n ad
-Dflume.root.logger=INFO,console
```

执行代码 8-12 中的命令，即可在 Hadoop Web 页面中查看/user/root/flumeproject 目录下的系统日志，如图 8-8 所示。

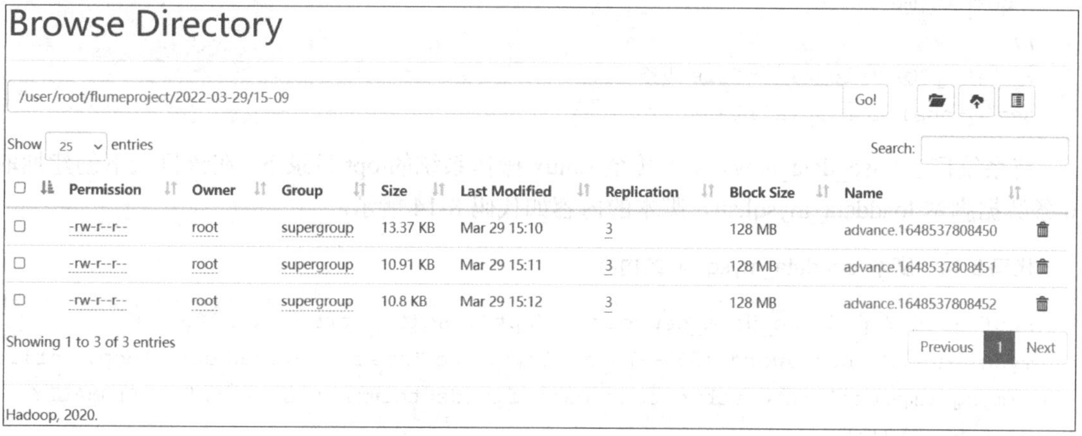

Browse Directory

/user/root/flumeproject/2022-03-29/15-09								Go!	

Show 25 entries　　　　　　　　　　　　　　　　　　Search:

☐ ↓↑	Permission ↓↑	Owner ↓↑	Group ↓↑	Size ↓↑	Last Modified ↓↑	Replication ↓↑	Block Size ↓↑	Name ↓↑	
☐	-rw-r--r--	root	supergroup	13.37 KB	Mar 29 15:10	3	128 MB	advance.1648537808450	🗑
☐	-rw-r--r--	root	supergroup	10.91 KB	Mar 29 15:11	3	128 MB	advance.1648537808451	🗑
☐	-rw-r--r--	root	supergroup	10.8 KB	Mar 29 15:12	3	128 MB	advance.1648537808452	🗑

Showing 1 to 3 of 3 entries　　　　　　　　　　　　Previous　1　Next

Hadoop, 2020.

图 8-8　在 Hadoop Web 页面中查看采集的系统日志

至此，完成了广告系统的系统日志数据的模拟产生和采集过程。

8.2.2　采集广告曝光日志数据

进入 MySQL 数据库的命令窗口，创建数据库 flume，并在该数据库下创建广告曝光日志表 case_data，如代码 8-13 所示，用于存放广告曝光日志数据。

代码 8-13　创建广告曝光日志表 case_data

```
create database flume;
use flume;
create table case_data (
  `rank` int,
```

```
    dt int,
    cookie varchar(200),
    ip varchar(200),
    idfa varchar(200),
    imei varchar(200),
    android varchar(200),
    openudid varchar(200),
    mac varchar(200),
    timestamps int,
    camp int,
    creativeid int,
    mobile_os int,
    mobile_type varchar(200),
    app_key_md5 varchar(200),
    app_name_md5 varchar(200),
    placementid varchar(200),
    useragent varchar(200),
    mediaid varchar(200),
    os_type varchar(200),
    born_time int
);
# 开启 MySQL 的 local_infile 服务
set global local_infile=1;
```

将系统日志 case_data_new.csv 上传至 Linux 操作系统的/opt 目录下，在该目录下创建抽取 10 条数据脚本 loaddata_mysql.sh，脚本的内容如代码 8-14 所示。

代码 8-14　脚本 loaddata_mysql.sh 的内容

```
shuf -n10 /opt/case_data_new.csv > /opt/mysqltmp.txt
mysql -uroot -pPassword123$ --local-infile -e "use flume;load data local infile
'/opt/mysqltmp.txt' into table case_data fields terminated by ',' OPTIONALLY
ENCLOSED BY '\"';"
```

在 master 节点上输入"crontab -e"命令，打开定时任务，输入"* * * * * sh /opt/loaddata_mysql.sh"命令，开始每 60s 抽取 10 条数据，模拟产生广告曝光日志的过程。

将 flume-ng-sql-source-1.5.2.jar 文件和 MySQL 数据库连接驱动放入 Flume 软件包的/lib 目录。

创建脚本 ad_mysql_memory_hdfs.conf，实现从 MySQL 数据库中采集广告曝光日志数据并将该数据保存至 HDFS，脚本内容如代码 8-15 所示。

代码 8-15　脚本 ad_mysql_memory_hdfs.conf 的内容

```
ad.sources=sqlSource
ad.channels=c1
ad.sinks=hdfssink
#定义 MySQL source
ad.sources.sqlSource.type=org.keedio.flume.source.SQLSource
```

```
ad.sources.sqlSource.channels=c1
ad.sources.sqlSource.hibernate.connection.url=jdbc:mysql://192.168.88.131:
3306/flume
ad.sources.sqlSource.hibernate.connection.user=root
ad.sources.sqlSource.hibernate.connection.password=123456
ad.sources.sqlSource.table=case_data
ad.sources.sqlSource.status.file.path=/var/log/flume
ad.sources.sqlSource.status.file.name=sqlSource.ad1
ad.sources.sqlSource.start.from=0
ad.sources.sqlSource.run.query.delay=10000
ad.sources.sqlSource.hibernate.connection.driver_class=com.mysql.jdbc.Driver
ad.sources.sqlSource.hibernate.connection.provider_class=org.hibernate.
connection.C3P0ConnectionProvider
ad.sources.sqlSource.selector.type=replicating
#定义 memory channel
ad.channels.c1.type=memory
ad.channels.c1.capacity=1000
ad.channels.c1.transactionCapacity=100
#定义 hdfs sink
ad.sinks.hdfssink.type=hdfs
ad.sinks.hdfssink.hdfs.path=hdfs://192.168.88.131:8020/user/root/
flumeproject2/%Y-%m-%d/%H-%M
ad.sinks.hdfssink.hdfs.filePrefix=advance
ad.sinks.hdfssink.hdfs.fileType=DataStream
ad.sinks.hdfssink.hdfs.writeFormat=Text
#设置每 60s 将临时文件滚动成目标文件
ad.sinks.hdfssink.hdfs.rollInterval=60
ad.sinks.hdfssink.hdfs.rollCount=0
ad.sinks.hdfssink.hdfs.rollSize=0
#设置每 3min 生成一个新目录,用于保存数据
ad.sinks.hdfssink.hdfs.round=true
ad.sinks.hdfssink.hdfs.roundUnit=minute
ad.sinks.hdfssink.hdfs.roundValue=3
ad.sinks.hdfssink.hdfs.useLocalTimeStamp=true
ad.sinks.hdfssink.channel=c1
```

将脚本 ad_mysql_memory_hdfs.conf 放在/usr/local/flume/conf/目录下,启动 Flume Agent 程序采集广告曝光日志数据,如代码 8-16 所示。

代码 8-16　启动 Flume Agent 程序采集广告曝光日志数据

```
/usr/local/flume/bin/flume-ng agent -c /usr/local/flume/conf -f
/usr/local/flume/conf/ad_mysql_memory_hdfs.conf -n ad
-Dflume.root.logger=INFO,console
```

执行代码 8-16 中的命令,即可在 Hadoop Web 页面中查看/user/root/flumeproject2 目录下

的广告曝光日志，如图 8-9 所示。

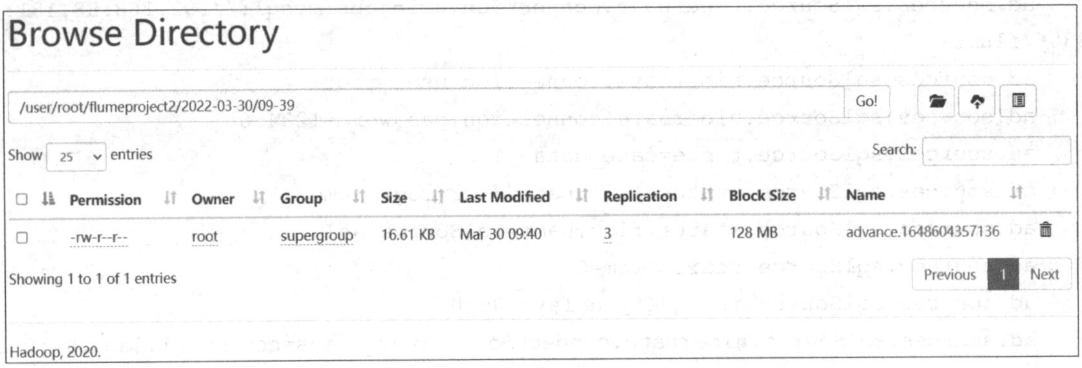

图 8-9　在 Hadoop Web 页面中查看采集的广告曝光日志

至此，完成了广告系统的广告曝光日志数据的模拟产生和采集过程。

项目总结

本项目实现了 Flume 组件的安装与配置，并基于安装好的环境实现了广告系统的构建，包括采集系统日志数据和广告曝光日志数据。通过学习本项目中的内容，读者能够掌握 Flume 组件安装与配置的流程，了解并熟悉使用 Flume 组件采集文件的配置信息、采集数据的过程。

Kafka 的安装、配置与应用

项目介绍

Kafka 是一种高吞吐量的分布式发布订阅消息系统，是由 Apache 软件基金会开发的一个开源流处理平台，可以处理消费者在网站中的所有动作流数据，利用 Kafka 技术可以在廉价的 PC Server 上搭建大规模消息系统。

Kafka 适用于离线和在线的消息消费，如常规的消息收集、网站活性跟踪、聚合统计系统运营数据（监控数据）、日志收集等有大量数据的互联网服务的数据收集场景。

Kafka 的基本概念如下。

（1）Broker。Kafka 集群包含一个或多个服务实例，这些服务实例被称为 Broker。Broker 是 Kafka 中具体处理数据的单元。Kafka 支持 Broker 的水平扩展。一般，Broker 数据越多，集群的吞吐能力就越强，每个 Broker 具有一个唯一的编号。

（2）Topic。每条发布到 Kafka 集群中的消息都有一个类别，这个类别被称为 Topic（主题）。消息的发布和消费均以 Topic 为单位。

（3）Partition。Kafka 将 Topic 分成一个或多个 Partition（分区），每个 Partition 在物理上对应一个文件夹，该文件夹中存储这个 Partition 的所有消息。

（4）Producer。Producer 负责发布消息到 Kafka Broker 中。

（5）Consumer。Consumer 是消息消费者，也是以 Topic 为单位从 Kafka Broker 中读取消息的客户端。

（6）Consumer Group。每个 Consumer 属于一个特定的 Consumer Group（可为每个 Consumer 指定 Group Name）。

Kafka 需要依赖于 ZooKeeper 的分布式协调服务，并通过 ZooKeeper 管理级联配置选举 Leader。

本项目基于 Hadoop 3.1.4 和 ZooKeeper 3.6.3 的集群架构来安装与配置 Kafka，同时以一个 Kafka 大数据实时处理案例演示 Kafka 的典型应用场景。

任务安排

任务 9.1　安装与配置 Kafka

任务 9.2　实时传输广告日志数据

学习目标

（1）了解安装 Kafka 的流程。

（2）熟悉配置 Kafka 的方法。

（3）熟悉 Kafka 的基本用法。

（4）熟悉 Kafka 大数据实时处理的应用场景。

任务 9.1　安装与配置 Kafka

项目 9 任务 9.1 安装与
配置 Kafka

任务描述

Kafka 的安装与配置比较简单，本任务重点介绍对集群中的 Broker 进行编号和在集群中模拟发布者和消费者同步发送消息。

任务分析

在安装 Kafka 后，需要增加运行的环境变量，并修改属性配置文件。在属性配置文件中设置每个节点的 Broker 编号，这里将集群中的 master 节点编号设置为 0，slave1 节点编号设置为 1，slave2 节点编号设置为 2，并设置 ZooKeeper 的节点。在启动 Hadoop、ZooKeeper 和 Kafka 集群后，介绍消息发布和消费的过程。

任务实施

9.1.1　在 master 节点上安装与配置 Kafka 组件

本书所使用的 Kafka 版本是 Kafka 2.11-2.3.1，读者可以从 Kafka 官网下载。Kafka 组件的安装与其他组件的安装类似，解压缩软件包后设置 Kafka 的环境变量即可。

1．解压缩软件包

下载好的软件包需要上传到指定目录下，本书指定为/root/目录，可以使用 "ls" 命令查看上传的软件包（具体上传方式请参考项目 1），如图 9-1 所示。

```
[root@master ~]# ls
anaconda-ks.cfg                    hbase-2.4.11-bin.tar.gz
apache-flume-1.9.0-bin.tar.gz      jdk-8u144-linux-x64.tar.gz
apache-hive-3.1.2-bin.tar.gz       kafka_2.11-2.3.1.tgz
apache-zookeeper-3.6.3-bin.tar.gz  mysql-8.0.21
hadoop-2.7.7.tar.gz                mysql-connector-java-8.0.21.jar
hadoop-3.1.4.tar.gz                sqoop-1.4.7.bin__hadoop-2.6.0.tar.gz
[root@master ~]#
```

图 9-1　查看上传的软件包

使用 "tar" 命令解压缩软件包到/usr/local/src 文件夹中，并切换到安装目录下查看，可以使用 "ls" 命令查看解压缩后的效果，如代码 9-1 所示，效果如图 9-2 所示。

代码 9-1 解压缩软件包

```
cd /root/
tar -zxf kafka_2.11-2.3.1.tgz -C /usr/local/src/
cd /usr/local/src/
ls
```

```
[root@master src]# ls
flume    hbase  java              sqoop         zookeeper
hadoop   hive   kafka_2.11-2.3.1  student.java  zookeeper_audit.log
[root@master src]#
```

图 9-2 查看解压缩后的软件包

2. 修改文件夹名称

解压缩后的文件夹名称有比较复杂的版本号，为了简化后续配置，此处需要修改文件夹名称。使用"mv"命令将解压缩的 kafka_2.11-2.3.1 文件夹名称修改为"kafka"，如代码 9-2 所示，效果如图 9-3 所示。

代码 9-2 修改文件夹名称

```
cd /usr/local/src/
mv kafka_2.11-2.3.1 kafka
ls
```

```
[root@master src]# cd /usr/local/src/
[root@master src]# mv kafka_2.11-2.3.1 kafka
[root@master src]# ls
flume    hbase  java   sqoop         zookeeper
hadoop   hive   kafka  student.java  zookeeper_audit.log
[root@master src]#
```

图 9-3 修改文件夹名称

3. 修改环境变量文件

为了在任何目录下直接执行 Kafka 的相关命令，可以在环境变量文件中添加 Kafka 的环境变量。参考项目 2，使用"vi /root/.bash_profile"命令打开环境变量文件，将表 9-1 中的配置信息添加到/root/.bash_profile 文件的末尾，保存并退出。

表 9-1 环境变量文件的添加内容

set kafka environment
export KAFKA_HOME=/usr/local/src/kafka # Flume 安装路径
export PATH=$PATH:$KAFKA_HOME/bin #添加系统 PATH 环境变量

4. 生效环境变量文件

在 master 节点上执行代码 9-3 中的命令，使 master 节点上配置的 Kafka 环境变量生效。

代码 9-3 master 节点生效环境变量文件

```
source /root/.bash_profile
```

5．配置 Kafka 环境

通过 server.properties 配置文件可以启动 Kafka，该文件中有 Kafka 的 Broker 编号和 ZooKeeper 集群节点的配置文件。打开 server.properties 配置文件如代码 9-4 所示。

代码 9-4　打开 server.properties 配置文件

```
cd /usr/local/src/kafka/config
vi server.properties
```

在打开 server.properties 配置文件后，将 broker.id 设置为 0，zookeeper.connect 设置为集群中 3 个节点的名称，修改内容如表 9-2 所示。

表 9-2　server.properties 配置文件的修改内容

broker.id=0 zookeeper.connect=master,slave1,slave2

9.1.2　在 slave 节点上安装 Kafka 组件

在 slave 节点上安装 Kafka 组件需要将 master 节点上安装的文件夹和环境变量文件进行分发，并分别使环境变量文件生效，还需要在每个节点上修改服务器的编号。

1．分发配置文件到 slave 节点上

将 master 节点上配置好的 kafka 文件夹和环境变量文件分别分发到 slave1 节点和 slave2 节点上，分发命令如代码 9-5 所示。

代码 9-5　分发 kafka 文件夹和环境变量文件到 slave 节点上

```
scp -r /usr/local/src/kafka slave1:/usr/local/src/
scp -r /usr/local/src/kafka slave2:/usr/local/src/
scp /root/.bash_profile slave1:/root/
scp /root/.bash_profile slave2:/root/
```

2．生效环境变量文件

在 slave1 节点和 slave2 节点上执行代码 9-6 中的命令，使每个节点上配置的 Kafka 环境变量生效。

代码 9-6　slave 节点生效环境变量文件

```
source /root/.bash_profile
```

3．修改从节点中的属性文件

slave1 节点在架构中的 Broker 编号为 1，参考 9.1.1 节第 5 步，使用 "vi /usr/local/src/kafka/config/server.properties" 命令，在 server.properties 配置文件中找到 broker.id，并将其设置为 1。

slave2 节点在架构中的 Broker 编号为 2，使用 "vi /usr/local/src/ kafka/config/server.properties" 命令，在 server.properties 配置文件中找到 broker.id，并将其设置为 2。

9.1.3 管理 Kafka 服务

Kafka 服务需要在集群节点上分别启动，启动之后可以通过查看服务的 ID 号确认服务器的编号。

1. 启动 Hadoop 集群和 ZooKeeper 集群

在 master 节点上启动 Hadoop 集群，如代码 9-7 所示。

代码 9-7 启动 Hadoop 集群

```
start-all.sh
```

在每个节点上启动 ZooKeeper 集群，如代码 9-8 所示。

代码 9-8 启动 Zookeeper 集群

```
zkServer.sh start
```

2. 在每个节点上启动 Kafka 服务

在每个节点上启动 Kafka 服务，如代码 9-9 所示。

代码 9-9 启动 Kafka 服务

```
kafka-server-start.sh /usr/local/src/kafka/config/server.properties
```

启动 Kafka 服务后的效果如图 9-4 所示。每个节点的 Broker 编号如上面所设置的，分别为 0、1、2。

```
[2022-12-11 05:21:47,858] INFO Kafka version: 2.3.1 (org.apache.kafka.common.utils.AppI
nfoParser)
[2022-12-11 05:21:47,858] INFO Kafka commitId: 18a913733fb71c01 (org.apache.kafka.commo
n.utils.AppInfoParser)
[2022-12-11 05:21:47,858] INFO Kafka startTimeMs: 1670707307822 (org.apache.kafka.commo
n.utils.AppInfoParser)
[2022-12-11 05:21:47,881] INFO [KafkaServer id=0] started (kafka.server.KafkaServer)


[2022-12-10 21:22:06,703] INFO Kafka version: 2.3.1 (org.apache.kafka.common.utils.AppI
nfoParser)
[2022-12-10 21:22:06,703] INFO Kafka commitId: 18a913733fb71c01 (org.apache.kafka.commo
n.utils.AppInfoParser)
[2022-12-10 21:22:06,704] INFO Kafka startTimeMs: 1670678526702 (org.apache.kafka.commo
n.utils.AppInfoParser)
[2022-12-10 21:22:06,704] INFO [KafkaServer id=1] started (kafka.server.KafkaServer)


[2022-12-10 21:22:11,430] INFO Kafka version: 2.3.1 (org.apache.kafka.common.utils.AppI
nfoParser)
[2022-12-10 21:22:11,430] INFO Kafka commitId: 18a913733fb71c01 (org.apache.kafka.commo
n.utils.AppInfoParser)
[2022-12-10 21:22:11,430] INFO Kafka startTimeMs: 1670678531428 (org.apache.kafka.commo
n.utils.AppInfoParser)
[2022-12-10 21:22:11,431] INFO [KafkaServer id=2] started (kafka.server.KafkaServer)
```

图 9-4 启动 Kafka 服务后的效果

请读者务必注意，不要关闭启动的 3 个 Kafka 服务，也不要关闭窗口，如果要关闭该服务，则可以按快捷键 "Ctrl+C" 退出。

在 master 节点上打开一个新的终端窗口，使用 "jps" 命令查看进程，会发现列表中多了一个 Kafka 进程，效果如图 9-5 所示。

```
[root@master ~]# jps
31186 SecondaryNameNode
17780 Application
31796 QuorumPeerMain
33476 Jps
30934 NameNode
31866 Kafka
31422 ResourceManager
[root@master ~]#
```

图 9-5　Kafka 进程

至此，完成了 Kafka 的安装与配置，下面将演示消息发布和消费的过程。

9.1.4　演示 Kafka 分布式发布订阅消息

本节在 Hadoop 集群中模拟一个简单的 Kafka 分布式消息发布订阅案例，创建 Topic 及其生成者和消费者，实现生产者发布消息，消费者消费对应的消息的过程。

1．创建一个新的 Topic

在 master 节点上打开一个新的终端窗口，使用 "kafka-topics.sh" 命令，创建一个名称为 "happy" 的 Topic，该 Topic 有 1 个分区和 2 个备份，如代码 9-10 所示。"kafka-topics.sh" 命令的几个参数说明如下。

（1）--create：创建功能。

（2）--zookeeper：ZooKeeper 集群节点，此处为 "master:2181,slave1:2181,slave2:2181"，ZooKeeper 的端口设置为 "2181"，如果不同请读者修改一致。

（3）--replication-factor：消息副本数，此处为 2。

（4）--topic：Topic 的名称，此处为 "happy"。

（5）--partitions：Topic 分区数，此处为 1。

（6）--list：显示该服务器上所有可用的 Topic。

代码 9-10　创建并查询 Topic

```
kafka-topics.sh --create --zookeeper master:2181,slave1:2181,slave2:2181
--replication-factor 2 --topic happy --partitions 1
#创建完以后可以显示 Topic
kafka-topics.sh --list --zookeeper master:2181,slave1:2181,slave2:2181
```

创建成功后查询到的 Topic 如图 9-6 所示。

```
[root@master ~]# kafka-topics.sh --list --zookeeper master:2181,slave1:2181,slave2:2181
__consumer_offsets
happy
hello
```

图 9-6　创建成功后查询到的 Topic

2．创建生产者并发布消息

在任何一个节点上打开一个新的终端窗口，使用代码 9-11 中的 "kafka-console-producer.sh" 命令，创建一个名为 "happy" 的 Topic 的生产者，并准备发布消息。"kafka-console-producer.sh" 命令的几个参数说明如下。

（1）--broker-list：Kafka 服务器列表，此处为 "master:9092,slave1:9092,slave2:9092"。由

于 server.properties 配置文件中 Broker 的端口默认为 9092，因此此处为 9092。

（2）--topic：发布消息的 Topic 的名称，此处为"happy"。

代码 9-11   创建生产者

```
kafka-console-producer.sh --broker-list master:9092,slave1:9092,slave2:9092
--topic happy
```

创建成功后会进入发布消息界面，效果如图 9-7 所示。

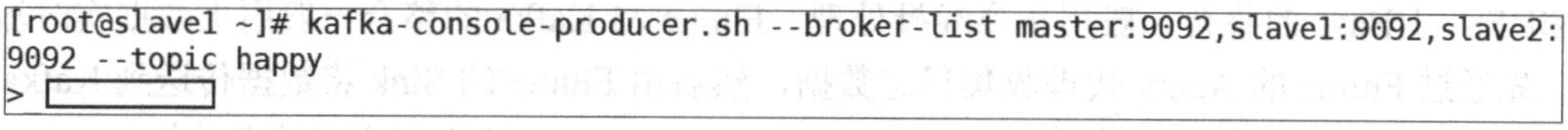

```
[root@slave1 ~]# kafka-console-producer.sh --broker-list master:9092,slave1:9092,slave2:
9092 --topic happy
>
```

图 9-7   发布消息界面

可以在发布消息界面发布一些测试消息，效果如图 9-8 所示。

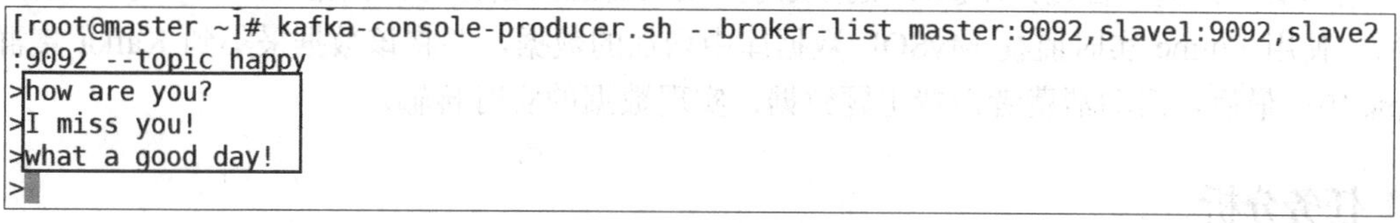

```
[root@master ~]# kafka-console-producer.sh --broker-list master:9092,slave1:9092,slave2
:9092 --topic happy
>how are you?
>I miss you!
>what a good day!
>
```

图 9-8   发布测试消息

如果要停止发布消息，则可以按快捷键"Ctrl+C"。

3. 创建消费者并消费消息

在任何一个节点上打开一个新的终端窗口，使用代码 9-12 中的"kafka-console-consumer.sh"命令，创建一个名为"happy"的 Topic 的生产者，并准备发布消息。"kafka-console-consumer.sh"命令的几个参数说明如下。

（1）--bootstrap-server：指定 Kafka 集群，此处为"master:9092,slave1:9092,slave2:9092"。

（2）--topic：消费消息的 Topic 的名称，此处为"happy"。

（3）--from-beginning：消费历史为已消费的消息。

代码 9-12   创建消费者

```
kafka-console-consumer.sh --bootstrap-server master:9092,slave1:9092,
slave2:9092 --topic happy --from-beginning
```

创建成功后会进入消费消息界面，同时会显示之前没有消费的消息，效果如图 9-9 所示。

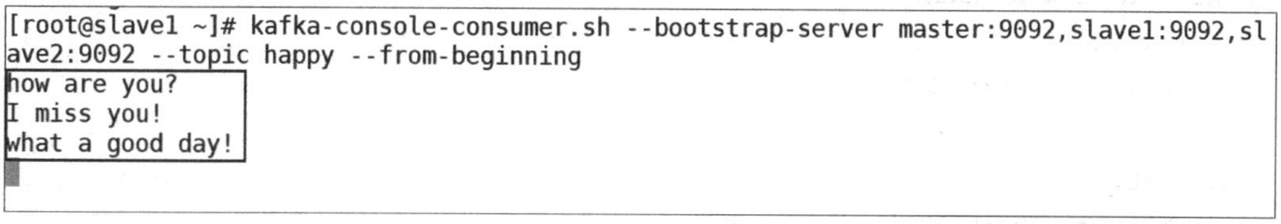

```
[root@slave1 ~]# kafka-console-consumer.sh --bootstrap-server master:9092,slave1:9092,sl
ave2:9092 --topic happy --from-beginning
how are you?
I miss you!
what a good day!
```

图 9-9   消费消息界面

此时，可以返回发布消息界面，继续发布其他的消息，会发现消费消息界面会实时同步显示相关的消息。请读者自行测试上述操作。

如果要停止消费消息，则可以按快捷键"Ctrl+C"。

任务 9.2　实时传输广告日志数据

任务描述

Flume 作为日志收集系统，可以从不同的数据源源源不断地收集数据，但 Flume 不会持久地保存数据，需要使用 Sink 将数据存储到外部存储系统中，如 HDFS、HBase、Kafka 等。Flume 与 HDFS、HBase 的整合一般用于离线批处理。Flume 与 Kafka 的整合一般用于数据实时流处理，先通过 Flume 的 Agent 代理收集日志数据，然后由 Flume 的 Sink 将数据传送到 Kafka 集群中完成生产数据，最后交给 Storm、Flink、Spark Streaming 等进行实时消费计算。

本任务基于项目 8 中的系统日志 case_data_new.csv，使用 Flume 和 Kafka 整合实现广告日志数据的实时传输。首先，用脚本模拟实时生成的日志数据并将该数据存入 MySQL 数据库；然后，使用 Flume 实时监视 MySQL 数据库中增加的数据，并将该数据采集到 Kafka 集群的 Topic 中；最后，启动消费者消费主题数据，实现数据的实时传输。

任务分析

实时传输广告日志数据的实现步骤如下。

（1）用脚本定时抽取数据到指定目录中，模拟产生系统日志的过程，并将该数据存入 MySQL 数据库表。

（2）创建 Kafka 主题，开启消费者以消费数据。

（3）编写 conf 采集配置文件，将存入 MySQL 数据库中的数据传入 Kafka 主题。

任务实施

9.2.1　创建脚本文件

在 master 节点上执行 "mysql -uroot -pPassword123$" 命令，进入 MySQL 数据库，创建数据库 kafka，并在 kafka 下创建表，用于存储数据，如代码 9-13 所示。

代码 9-13　创建表

```
create database kafka;
use kafka;
create table case_data (
  `rank` int,
  dt int,
  cookie varchar(200),
  ip varchar(200),
  idfa varchar(200),
  imei varchar(200),
  android varchar(200),
  openudid varchar(200),
```

```
    mac varchar(200),
    timestamps int,
    camp int,
    creativeid int,
    mobile_os int,
    mobile_type varchar(200),
    app_key_md5 varchar(200),
    app_name_md5 varchar(200),
    placementid varchar(200),
    useragent varchar(200),
    mediaid varchar(200),
    os_type varchar(200),
    born_time int
);
//开启 MySQL 的 local_infile 服务
set global local_infile=1;
```

打开一个新的 master 节点的终端窗口，使用"vi /data/datamysql.sh"命令创建一个脚本文件，如代码 9-14 所示。脚本内容为 while true 循环，每 60s 在 case_data_new.csv 中随机提取 100 条数据，先将提取的数据存入/data/datamysql/mysqltmp.txt 文件，再将该文件中的数据存入 MySQL 数据库。

代码 9-14　脚本 datamysql.sh

```
#!/bin/bash
while true
do
        time=$(date "+%Y%m%d_%H%M%S")
        shuf -n100 /opt/case_data_new.csv > /data/datamysql/mysqltmp.txt
        mysql -uroot -pPassword123$ --local-infile -e "use Kafka;load data local
infile '/data/datamysql/mysqltmp.txt' into table case_data fields terminated by
',' OPTIONALLY ENCLOSED BY '\"';"
        sleep 60
done
```

创建完脚本后，先赋予脚本权限，再启动该脚本，如代码 9-15 所示。启动脚本成功后可能会出现如图 9-10 所示的警报信息，表示在命令行中直接输入用户名和密码是不安全的。该警报信息是在 MySQL 5.6 之后版本中有的，不影响运行结果，读者可以忽视。

代码 9-15　关于脚本的命令

```
//脚本权限
chmod 777 /data/data2mysql.sh
//启动脚本命令
sh /data/datamysql.sh &
//中断脚本命令
ps aux | grep "datamysql.sh" |grep -v grep| cut -c 9-15 | xargs kill -9
```

```
[root@master data]# sh /data/datamysql.sh &
[1] 24921
[root@master data]# mysql: [Warning] Using a password on the command line interface can be ins
ecure.
```

图 9-10　警报信息

在 MySQL 数据库中查看数据是否成功存入表，如代码 9-16 所示，结果如图 9-11 所示。可以看出已经有数据存入表，并正在实时更新中。

代码 9-16　查看数据是否成功存入表

```
//进入数据库 kafka
use kafka;
//查看表中有几行数据
select count(*) from case_data;
```

```
mysql> select count(*) from case_data;
+----------+
| count(*) |
+----------+
|      200 |
+----------+
1 row in set (0.10 sec)

mysql> select count(*) from case_data;
+----------+
| count(*) |
+----------+
|      400 |
+----------+
1 row in set (0.06 sec)
```

图 9-11　查看数据是否成功存入表

9.2.2　创建 Kafka 主题

分别在 slave1 节点、slave2 节点上开启 ZooKeeper、Kafka 集群。在 slave1 节点上创建一个 Kafka 的 RealTime 主题，设置 2 个副本和 2 个分区。创建 RealTime 主题成功后，开启消费者，如代码 9-17 所示。

代码 9-17　创建 RealTime 主题并开启消费者

```
//创建 RealTime 主题
kafka-topics.sh -create --topic RealTime --bootstrap-server slave1:9092,
slave2:9092 --partitions 2 --replication-factor 2
//开启消费者
kafka-console-consumer.sh --topic RealTime --bootstrap-server slave1:9092,
slave2:9092
```

目前，该消费者并没有在指定的主题中消费数据。

9.2.3　Flume 采集日志

在 Flume 的/conf 目录下创建一个 datamysql.conf 文件，实现从 MySQL 数据库中采集数据，并将采集的数据传入 RealTime 主题，如代码 9-18 所示。

代码 9-18 Flume 脚本 datamysql.conf 文件

```
agent.sources = sql-source
agent.sinks = k1
agent.channels = ch

agent.sources.sql-source.type= org.keedio.flume.source.SQLSource
agent.sources.sql-source.hibernate.connection.url=jdbc:mysql://192.168.88.
181:3306/kafka?&characterEncoding=UTF-8&useSSL=false&allowPublicKeyRetrieval=
true&serverTimezone=GMT

agent.sources.sql-source.hibernate.connection.user=root
agent.sources.sql-source.hibernate.connection.password =Password123$
agent.sources.sql-source.hibernate.dialect = org.hibernate.dialect.MySQLDialect
agent.sources.sql-source.hibernate.driver_class = com.mysql.cj.jdbc.Driver
agent.sources.sql-source.hibernate.connection.autocommit = true
agent.sources.sql-source.table=case_data
agent.sources.sql-source.columns.to.select = *
agent.sources.sql-source.run.query.delay=10000
agent.sources.sql-source.status.file.path = /var/lib/flume-ng
agent.sources.sql-source.status.file.name = sql-source.status

agent.sinks.k1.type = org.apache.flume.sink.kafka.KafkaSink
agent.sinks.k1.topic = RealTime
agent.sinks.k1.brokerList = slave1:9092,slave2:9092
agent.sinks.k1.batchsize = 200

agent.sinks.kafkaSink.requiredAcks=1
agent.sinks.k1.serializer.class = kafka.serializer.StringEncoder
agent.sinks.kafkaSink.zookeeperConnect=slave1:2181,slave2:2181
agent.channels.ch.type = memory
agent.channels.ch.capacity = 10000
agent.channels.ch.transactionCapacity = 10000
agent.channels.hbaseC.keep-alive = 20

agent.sources.sql-source.channels = ch
agent.sinks.k1.channel = ch
```

启动 Flume Agent 程序，开始采集 MySQL 数据库中的数据，如代码 9-19 所示。切换到 Kafka 消费者终端，可以看到主题上已经有数据被消费者消费，如图 9-12 所示。观察消费者终端，可以看到，每过 60s 就会有数据被消费者消费，这是因为脚本文件一直在模拟用户产生数据，而 Flume 在实时采集数据并将采集的数据传入 Kafka 主题。

代码 9-19 执行 Flume 脚本

```
flume-ng agent -n agent -f /usr/local/src/flume/conf/datamysql.conf -c
/usr/local/src/flume/conf/ -Dflume.root.logger=INFO,console
```

```
,"1a30de95de4358577e65c5f1f57dfc10","Apache-HttpClient%2fUNAVAILABLE%20%28java%201.4%29","1118
","0","160809"
"28145390","5","5d11df19a4d9dcae5ca1f5d5ed74a006","70.195.177.254","","","","","","385577","62
895","0","0","","","","188fbb38e9c74815caa585890e060dde","Mozilla%2f5.0%20%28Windows%20NT%206.
1%3b%20WOW64%29%20AppleWebKit%2f536.11%20%28KHTML%2c%20like%20Gecko%29%20Chrome%2f20.0.1132.57
%20Safari%2f536.11","1849","","160811"
"42258022","7","8686350b29f8b62477009564022e445d","222.149.144.109","","","","","","600255","5
5722","0","0","","","","086d68ce6db1468b140e88ec93e7a3fe","Mozilla%2f5.0%20%28Windows%20NT%205
.1%29%20AppleWebKit%2f537.36%20%28KHTML%2c%20like%20Gecko%29%20Chrome%2f47.0.2526.80%20Safari%
2f537.36%20Core%2f1.47.933.400%20QQBrowser%2f9.4.8699.400","166","","160811"
"27071777","5","5d9075f0af953ea34c1948e062119070","246.124.11.119","","","","","","374224","60
411","0","0","","","","9b709d842da439bf9e16d1f39a37c830","Mozilla%2f5.0%20%28Linux%3b%20U%3b%2
0Android%204.4.4%3b%20zh-CN%3b%20Lenovo%20A938t%20Build%2fKTU84P%29%20AppleWebKit%2f534.30%20%
28KHTML%2c%20like%20Gecko%29%20Version%2f4.0%20UCBrowser%2f10.7.0.634","211","","151115"
"14274579","3","7e02d080aed65fb0a6272ed54e0934b1","228.40.67.59","","","","","","192363","6289
0","0","0","","","","ddb0ac313552db763d068479adc54576","Mozilla%2f5.0%20%28Windows%20NT%206.1%
29%20AppleWebKit%2f537.36%20%28KHTML%2c%20like%20Gecko%29%20Chrome%2f29.0.1547.59%20QQ%2f8.1.1
7255.201%20Safari%2f537.36","2083","","160525"
```

图 9-12   Kafka 主题数据已被消费

至此，使用 Flume 和 Kafka 整合实现广告日志数据的实时传输已经完成。在现实应用中，一般实时传输应用于实时计算的场景，因此 Flume 与 Kafka 可以与实时计算框架（如 Spark Streaming）整合使用。

项目总结

本项目实现了 Kafka 的安装与配置，并基于安装好的环境，结合项目 8 中的广告日志数据，实现了数据的实时传输。通过学习本项目中的内容，读者能够掌握 Kafka 的安装与配置的流程，了解并熟悉创建 Kafka 主题及消费者消费、接收数据的过程。

项目 10

Spark 的安装、配置与应用

项目介绍

2009 年，Spark 诞生于美国加州大学伯克利分校的 AMP 实验室，是一个可用于大规模数据处理的统一分析引擎。Spark 在 2013 年加入了 Apache 孵化器项目，并获得了迅猛的发展，于 2014 年正式成为 Apache 软件基金会的顶级项目。

Spark 生态圈主要功能部件如下。

（1）Spark Core：Spark 的核心组件，实现了 Spark 的基本功能，包括任务调度、内存管理、错误恢复、与存储系统交互等模块，以及对弹性分布式数据集（RDD）的 API 定义。

（2）Spark SQL：用于操作结构化数据的核心组件，可直接查询 Hive、HBase 等多种外部数据源中的数据。Spark SQL 的重要特点是统一处理关系表和 RDD。

（3）Spark Streaming：流式计算框架，支持高吞吐量、可容错处理的实时流式数据处理，其核心原理是将流数据分解成一系列短小的批处理作业。

（4）MLlib：为 Spark 提供关于机器学习功能的算法程序库，包括分类、回归、聚类、协同过滤算法等，以及模型评估、数据导入等额外的功能。

（5）GraphX：分布式图处理框架，拥有对图计算和图挖掘算法的 API 接口及丰富的功能和运算符，能在海量数据上运行复杂的图算法。

Spark 计算框架在处理数据时，所有中间数据都保存在内存中，从而减少磁盘读写操作，提高框架计算效率；Spark 还兼容 HDFS、Hive，可以很好地与 Hadoop 系统融合，从而弥补 MapReduce 程序高延迟的性能缺点。综上所述，Spark 是一个更加快速、高效的大数据计算平台。

由于 Spark 计算框架使用的编程语言为 Scala，因此在配置 Spark 时需要安装 Scala。

本项目基于 Hadoop 3.1.4 和 ZooKeeper 3.6.3 的集群安装与配置 Scala 和 Spark 环境，并通过一个简单案例演示 spark-shell 编程应用，通过一个 Spark 大数据应用分析案例来介绍 Spark 的典型应用场景。

任务安排

任务 10.1　安装与配置 Scala
任务 10.2　安装与配置 Spark 组件
任务 10.3　应用举例 spark-shell
任务 10.4　聚类分析超市客户

学习目标

（1）掌握安装与配置 Scala 的方法。

（2）掌握启动与关闭 Scala Shell 的方法。

（3）掌握安装 Spark 集群的方法。

（4）掌握修改 Spark 配置参数的方法。

（5）掌握独立启动 Spark 集群的方法。

（6）掌握启动与关闭 spark-shell 的方法。

（7）熟悉 Spark 大数据分析的应用场景。

任务 10.1　安装与配置 Scala

项目 10 任务 10.1 安装
与配置 Scala

任务描述

因为 Spark 底层是使用 Scala 开发的，所以安装与配置 Scala 的环境是在开始学习 Spark 之前要完成的准备工作。

任务分析

安装 Spark 和 Scala 要严格遵守两者的版本对应关系，如果版本不对应，则在之后的使用过程中会出现许多问题。在安装 Spark 之前，可以在 Spark 官网中查找对应的 Scala 版本，如 Spark 2.0 之后的版本对应的 Scala 版本是 Scala 2.11；Spark 3.0 之后的版本对应的 Scala 版本是 Scala 2.12。本书使用 Scala 2.12.10 和 Spark 3.2.1。

任务实施

10.1.1　在 master 节点上安装 Scala

安装 Scala 包括解压缩软件包、修改文件夹名称、修改环境变量及生效环境变量文件操作。

1. 解压缩软件包

如上所述，本书所使用的版本是 Scala 2.12.10，读者可以从 Scala 官网下载。下载好的软件包需要上传到指定目录下，本书指定为/root/目录，可以使用"ls"命令查看上传的软件包（具体上传方式请参考项目 1），如图 10-1 所示。

```
[root@master ~]# ls
anaconda-ks.cfg                      jdk-8u144-linux-x64.tar.gz
apache-flume-1.9.0-bin.tar.gz        kafka_2.11-2.3.1.tgz
apache-hive-3.1.2-bin.tar.gz         mysql-8.0.21
apache-zookeeper-3.6.3-bin.tar.gz    mysql-connector-java-8.0.21.jar
hadoop-2.7.7.tar.gz                  scala-2.12.10.tgz
hadoop-3.1.4.tar.gz                  sqoop-1.4.7.bin__hadoop-2.6.0.tar.gz
hbase-2.4.11-bin.tar.gz
[root@master ~]#
```

图 10-1　查看上传的软件包

使用"tar"命令解压缩软件包到/usr/local/src 文件夹中，并切换到安装目录下查看，可以使用"ls"命令查看解压缩后的效果，如代码 10-1 所示，效果如图 10-2 所示。

代码 10-1　解压缩软件包

```
cd /root/
tar -zxf scala-2.12.10.tgz -C /usr/local/src/
cd /usr/local/src/
ls
```

```
[root@master ~]# tar -zxf scala-2.12.10.tgz -C /usr/local/src/
[root@master ~]# cd /usr/local/src/
[root@master src]# ls
flume  hbase  java  scala-2.12.10  student.java  zookeeper_audit.log
hadoop  hive  kafka  sqoop  zookeeper
[root@master src]#
```

图 10-2　查看解压缩后的软件包

2．修改文件夹名称

解压缩后的文件夹名称有比较复杂的版本号，为了简化后续配置，此处需要修改文件夹名称。使用"mv"命令将解压缩的 scala-2.12.10 文件夹名称修改为"scala"，如代码 10-2 所示，效果如图 10-3 所示。

代码 10-2　修改文件夹名称

```
cd /usr/local/src/
mv scala-2.12.10  scala
ls
```

```
[root@master src]# cd /usr/local/src/
[root@master src]# mv scala-2.12.10  scala
[root@master src]# ls
flume  hbase  java  scala  student.java  zookeeper_audit.log
hadoop  hive  kafka  sqoop  zookeeper
[root@master src]#
```

图 10-3　修改文件夹名称

3．修改环境变量文件

为了在任何目录下直接执行 Scala 的相关命令，可以在环境变量文件中添加 Scala 的环境变量。参考项目 2，使用"vi /root/.bash_profile"命令修改环境变量文件，将表 10-1 中的配置信息添加到/root/.bash_profile 文件的末尾，保存并退出。

表 10-1　环境变量文件的添加内容

set scala environment
export SCALA_HOME=/usr/local/src/scala
export PATH=$PATH:$SCALA_HOME/bin

4．生效环境变量文件

在 master 节点上执行代码 10-3 中的命令，使 master 节点上配置的 Scala 环境变量生效。

代码 10-3　master 节点生效环境变量文件

```
source /root/.bash_profile
```

10.1.2　在 slave 节点上安装 Scala

在 slave 节点上安装 Scala 只需将 master 节点上安装好的文件夹和环境变量文件进行分发，并分别使环境变量文件生效。

1．分发配置文件到 slave 节点上

将 master 节点上安装好的 scala 文件夹和配置好的环境变量文件分别分发到 slave1 节点和 slave2 节点，如代码 10-4 所示。

代码 10-4　分发 scala 文件夹和环境变量文件到 slave 节点上

```
scp -r /usr/local/src/scala slave1:/usr/local/src/
scp -r /usr/local/src/scala slave2:/usr/local/src/
scp /root/.bash_profile slave1:/root/
scp /root/.bash_profile slave2:/root/
```

2．生效环境变量文件

在 slave 节点上执行代码 10-5 中的命令，使每个节点上配置的 Scala 环境变量生效。

代码 10-5　slave 节点生效环境变量文件

```
source /root/.bash_profile
```

10.1.3　测试 Scala 的安装情况

通过查看安装的 Scala 版本及启动 Scala Shell 来验证 Scala 是否安装成功。

1．查看安装的 Scala 版本

在集群所有节点上执行代码 10-6 中的命令，查看安装的 Scala 版本，slave1 节点上的效果如图 10-4 所示，说明 slave1 节点成功安装了 scala 2.12.10，其他节点类似。

代码 10-6　查看安装的 Scala 版本

```
scala -version
```

```
[root@slave1 ~]# scala -version
Scala code runner version 2.12.10 -- Copyright 2002-2019, LAMP/EPFL and Lightbend, Inc.
[root@slave1 ~]#
```

图 10-4　查看 slave1 节点上安装的 Scala 版本

2．启动 Scala Shell

在集群的所有节点上启动 Scala Shell，先在 Scala Shell 中设置一个 String 类型的字符串，并赋值为"Hello world!"，然后使用":quit"命令退出 Scala Shell，如代码 10-7 所示。在 master 节点上运行 Scala Shell 的效果如图 10-5 所示，其他节点类似。

代码 10-7　启动 Scala Shell

```
scala
scala > val string="Hello world! "
scala > :quit
```

```
[root@slave1 ~]# scala
Welcome to Scala 2.12.10 (Java HotSpot(TM) 64-Bit Server VM, Java 1.8.0_144).
Type in expressions for evaluation. Or try :help.

scala> val string="Hello world!"
string: String = Hello world!

scala> :quit
```

图 10-5　在 master 节点上运行 Scala Shell 的效果

至此，完成了 Scala 的安装与配置。

任务 10.2　安装与配置 Spark 组件

项目 10 任务 10.2 安装与
配置 Spark 组件

➡ 任务描述

该任务需要在 Hadoop 集群中所有节点上安装与配置 Spark 组件，并通过一个实例程序调用 Spark 集群进行测试。

➡ 任务分析

Spark 部署模式有 3 种：Mesos 模式、Standalone 模式和 YARN 模式。由于在生产环境中，很多时候 Spark 要与 Hadoop 使用同一个集群，因此采用 YARN 来管理资源调度，可以提高资源利用率。本任务将 Spark 配置为 YARN 模式，该模式也被称为 Spark on YARN 模式，即将 Spark 作为一个客户端，将作业提交给 YARN 服务。

➡ 任务实施

10.2.1　在 master 节点上安装 Spark 组件

安装 Spark 组件包括解压缩软件包、修改文件夹名称、修改环境变量文件及生效环境变量文件操作。

1．解压缩软件包

本书所使用的版本是 Spark 3.2.1，读者可以从 Spark 官网下载。下载好的软件包需要上传到指定目录下，本书指定为/root/目录，可以使用 "ls" 命令查看上传的软件包（具体上传方式请参考项目 1），如图 10-6 所示。

```
[root@master ~]# ls
anaconda-ks.cfg                      jdk-8u144-linux-x64.tar.gz
apache-flume-1.9.0-bin.tar.gz        kafka_2.11-2.3.1.tgz
apache-hive-3.1.2-bin.tar.gz         mysql-8.0.21
apache-zookeeper-3.6.3-bin.tar.gz    mysql-connector-java-8.0.21.jar
hadoop-2.7.7.tar.gz                  scala-2.12.10.tgz
hadoop-3.1.4.tar.gz                  spark-3.2.1-bin-hadoop2.7.tgz
hbase-2.4.11-bin.tar.gz              sqoop-1.4.7.bin__hadoop-2.6.0.tar.gz
[root@master ~]#
```

图 10-6　查看上传的软件包

使用"tar"命令解压缩软件包到/usr/local/src/文件夹中，并切换到安装目录下查看，可以使用"ls"命令查看解压缩后的效果，如代码 10-8 所示，效果如图 10-7 所示。

代码 10-8　解压缩软件包

```
cd /root/
tar -zxf spark-3.2.1-bin-hadoop2.7.tgz  -C /usr/local/src/
cd  /usr/local/src/
ls
```

```
[root@master ~]# cd /root/
[root@master ~]# tar -zxf spark-3.2.1-bin-hadoop2.7.tgz  -C /usr/local/src/
[root@master ~]# cd  /usr/local/src/
[root@master src]# ls
flume   hbase  java   scala                      sqoop          zookeeper
hadoop  hive   kafka  spark-3.2.1-bin-hadoop2.7  student.java   zookeeper_audit.log
[root@master src]#
```

图 10-7　查看解压缩后的软件包

2. 修改文件夹名称

解压缩后的文件夹名称有比较复杂的版本号，为了简化后续配置，此处需要修改文件夹名称。使用"mv"命令将解压缩的 spark-3.2.1-bin-hadoop2.7 文件夹名称修改为"spark"，如代码 10-9 所示，效果如图 10-8 所示。

代码 10-9　修改文件夹名称

```
cd /usr/local/src/
mv spark-3.2.1-bin-hadoop2.7 spark
ls
```

```
[root@master src]# cd /usr/local/src/
[root@master src]# mv spark-3.2.1-bin-hadoop2.7 spark
[root@master src]# ls
flume   hbase  java   scala  sqoop          zookeeper
hadoop  hive   kafka  spark  student.java   zookeeper_audit.log
[root@master src]#
```

图 10-8　修改文件夹名称

3. 修改环境变量文件

为了在任何目录下直接执行 Spark 的相关命令，可以在环境变量文件中添加 Spark 的环境变量。参考项目 2，使用"vi /root/.bash_profile"命令编辑环境变量文件，将表 10-2 中的配置信息添加到/root/.bash_profile 环境变量文件的末尾，保存并退出。

表 10-2　环境变量文件的添加内容

set Spark environment
export SPARK_HOME=/usr/local/src/spark
export PATH=$PATH:$SPARK_HOME/bin:$PATH

4. 生效环境变量文件

在 master 节点上执行代码 10-10 中的命令，使 master 节点上配置的 Spark 环境变量生效。

代码 10-10　master 节点生效环境变量文件

```
source /root/.bash_profile
```

10.2.2　修改 Spark 配置文件

配置 Spark 需要修改两个配置文件，即 spark-env.sh 和 workers。

1．修改 spark-env.sh 配置文件

spark-env.sh 是 Spark 组件的核心配置文件。首先，配置 Spark 执行加载 Hadoop、Java 的环境变量；然后，设置集群中主节点的 IP 地址或名称；最后，设置运行 Spark 时的其他的内容。spark-env.sh 配置文件在文件夹中是模板文件，需要先将 spark-env.sh.template 从模板文件复制为 spark-env.sh 配置文件，再修改文件中的内容，如代码 10-11 所示。

代码 10-11　复制和修改文件

```
cd /usr/local/src/spark/conf
cp spark-env.sh.template spark-env.sh
vi spark-env.sh
```

将表 10-3 中的内容添加到 spark-env.sh 配置文件的末尾，保存并退出。

表 10-3　spark-env.sh 配置文件的添加内容

JAVA_HOME=/usr/local/src/java
HADOOP_CONF_DIR=/usr/local/src/hadoop/etc/hadoop
SPARK_MASTER_IP=master
SPARK_MASTER_WEBUI_PORT=8085
SPARK_MASTER_PORT=7077
SPARK_WORKER_MEMORY=512m
SPARK_WORKER_CORES=1
SPARK_EXECUTOR_MEMORY=512m
SPARK_EXECUTOR_CORES=1
SPARK_WORKER_INSTANCES=1

2．修改 workers 配置文件

workers 是 Spark 3.x 集群中从节点的配置文件（Spark 2.0 的配置文件为 slaves），该文件在文件夹中是模板文件，需要先将 workers.template 从模板文件复制为 workers 配置文件，再修改文件中的内容，如代码 10-12 所示。

代码 10-12　复制和修改文件

```
cd /usr/local/src/spark/conf
cp workers.template workers
vi workers
```

在打开 workers 配置文件后，先删除其中的"localhost"，再添加实际集群中的从节点名称，将表 10-4 中的内容添加到该文件的末尾，保存并退出。

表 10-4　workers 配置文件的添加内容

slave1
slave2

10.2.3　在 slave 节点上安装 Spark 组件

在 slave 节点上安装 Spark 组件只需将 master 节点上安装的文件夹和环境变量文件进行分发，并分别使环境变量文件生效。

1．分发配置文件到 slave 节点上

将 master 节点上配置好的 spark 文件夹和环境变量文件分别分发到 slave1 节点和 slave2 节点上，如代码 10-13 所示。

代码 10-13　分发 spark 文件夹和环境变量文件到 slave 节点上

```
scp -r /usr/local/src/spark/ root@slave1:/usr/local/src/
scp -r /usr/local/src/spark/ root@slave2:/usr/local/src/
scp /root/.bash_profile slave1:/root/
scp /root/.bash_profile slave2:/root/
```

2．生效环境变量文件

在 slave 节点上执行代码 10-14 中的命令，使每个节点上配置的 Spark 环境变量生效。

代码 10-14　slave 节点生效环境变量文件

```
source /root/.bash_profile
```

10.2.4　运行 Spark 集群

由于 Spark 集群需要在 Hadoop 集群基础上运行，因此需要先启动 Hadoop 集群。本节在第 3 步中将介绍一个常见错误的解决方案。

1．启动 Hadoop 集群

在 master 节点上执行代码 10-15 中的命令，启动 Hadoop 集群。

代码 10-15　启动 Hadoop 集群

```
start-all.sh
```

2．以集群模式运行 SparkPi 实例程序

使用"spark-submit"命令，执行 Spark 自带的实例程序来测试 Spark 集群配置的情况。"spark-submit"命令的几个参数说明如下。

（1）--class：主函数所在的类，此处为"org.apache.spark.examples.SparkPi"。

（2）--master：master 节点的地址，此处为"yarn"。

（3）--deploy-mode：将 Driver 部署为 Client 模式或 Cluster 模式，此处为 Client 的模式。

（4）--driver-memory：Driver 使用的内存，不可以超过单机的总内存，此处计算量小，采用 512MB。

（5）--executor-memory：各个 Executor 使用的最大内存，不可以超过单机的最大可使用内存，此处计算量小，采用 512MB。

（6）--executor-cores：各个 Executor 使用的并发线程数目，此处计算量小，采用 1 个。

（7）application-jar：jar 包的路径，此处为"/usr/local/src/spark/examples/jars/spark-examples_2.12-3.2.1.jar"。

执行代码 10-16 中的命令，在 master 节点上运行 SparkPi 实例程序，效果如图 10-9 所示，成功计算结果在最后输出结果往上翻 15 条左右的输出记录中。

代码 10-16　运行 SparkPi 实例程序

```
cd /usr/local/src/spark/examples/jars/
spark-submit --class org.apache.spark.examples.SparkPi \
--master yarn --deploy-mode client --driver-memory 512M \
--executor-memory 512M --executor-cores 1 \
spark-examples_2.12-3.2.1.jar
```

```
2022-12-11 10:56:11,190 INFO cluster.YarnScheduler: Killing all running tasks in stage 0
: Stage finished
2022-12-11 10:56:11,193 INFO scheduler.DAGScheduler: Job 0 finished: reduce at SparkPi.s
cala:38, took 2.861865 s
Pi is roughly 3.136715683578418
2022-12-11 10:56:11,242 INFO server.AbstractConnector: Stopped Spark@7dcc91fd{HTTP/1.1,
(http/1.1)}{0.0.0.0:4040}
2022-12-11 10:56:11,262 INFO ui.SparkUI: Stopped Spark web UI at http://master:4040
2022-12-11 10:56:11,277 INFO cluster.YarnClientSchedulerBackend: Interrupting monitor th
read
2022-12-11 10:56:11,323 INFO cluster.YarnClientSchedulerBackend: Shutting down all execu
tors
2022-12-11 10:56:11,324 INFO cluster.YarnSchedulerBackend$YarnDriverEndpoint: Asking eac
h executor to shut down
2022-12-11 10:56:11,332 INFO cluster.YarnClientSchedulerBackend: YARN client scheduler b
ackend Stopped
2022-12-11 10:56:11,363 INFO spark.MapOutputTrackerMasterEndpoint: MapOutputTrackerMaste
rEndpoint stopped!
2022-12-11 10:56:11,391 INFO memory.MemoryStore: MemoryStore cleared
2022-12-11 10:56:11,395 INFO storage.BlockManager: BlockManager stopped
2022-12-11 10:56:11,412 INFO storage.BlockManagerMaster: BlockManagerMaster stopped
2022-12-11 10:56:11,425 INFO scheduler.OutputCommitCoordinator$OutputCommitCoordinatorEn
dpoint: OutputCommitCoordinator stopped!
2022-12-11 10:56:11,433 INFO spark.SparkContext: Successfully stopped SparkContext
2022-12-11 10:56:11,438 INFO util.ShutdownHookManager: Shutdown hook called
2022-12-11 10:56:11,439 INFO util.ShutdownHookManager: Deleting directory /tmp/spark-9ad
b6b84-aba2-49a3-9eb5-421d3a3eeac6
2022-12-11 10:56:11,445 INFO util.ShutdownHookManager: Deleting directory /tmp/spark-773
4d9b7-f568-410a-8fa4-ce9ab01f657b
[root@master conf]#
```

图 10-9　在 master 节点上运行 SparkPi 实例程序

至此，完成了 Spark 组件的安装与配置

3．常见错误的解决方案

如果程序执行出错，请移到第一次出现错误的地方，检查错误提示是否为"cluster.YarnClientSchedulerBackend: Yarn application has already exited with state FINISHED!"

一般 1.8 版本的 JDK 常常出现上述错误提示，尝试使用以下解决方案进行调试。

（1）关闭集群。执行"stop-all.sh"命令关闭 Hadoop 集群。

（2）修改 yarn-site.xml 配置文件。执行 "vi /usr/local/src/hadoop/etc/hadoop/yarn-site.xml" 命令修改 yarn-site.xml 配置文件，在该文件的配置项中添加如表 10-5 所示的内容。

表 10-5　yarn-site.xml 配置文件的配置项中的添加内容

```
<property>
        <name>yarn.nodemanager.pmem-check-enabled</name>
        <value>false</value>
</property>
<property>
        <name>yarn.nodemanager.vmem-check-enabled</name>
        <value>false</value>
</property>
```

任务 10.3　应用举例 spark-shell

➡ 任务描述

项目 10 任务 10.3 应用举例 spark-shell

spark-shell 是 Spark 自带的交互式 Shell 程序，方便用户进行交互式编程，可以在 Spark 命令行下用 Scala 编写 Spark 程序。在本任务中，将介绍启动与关闭 spark-shell，并通过一个单词统计程序介绍调用 Spark 的 Actions 与 Transformations 中的常用方法。

➡ 任务分析

因为在任务 10.2 中已经配置了 YARN 模式，所以本任务在 YARN 集群管理器上运行 spark-shell。在运行过程中，可以在 ResourceManager 的 Web 页面上查看 Spark 的运行情况。

读者可以核实下 spark-env.sh 配置文件中是否已配置 HADOOP_CONF_DIR，如果没有，自行添加 "export HADOOP_CONF_DIR=Hadoop" 的配置文件目录。

➡ 任务实施

10.3.1　上传数据文件

由于 spark-shell 默认读取 HDFS 中的文件，因此需要先在 Linux 操作系统中准备好测试数据文件并将该文件上传到 HDFS 中以备操作，否则会报错。

1. 准备测试数据文件

因为本任务计划完成一个单词统计的 Spark 程序，所以需要事先准备好用于测试的数据文件。使用代码 10-17 中的命令，在 master 节点的/home/目录下创建一个 spark_test_data.txt 文件（测试数据文件），该文件的添加内容如表 10-6 所示，具体内容读者可以自行设计，保存并退出。

代码 10-17　编辑测试数据文件

```
vi /home/spark_test_data.txt
```

表 10-6　spark_test_data.txt 文件的添加内容

| Good morning! |
| Hello |
| How are you? |
| Hello |
| My name is Mary. |
| Hello World! |
| How are you? |
| Good morning! |
| Hello |
| Hello |

2．上传测试数据文件至 HDFS

在 master 节点上使用代码 10-18 中的命令，将 spark_test_data.txt 文件上传到 HDFS 的/input 下，并查看该文件以确保上传成功，效果如图 10-10 所示。

代码 10-18　上传测试数据文件

```
hdfs dfs -put /home/spark_test_data.txt /input    #上传测试数据文件到/input 下
hdfs dfs -ls /input  #查看/input 下的测试数据文件
```

```
[root@master ~]# hdfs dfs -ls /input/
Found 1 items
-rw-r--r--   2 root supergroup        108 2022-12-11 15:54 /input/spark_test_data.txt
[root@master ~]#
```

图 10-10　查看/input 下的测试数据文件

10.3.2　运行 spark-shell 单词统计程序

想要使用 spark-shell 编程功能，需要先运行 spark-shell 集群模式，再进行 RDD 对象的创建和相关的操作。

1．运行 spark-shell 集群模式

在 master 节点上执行代码 10-19 中的命令，即在 YARN 集群管理器上执行"spark-shell"命令运行 spark-shell 集群模式。"spark-shell"命令的几个参数说明如下。

（1）--master：master 节点的地址，此处为"yarn"。

（2）--deploy-mode：将 Driver 部署为 Client 模式或 Cluster 模式，此处为 Client 的模式。

（3）--executor-memory：各个 Executor 使用的最大内存，不可以超过单机的最大可使用内存，此处计算量小，采用 1GB。

代码 10-19　运行 spark-shell 集群模式

```
spark-shell --master yarn --deploy-mode client --executor-memory 1G
```

运行 spark-shell 集群模式的效果如图 10-11 所示。

接下来可以在 spark-shell 中进行 spark-shell 交互了。

如果要退出 Spark Shell，则输入":q"命令并按回车键。

```
[root@master ~]# spark-shell --master yarn --deploy-mode client --executor-memory 1G
Setting default log level to "WARN".
To adjust logging level use sc.setLogLevel(newLevel). For SparkR, use setLogLevel(newLev
el).
2022-12-11 11:55:33,524 WARN util.NativeCodeLoader: Unable to load native-hadoop library
 for your platform... using builtin-java classes where applicable
2022-12-11 11:55:38,676 WARN yarn.Client: Neither spark.yarn.jars nor spark.yarn.archive
 is set, falling back to uploading libraries under SPARK_HOME.
Spark context Web UI available at http://master:4040
Spark context available as 'sc' (master = yarn, app id = application_1670706890727_0002)
.
Spark session available as 'spark'.
Welcome to
      ____              __
     / __/__  ___ _____/ /__
    _\ \/ _ \/ _ `/ __/  '_/
   /___/ .__/\_,_/_/ /_/\_\   version 3.2.1
      /_/

Using Scala version 2.12.15 (Java HotSpot(TM) 64-Bit Server VM, Java 1.8.0_144)
Type in expressions to have them evaluated.
Type :help for more information.

scala>
```

图 10-11 运行 spark-shell 集群模式的效果

2. 新建 RDD 对象

SparkContext 是通往 Spark 集群的唯一入口，每个 Spark 应用都是一个 SparkContext 的实例，可以理解为一个 SparkContext 就是一个 Spark Application 的生命周期。一旦 SparkContext 创建之后，就可以使用其创建 RDD 对象、累加器、广播变量，也可以通过其访问 Spark 的服务、运行任务。spark-shell 中已经默认将 SparkContext 类初始化为对象 sc，如果代码中需要用到该对象，则可以直接应用 sc。使用 sc 的 textFile 的方法读取 HDFS 中的/input/spark_test_data.txt 文件并返回一个 RDD 对象，如代码 10-20 所示。如果参数为路径，则表示读取该路径下所有文件内容；如果参数为路径文件，则表示读取该文件内容，将每行作为一条记录。新建的 RDD 对象如图 10-12 所示。

代码 10-20　新建 RDD 对象

```
val textFile=sc.textFile("/input/spark_test_data.txt")
```

```
scala>  val textFile=sc.textFile("/input/spark_test_data.txt")
textFile: org.apache.spark.rdd.RDD[String] = /input/spark_test_data.txt MapPartitionsRDD
[1] at textFile at <console>:23
```

图 10-12　新建的 RDD 对象

3. RDD 对象的 Actions 操作

Spark RDD 对象支持两种类型的操作：Actions（行动）和 Transformations（转换）。

RDD 对象通过 Actions 操作来计算其中的记录。RDD 对象常用的 Actions 操作如表 10-7 所示。

表 10-7　RDD 对象常用的 Actions 操作

操　　作	功　能　描　述
count()	返回数据集中的元素个数
collect()	以数组的形式返回数据集中的所有元素
first()	返回数据集中的第一个元素
take(n)	以数组的形式返回数据集中的前 n 个元素
reduce(func)	通过函数 func 聚合数据集中的元素
foreach(func)	将数据集中的每个元素传递到函数 func 中并运行

通过 Actions 操作中的 first()和 count()来介绍 RDD 算子操作，执行代码 10-21 中的命令，效果如图 10-13 所示。

代码 10-21　RDD 对象的 Actions 操作

```
textFile.first()
textFile.count()
```

从图 10-13 中可以看出，RDD 对象的第一条记录是测试数据文件中的第一行内容"Good morning!"，记录条数为数据文件的行数 10。

```
scala>    textFile.first()
res0: String = Good morning!

scala> textFile.count()
res1: Long = 10
```

图 10-13　RDD 对象的 Actions 操作

4．RDD 对象的 Transformations 操作

Transformations 是 RDD 对象的基本转换操作，主要方法有 map()、filter()、flatMap()、groupByKey()等。由于本书重点在于介绍环境部署，因此本步骤仅使用 flatMap()方法。

flatMap()方法的参数说明如下。

（1）textFile：上面测试数据文件返回的 RDD 对象。

（2）flatMap：对文件中的每行数据进行压平切分，在代码 10-22 中用","进行分隔。

（3）map：将出现的每个单词记为 1，即(word,1)。

（4）reduceByKey：对相同的单词出现的次数进行累加。

使用 flatMap()方法可以返回一个新的 RDD 对象,这里将其命名为"wt",使用 wt 的 collect()方法可以将远程数据通过网络传输至本地进行词频统计；使用 collect()方法可以得到一个 list 列表，使用 foreach()方法可以遍历 list 列表中的每个元组数据并返回结果，如代码 10-22 所示。

代码 10-22　RDD()的 Transformations 操作

```
val wt=textFile.flatMap(line=>line.split(",")).map(word=>(word,1)).
reduceByKey(_+_)
wt.collect()
wt.collect().foreach(println)
```

代码 10-22 的运行效果如图 10-14 所示，可以看到测试数据文件的统计结果。

```
scala> val wt=textFile.flatMap(line=>line.split(",")).map(word=>(word,1)).reduceByKey(_+_
)
wt: org.apache.spark.rdd.RDD[(String, Int)] = ShuffledRDD[4] at reduceByKey at <console>
:23

scala> wt.collect()
res2: Array[(String, Int)] = Array((Hello,4), (My name is Mary.,1), (Good morning!,2), (
How are you?,2), (Hello World!,1))

scala> wt.collect().foreach(println)
(Hello,4)
(My name is Mary.,1)
(Good morning!,2)
(How are you?,2)
(Hello World!,1)
```

图 10-14　代码 10-22 的运行效果

任务 10.4　聚类分析超市客户

任务描述

在现代市场经济中，由于现代企业资源的有限性和消费需求的多样性，因此对客户进行分类是非常重要的，这关系到未来营销战略的结果。目前，很多大中型企业已经意识到了客户分类的重要性，开始寻求大数据的相关方法，以解决客户分类问题。

客户的需求具有异质性，即不是所有客户的需求都相同。由于客户的需求、欲望及购买行为是多元的，所以满足客户的需求也有差异。对客户进行细分，可以让销售人员及企业的决策层从一个比较高的层次来观察客户信息数据仓库中的客户信息，使企业可以针对不同类型的客户采用不同的营销策略，企业市场营销服务活动的目标性和有效性得到提升，从而相对降低营销成本，最大限度地开发和维护客户资源，使企业的长期利润和持续发展得到保证。

本任务将运用 Spark SQL 对超市客户数据进行探索，使用 Spark MLlib 提供的 K-means 算法构建聚类模型，实现对超市客户的聚类。

任务分析

聚类分析超市客户的实现步骤如下。

（1）安装 Scala 插件，包括在线安装与离线安装两种方式。

（2）配置 Spark 运行环境。

（3）对超市客户数据进行探索，包括性别分布统计、年龄分布统计，并对该数据进行特征构建，包括构建年收入等级特征、构建消费等级特征。

（4）将构建好特征的数据保存到 Hive 数据库中。

（5）使用 K-means 算法构建聚类模型，实现对超市客户的聚类。

任务实施

10.4.1　安装 Scala 插件

因为在项目 3 中安装 IDEA 时选择了默认安装，所以没有安装 Scala 插件。由于 Spark 是用 Scala 编写而成的，因此需要在 IDEA 中安装 Scala 插件，配置 Scala 开发环境。安装 Scala 插件有在线安装和离线安装两种方式，具体操作过程如下。

1. 在线安装 Scala 插件

在线安装 Scala 插件的操作步骤如下。

（1）打开 IDEA，选择"Configure"→"Plugins"命令，如图 10-15 所示。

（2）在弹出的"Plugins"对话框中（见图 10-16）单击"Scala"下方的"Install"按钮，即可下载 Scala 插件。

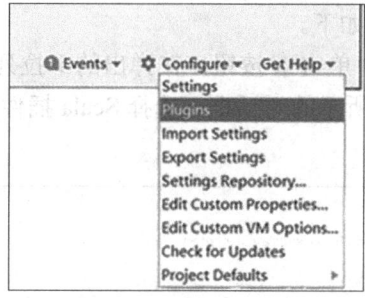

图 10-15 Plugins 安装

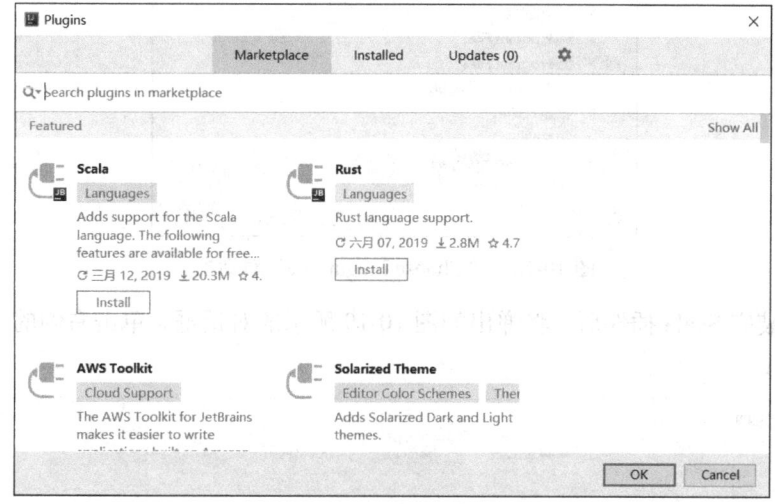

图 10-16 "Plugins"对话框

（3）在下载完 Scala 插件后，单击"Restart IDE"按钮（见图 10-17）重启 IDEA。

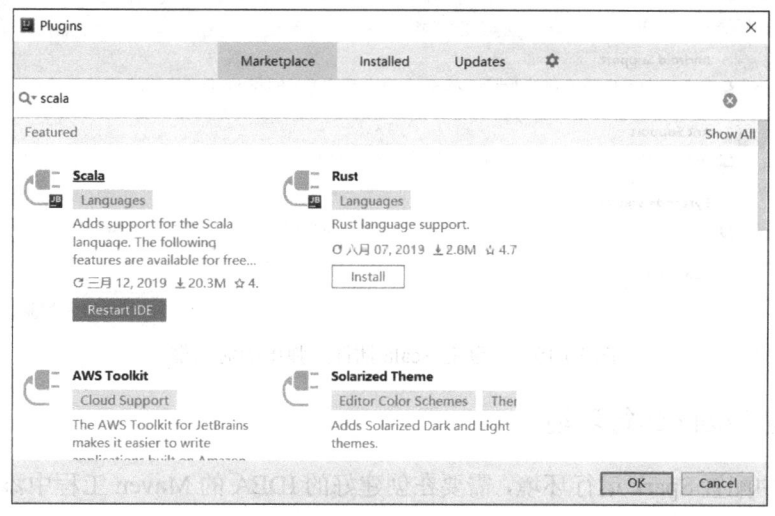

图 10-17 "Restart IDE"按钮

2. 离线安装 Scala 插件

在使用离线安装的方式安装 Scala 插件时，需要将该插件提前下载到本地计算机中。本书的 IDEA 版本使用的 Scala 插件为"scala-intellij-bin-2018.3.6.zip"，读者可以从 IDEA 官网下载。

离线安装 Scala 插件的操作步骤如下。

（1）在"Plugins"对话框中单击 ⚙ 按钮，在弹出的下拉列表中选择"Install Plugin from Disk…"选项，弹出如图 10-18 所示的对话框。选择 Scala 插件所在路径，单击"OK"按钮进行安装。

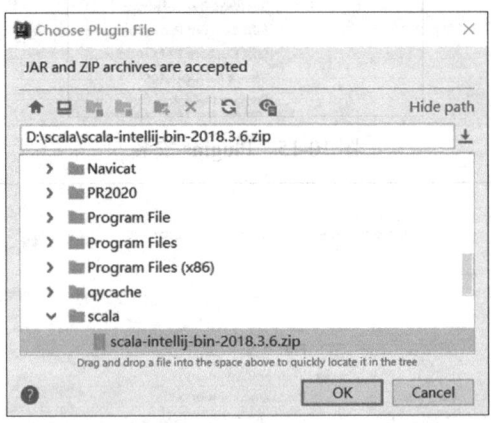

图 10-18 "Choose Plugin File"对话框

（2）在安装完 Scala 插件后，将弹出如图 10-19 所示的对话框。单击右侧的"Restart IDE"按钮重启 IDEA。

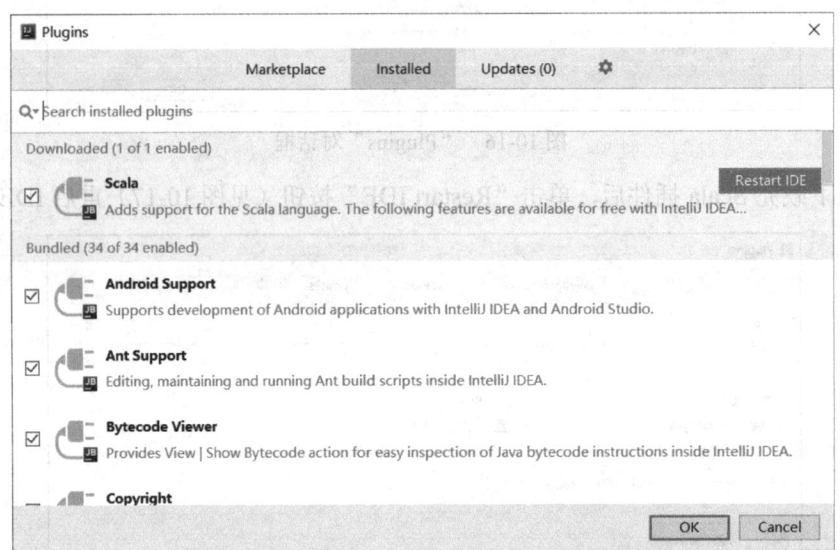

图 10-19 安装完 Scala 插件后弹出的对话框

10.4.2 配置 Spark 运行环境

在 IDEA 中配置 Spark 运行环境，需要在创建好的 IDEA 的 Maven 工程中添加 Spark 开发依赖包。

1．创建 Maven 工程

（1）参考项目 2，创建名称为"MallCustomer_K"的 Maven 工程，MallCustomer_K 工程页面如图 10-20 所示。

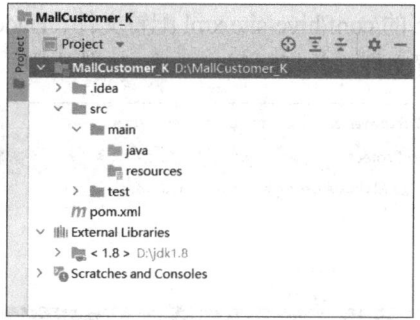

图 10-20　MallCustomer_K 工程页面

（2）选择"File"→"Project Structure"命令，或者使用快捷键"Ctrl+Alt+Shift+S"，打开工程结构对话框，如图 10-21 所示。

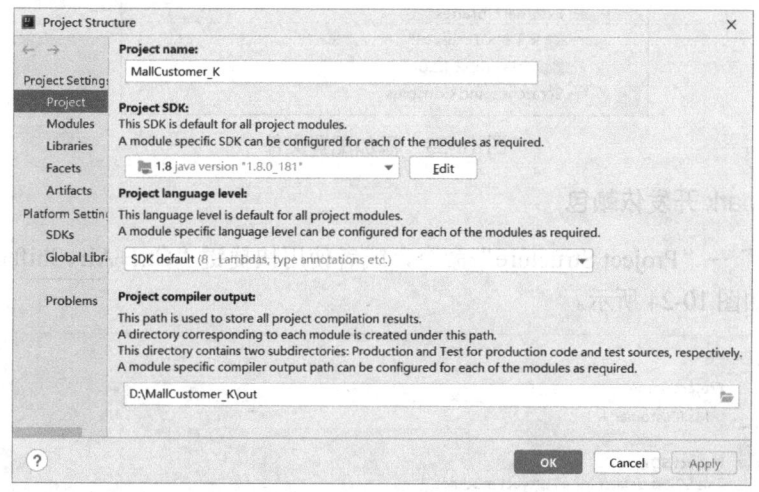

图 10-21　工程结构对话框 1

（3）选择"Libraries"选项卡，单击 **+** 按钮，选择"Scala SDK"选项，在弹出的对话框中选择 2.12 之后版本的 Scala 插件，单击"OK"按钮，即可将 Scala 插件添加到 MallCustomer_K 工程中，如图 10-22 所示。

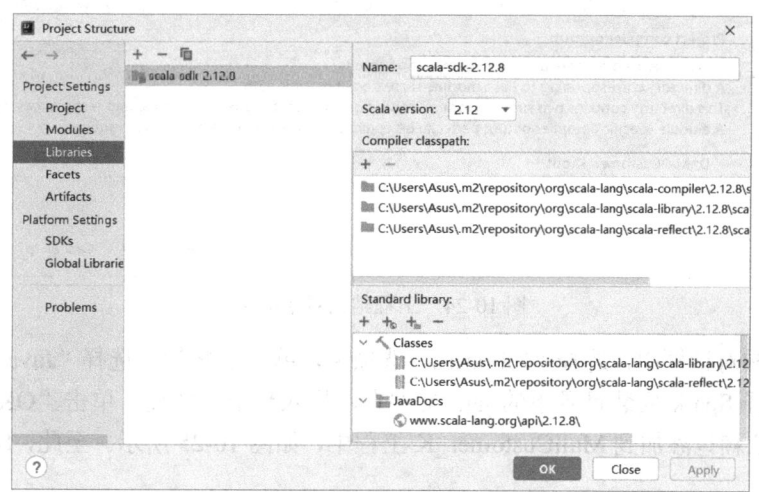

图 10-22　添加 Scala 插件

（4）下载 Hive 安装目录下的/conf/hive-site.xml 配置文件、Hadoop 安装目录下的 hdfs-site.xml 和/etc/hadoop/core-site.xml 配置文件，并复制到 resource 文件夹中，如图 10-23 所示。

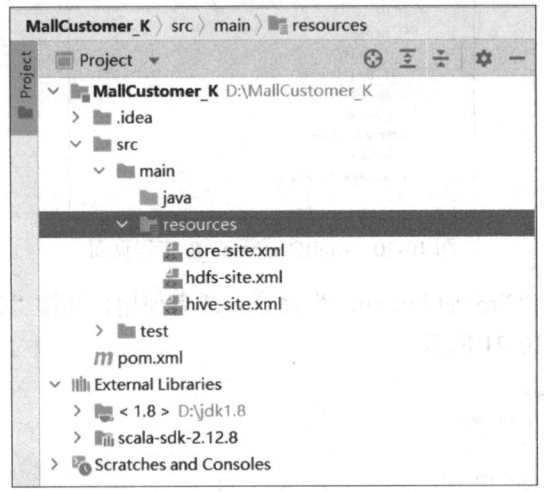

图 10-23　添加配置文件

2．添加 Spark 开发依赖包

选择"File"→"Project Structure"命令，或者使用快捷键"Ctrl+Alt+Shift+S"，打开工程结构对话框，如图 10-24 所示。

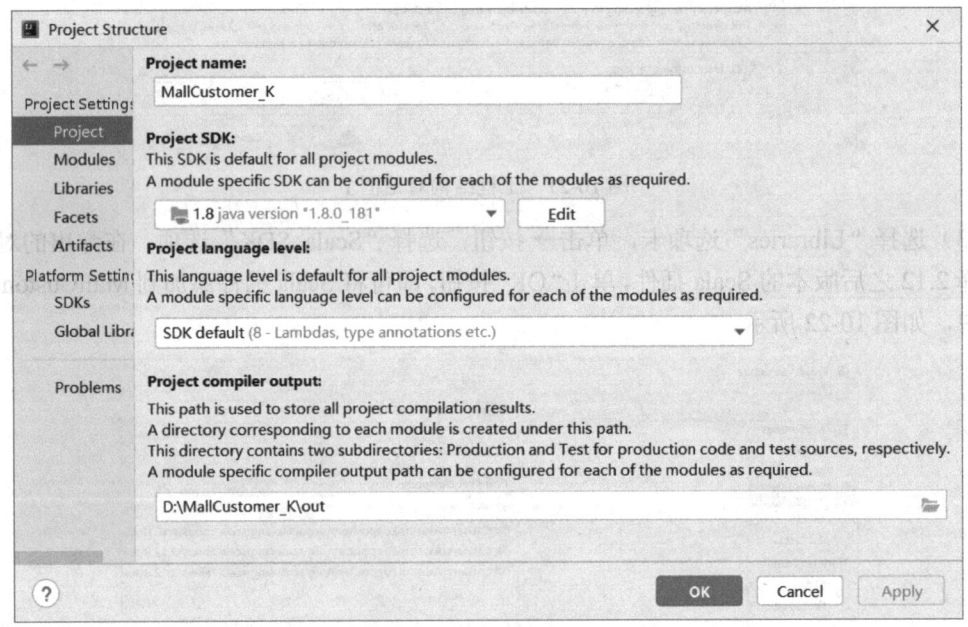

图 10-24　工程结构对话框 2

在工程结构对话框中，选择"Libraries"选项卡，单击➕按钮，选择"Java"选项，在弹出的对话框中选择 Spark 安装目录下的 jars 文件夹，导入整个文件夹，单击"OK"按钮，即可将 Spark 开发依赖包添加到 MallCustomer_K 工程中，如图 10-25 所示。至此，Spark 运行环境的配置完成。

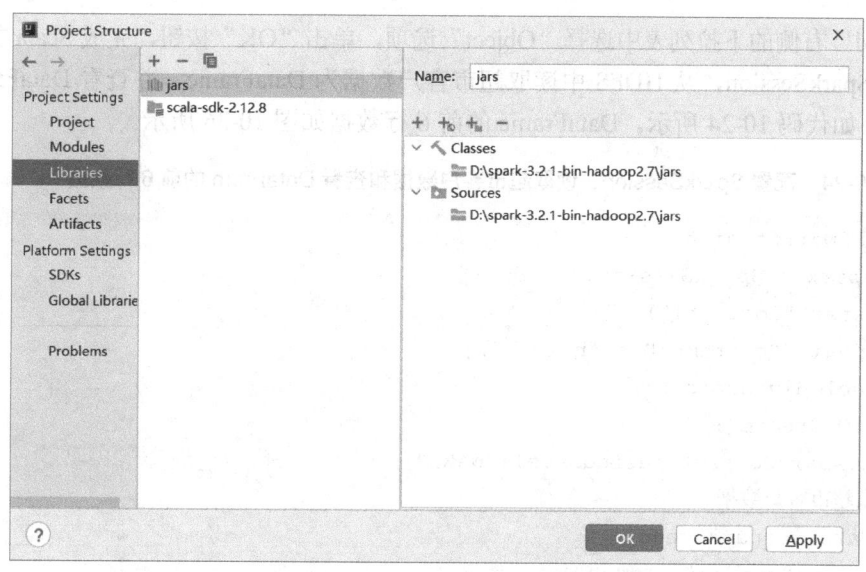

图 10-25　添加 Spark 开发依赖包

10.4.3　探索数据与构建特征

超市客户数据包含某超市通过会员卡获得一些客户的基本数据，如客户的 ID、年龄、性别、年收入和消费分数。其中，消费分数是根据定义的参数（如客户行为和购买数据）分配给客户的。超市客户数据变量说明如表 10-8 所示。

表 10-8　超市客户数据变量说明

变 量 名	变 量 说 明	变量类型及说明
CustomerID	客户的唯一 ID 编码	Int
Gender	客户的性别	String
Age	客户的年龄	Int
Annual Income	客户的年收入	Int，单位为千元
Spending Score	客户的消费分数	Int，范围为 1~100

读取超市客户数据并创建 DataFrame。由于数据比较多，因此将超市客户数据文件 Mall_Customers.csv 上传到 HDFS 的/user/root 目录下，并在 Hive 中创建名为"mall"的数据库，如代码 10-23 所示。本案例的完整流程将在 IDEA 开发环境中通过编程实现，具体步骤如下。

代码 10-23　将超市客户数据文件上传至 HDFS

```
// 将超市客户数据文件上传至 HDFS
hdfs dfs -put /data/Mall_Customers.csv /user/root/

// 在 Hive 中创建名为"mall"的数据库
create database mall;
```

1. 配置 SparkSession 并读取超市客户数据

右击 MallCustomer_K 工程下的"src/main/java"文件夹，在弹出的对话框中选择"New"→"Scala Class"命令，在包下新建一个 Scala 类，将 Scala 类的类名设置为"customerDataAnalyse"，

并在"Kind"右侧的下拉列表中选择"Object"选项，单击"OK"按钮，完成 Scala 类的创建。

配置 SparkSession，从 HDFS 中读取超市客户数据为 DataFrame，并查看 DataFrame 的前 6 行数据，如代码 10-24 所示。DataFrame 的前 6 行数据如图 10-26 所示。

代码 10-24　配置 SparkSession、读取超市客户数据和查看 DataFram 的前 6 行数据

```
//配置 SparkSession
val spark = SparkSession.builder()
  .master("local[*]")
  .appName("customerDataAnalyse")
  .enableHiveSupport()
  .getOrCreate()
spark.sparkContext.setLogLevel("WARN")
//读取超市客户数据
val data = spark.read
  .option("header", "true")
  .option("inferSchema", "true")
  .option("delimiter", ",")
  .csv("hdfs://master:8020/user/root/Mall_Customers.csv")
//查看 DataFrame 的前 6 行数据
data.show(6, false)
```

```
+----------+------+---+-----------------+----------------------+
|CustomerID|Gender|Age|Annual Income (k$)|Spending Score (1-100)|
+----------+------+---+-----------------+----------------------+
|1         |Male  |19 |15               |39                    |
|2         |Male  |21 |15               |81                    |
|3         |Female|20 |16               |6                     |
|4         |Female|23 |16               |77                    |
|5         |Female|31 |17               |40                    |
|6         |Female|22 |17               |76                    |
+----------+------+---+-----------------+----------------------+
only showing top 6 rows
```

图 10-26　DataFrame 的前 6 行数据

2. 统计性别分布

由于男性客户和女性客户在对待购物这件事情上看法可能有所差别，因此先查看不同性别的客户人数及占比情况，如代码 10-25 所示，返回结果如图 10-27 所示。

代码 10-25　统计性别分布

```
import org.apache.spark.sql.functions._
println("性别分布统计，统计各性别人数，计算占比情况：")
data.groupBy("Gender").count()
  .withColumn("GenderPercent", round(col("count") / data.count() * 100, 2))
  .show(false)
```

3. 统计年龄分布

由于不同年龄的客户在对待购物这件事情上的看法也可能有所差别，因此需要查看客户年龄的分布情况，如代码 10-26 所示，返回结果如图 10-28 所示。

```
性别分布统计，统计各性别人数，计算占比情况：
+------+-----+-------------+
|Gender|count|GenderPercent|
+------+-----+-------------+
|Female|112  |56.0         |
|Male  |88   |44.0         |
+------+-----+-------------+
```

图 10-27　性别分布情况

代码 10-26　统计年龄分布

```
println("年龄分布统计，统计各年龄人数，计算占比情况：")
data.groupBy("Age").count()
  .withColumn("AgePercent", round(col("count") / data.count(), 2))
  .sort(desc("count"))
  .show(false)
```

```
年龄分布统计，统计各年龄人数，计算占比情况：
+---+-----+----------+
|Age|count|AgePercent|
+---+-----+----------+
|32 |11   |0.06      |
|35 |9    |0.05      |
|31 |8    |0.04      |
|19 |8    |0.04      |
|49 |7    |0.04      |
|30 |7    |0.04      |
|23 |6    |0.03      |
|47 |6    |0.03      |
|38 |6    |0.03      |
|40 |6    |0.03      |
|27 |6    |0.03      |
|36 |6    |0.03      |
```

图 10-28　年龄分布情况

4．构建年收入等级特征

客户的年收入水平是一个显著影响客户消费的指标，根据客户的年收入构建年收入等级特征，将该等级特征作为新的一列保存到新的 DataFrame 中，并查看分布情况，如代码 10-27 所示，返回结果如图 10-29 所示。

代码 10-27　构建年收入等级特征

```
//年收入等级划分，根据收入字段划分并新建收入水平字段
//划分为 5 个等级，即<35、35~56、56~77、77~98、>98，并计算各个等级的人数和占比情况
println("年收入等级划分：")
val newdata1 = data.withColumn("IncomeLevel",
  when(col("Annual Income (k$)") < 35, 1).
    when(col("Annual Income (k$)") > 35 and col("Annual Income (k$)") <= 56, 2).
    when(col("Annual Income (k$)") > 56 and col("Annual Income (k$)") <= 77, 3).
    when(col("Annual Income (k$)") > 77 and col("Annual Income (k$)") <= 98, 4).
    when(col("Annual Income (k$)") > 98, 5).
    otherwise(6))
```

```
newdata1.groupBy("IncomeLevel").count().withColumn("IncomeLevelPercent",
round(col("count") / data.count() * 100, 2))
    .show()
```

```
年收入等级划分:
+----------+-----+------------------+
|IncomeLevel|count|IncomeLevelPercent|
+----------+-----+------------------+
|         1|   38|              19.0|
|         3|   62|              31.0|
|         5|   16|               8.0|
|         4|   36|              18.0|
|         2|   48|              24.0|
+----------+-----+------------------+
```

图 10-29　年收入等级情况

5. 构建消费等级特征

消费分数代表客户对商城的贡献和价值，可以侧面反映客户对此商城的满意程度。根据客户的消费分数构建消费等级特征，将该等级特征作为新的一列保存到新的 DataFrame 中，并查看分布情况，如代码 10-28 所示，返回结果如图 10-30 所示。

代码 10-28　构建消费等级特征

```
//消费得分分布，根据消费字段新建消费水平等级字段
//划分为5个等级，即<10、10~30、30~50、50~70、70~100，并计算各个等级的人数和占比情况
println("消费等级分布: ")
val newdata2 = newdata1.withColumn("SpendLevel",
  when(col("Spending Score (1-100)") <= 10, 1).
    when(col("Spending Score (1-100)") > 10 and col("Spending Score (1-100)")
<= 30, 2).
    when(col("Spending Score (1-100)") > 30 and col("Spending Score (1-100)")
<= 50, 3).
    when(col("Spending Score (1-100)") > 50 and col("Spending Score (1-100)")
<= 70, 4).
    when(col("Spending Score (1-100)") > 70 and col("Spending Score (1-100)")
<= 100, 5))

    newdata2.groupBy("SpendLevel").count().withColumn("SpendLevelPercent",
round(col("count") / data.count() * 100, 2))
    .show()
```

```
消费等级分布:
+----------+-----+-----------------+
|SpendLevel|count|SpendLevelPercent|
+----------+-----+-----------------+
|         1|   16|              8.0|
|         3|   57|             28.5|
|         5|   54|             27.0|
|         4|   43|             21.5|
|         2|   30|             15.0|
+----------+-----+-----------------+
```

图 10-30　消费等级分布情况

10.4.4　保存数据至 Hive

在 Xshell 中输入启动命令，启动 Hive 的 metastore 服务与 hiveserver2 服务，如代码 10-29 所示。对客户年收入与消费分数两个字段进行重命名，方便后续机器学习的模型构建，并将修改后的客户数据写入 Hive，如代码 10-30 所示。

代码 10-29　启动 Hive 的服务

```
// 启动 metastore 服务与 hiveserver2 服务
hive --service metastore &
hive --service hiveserver2 &
```

代码 10-30　重命名字段并写入数据至 Hive

```
// 重命名字段
println("对字段名进行重命名：")
val newdata3 = newdata2.withColumnRenamed("Annual Income (k$)", "Income")
  .withColumnRenamed("Spending Score (1-100)", "Spending")

// 写入数据至 Hive
newdata3.write.mode("overwrite")
  .option("header", "true")
  .saveAsTable("mall.customer")

println("写入数据至 Hive 成功！")
```

在 Hive 中查看已写入的数据，如图 10-31 所示。

```
hive> select * from customer limit 10;
OK
1       Male    19      15      39      1       3
2       Male    21      15      81      1       5
3       Female  20      16      6       1       1
4       Female  23      16      77      1       5
5       Female  31      17      40      1       3
6       Female  22      17      76      1       5
7       Female  35      18      6       1       1
8       Female  23      18      94      1       5
9       Male    64      19      3       1       1
10      Female  30      19      72      1       5
Time taken: 61.211 seconds, Fetched: 10 row(s)
```

图 10-31　写入 Hive 的数据

10.4.5　构建 K-means 聚类模型

在 MallCustomer_K 工程的 src/main/java 文件夹下创建类名为"kmeansModel"的 Scala 类，在"Kind"下拉列表中选择"Object"选项并按回车键。

在构建 K-means 聚类模型前，需要将建模所需的特征字段类型修改为 Double 类型，先使用 StringIndexer()方法将客户性别（gender）字段的值编码成标签索引，再使用 VectorAssembler() 方法将客户特征合并到一个特征列中。构建 K-means 聚类模型参数网格，设置最大迭代次数、随机种子和 K 值，使用训练集切分验证，获取最佳参数模型，设置模型评估器为 ClusteringEvaluator，训练模型，并得到聚类结果。K-means 聚类模型的完整实现如代码 10-31 所示，返回结果如图 10-32～图 10-34 所示。

代码 10-31　K-means 聚类模型的完整实现

```
object kmeansModel {
  def main(args: Array[String]): Unit = {
    val spark = SparkSession.builder()
      .appName("kmeansModel")
      .master("local[*]")
      .enableHiveSupport()
      .getOrCreate()
    spark.sparkContext.setLogLevel("WARN")
    /**
     * 修改需要进行模型计算的特征字段为 Double 类型
     */
    val data = spark.table("mall.customer")
      .selectExpr("cast(age as double) age",
        "cast(income as double)income",
        "cast(spending as double)spending",
        "gender")
    //获取数据列名
    val columns = data.columns

    /**
     * 构建模型，包含 StringIndex()方法（将 gender 性别字符数据转换为 Int 类型）
     *VectorAssembler()方法（整合特征字段为 Vector）和 K-means 聚类模型。将前 3 个模型放入管道
     */
    val StringIndex = new StringIndexer()
      .setInputCol("gender")
      .setOutputCol("sex")

    val Vector = new VectorAssembler()
      .setInputCols((columns :+ "sex").filter(!_.contains("gender")))
      .setOutputCol("features")

    val KMeanModel = new KMeans()
    val pipeline = new Pipeline()
      .setStages(Array(StringIndex, Vector, KMeanModel))
    /**
     * 构建 K-means 聚类模型参数网格，设置最大迭代次数、随机种子和 K 值
     * 使用训练集切分验证（默认 75%），获取最佳参数模型，设置模型评估器为 ClusteringEvaluator
     * 训练模型，并得到聚类结果
```

```
    */
    val paramGrid = new ParamGridBuilder()
      .addGrid(KMeanModel.maxIter, Array(10, 20, 50))
      .addGrid(KMeanModel.seed, Array(1L, 2L, 3L))
      .addGrid(KMeanModel.k, Array(3, 4, 5, 6, 7, 8, 9, 10))
      .build()
    val trainValidationSplit = new TrainValidationSplit()
      .setEstimator(pipeline)
      .setEvaluator(new ClusteringEvaluator())
      .setEstimatorParamMaps(paramGrid)
      .setParallelism(3)
    val model = trainValidationSplit.fit(data)
    val result = model.transform(data)

    //计算最佳模型的轮廓系数
    val evaluator = new ClusteringEvaluator()
    val silhoette = evaluator.evaluate(result)

    /**
      * 输出最佳模型的参数和轮廓系数
      */
    import org.apache.spark.ml.Pipeline
    val bestPipeline = model.bestModel.parent.asInstanceOf[Pipeline]
    val stage = bestPipeline.getStages(2)
    println("最佳迭代次数: " + stage.extractParamMap.get(stage.getParam("maxIter")))
    println("最佳随机种子: " + stage.extractParamMap.get(stage.getParam("seed")))
    println("最佳 K 值: " + stage.extractParamMap.get(stage.getParam("k")))
    println("轮廓系数: " + silhoette)
    println("模型训练结果: ")
    result.show(5,false)
    println("查看聚类结果: ")
    result.groupBy("prediction").count()
      .sort(desc("count")).show()

  }
}
```

```
最佳迭代次数：Some(10)
最佳随机种子：Some(1)
最佳K值：Some(5)
轮廓系数：0.6276007113904088
```

图 10-32　最佳模型参数

```
模型训练结果:

+----+------+--------+------+---+---------------------------+----------+
|age |income|spending|gender|sex|features                   |prediction|
+----+------+--------+------+---+---------------------------+----------+
|19.0|15.0  |39.0    |Male  |1.0|[19.0,15.0,39.0,1.0]|1        |
|21.0|15.0  |81.0    |Male  |1.0|[21.0,15.0,81.0,1.0]|0        |
|20.0|16.0  |6.0     |Female|0.0|[20.0,16.0,6.0,0.0] |1        |
|23.0|16.0  |77.0    |Female|0.0|[23.0,16.0,77.0,0.0]|0        |
|31.0|17.0  |40.0    |Female|0.0|[31.0,17.0,40.0,0.0]|1        |
+----+------+--------+------+---+---------------------------+----------+
only showing top 5 rows
```

图 10-33　模型训练结果

```
查看聚类结果:

+----------+-----+
|prediction|count|
+----------+-----+
|         4|   76|
|         3|   39|
|         2|   37|
|         0|   25|
|         1|   23|
+----------+-----+
```

图 10-34　聚类结果

项目总结

本项目首先实现了 Spark 组件的安装与配置，包括 Spark 计算框架使用语言的 Scala 组件的安装与配置；然后基于配置好的 Spark 环境，在 spark-shell 中简单实现了单词统计；最后结合超市客户聚类分析案例，介绍 Spark SQL 与 Spark MLlib。通过学习本项目中的内容，读者可以掌握通过 Spark MLlib 来解决与机器学习相关的实际问题。

广电大数据用户画像

项目介绍

如今，广电公司已经积累了海量的用户数据，包括用户基本信息数据、用户收视数据、用户订单数据、用户账单数据等。因此，广电公司可以根据用户的特点，从人群、时间、地点、产品和付费方式 5 个维度来挖掘和分析用户数据，对用户进行全面的画像。例如，从人群维度分析用户的年龄特征（如少儿、青少年、中年或老年等），以及分析收视的语言（如外语、普通话、粤语等）；从时间维度分析用户每天观看电视的时长或用户观看某一电视节目的时长；从地点维度分析用户的收视所在地；从产品维度分析用户喜欢观看的电视频道（如点播频道、回看频道或直播频道等）或节目类型（如体育、电视剧、购物、少儿等）；从付费方式维度分析用户是收费用户还是免费用户。

本项目将通过用户画像掌握广电用户群体的特征和收视行为习惯模式，了解用户的实际特征和实际需求，并提供个性化、精准化和智能化的推荐服务。为用户提供一种更直接、更方便、更个性化的体验，以此来挽留用户、减少用户的流失。

任务安排

任务 11.1 说明与存储数据
任务 11.2 探索与预处理数据
任务 11.3 构建 SVM 预测模型与用户画像

学习目标

（1）掌握创建 Hive 数据库的方法。
（2）掌握 Hive 表导入数据的方法。
（3）掌握用 Spark 分析数据的方法。
（4）了解数据分析的基本流程。

任务 11.1 说明与存储数据

任务描述

业务表有用户基本信息表、用户状态信息变更表、账单信息表、订单信息表及用户收视行为信息表，本任务将简单介绍这 5 张业务表，并存储数据到 Hive 中。

任务分析

业务表的数据说明与存储操作步骤如下。
（1）了解 5 张业务表的表结构，为下一步存储提供便利。
（2）将 5 张业务表存储到 Hive 中，为后续探索与处理数据提供数据输入源。

任务实施

用户基本信息表（mediamatch_usermsg）结构如表 11-1 所示，部分数据如图 11-1 所示。

表 11-1　用户基本信息表结构

字　段	描　述
terminal_no	用户地址编号
phone_no	用户编号
sm_name	品牌名称
run_name	状态名称
sm_code	品牌编号
owner_name	用户等级名称
owner_code	用户等级
run_time	状态变更时间
addressoj	完整地址
estate_name	街道或小区地址
force	宽带是否生效
open_time	开户时间

phone_no	run_time	sm_name	run_name	terminal_no	owner_name	open_time
5132880	2013-05-31 11:59:22	模拟有线电视	正常	2000417991	HC级	2013-05-31 11:59:22
5162217	2013-07-29 17:45:38	模拟有线电视	正常	2000552769	HC级	NULL
5134817	2016-06-18 10:02:11	数字电视	正常	2000156870	HC级	2012-10-29 12:21:12
5163904	2018-01-18 08:51:58	珠江宽频	欠费暂停	2000157200	HC级	2013-08-10 15:08:12
5138439	2015-11-30 23:33:04	互动电视	主动暂停	2000404015	HC级	2012-11-28 21:12:44
5143217	2013-01-19 16:35:13	互动电视	正常	2000067688	HC级	2013-01-19 16:35:13
5143998	2015-06-19 10:06:57	互动电视	欠费暂停	2000543426	HC级	NULL
5145435	2014-07-21 16:06:21	数字电视	主动销户	2000542932	HC级	NULL
5146901	2013-02-20 11:52:12	互动电视	正常	2000276061	HC级	2013-02-20 11:52:12
5164344	2013-08-19 11:38:24	互动电视	正常	2000362522	HC级	2013-08-19 11:38:24

图 11-1　用户基本信息表部分数据

用户状态信息变更表（mediamatch_userevent）结构如表 11-2 所示，部分数据如图 11-2 所示。

表 11-2　用户状态信息变更表结构

字　段	描　述
run_name	状态名称
run_time	更改状态时间

字　段	描　述
owner_code	用户等级编号
owner_name	用户等级名称
sm_name	品牌名称
open_time	开户时间
phone_no	用户编号

run_name	run_time	owner_code	sm_name	open_time	phone_no	owner_name
正常	2014-02-20 16:45:47	00	模拟有线电视	2014-02-20 16:45:47	3514607	HC级
欠费暂停	2016-10-11 15:07:22	00	珠江宽频	2014-02-25 11:17:11	3514693	HC级
正常	2014-04-06 11:35:21	00	数字电视	2014-04-06 11:35:21	3515712	EE级
正常	2014-02-22 12:30:24	00	模拟有线电视	2014-02-22 12:30:24	3514827	HC级
欠费暂停	2015-02-28 10:35:47	00	数字电视	2014-03-08 10:49:58	3515835	HC级
正常	2014-02-23 14:39:44	00	模拟有线电视	2014-02-23 14:39:44	3514996	HC级
创建	2014-03-05 11:30:55	00	模拟有线电视	2014-03-05 18:45:23	3516482	HC级
正常	2016-07-21 10:43:13	00	互动电视	2014-03-09 14:21:22	3516941	HC级
欠费暂停	2015-07-21 11:38:29	00	数字电视	2014-03-08 10:49:58	3515835	HC级
欠费暂停	2015-09-16 10:20:29	00	数字电视	2014-03-10 12:37:01	3517045	HC级

图 11-2　用户状态信息变更表部分数据

账单信息表（mmconsume_billevents）结构如表 11-3 所示，部分数据如图 11-3 所示。

表 11-3　账单信息表结构

字　段	描　述
fee_code	费用类型
phone_no	用户编号
owner_code	用户等级
owner_name	用户等级编号
sm_name	品牌名
year_month	账单时间
terminal_no	用户地址编号
favour_fee	优惠金额（+代表优惠，-代表额外费用）
should_pay	应收金额，单位为元

year_month	terminal_no	sm_name	favour_fee	owner_code	should_pay	fee_code	phone_no	owner_name
2018-03-01 00:00:00	2000304671	互动电视	0.0	00	26.5	0B	1603021	HC级
2018-06-01 00:00:00	2000304671	互动电视	0.0	00	26.5	0B	1603021	HC级
2018-04-01 00:00:00	2000016684	数字电视	5.0	00	27.0	0Y	1603120	HC级
2018-07-01 00:00:00	2000355663	数字电视	0.0	00	5.0	0Y	1603318	HC级
2018-03-01 00:00:00	2000355663	数字电视	0.0	00	5.0	0Y	1603318	HE级
2018-04-01 00:00:00	2000355663	数字电视	0.0	00	5.0	0Y	1603318	HC级
2018-01-01 00:00:00	2000355663	数字电视	0.0	NULL	5.0	0Y	1603318	HE级
2017-12-01 00:00:00	2000355663	数字电视	0.0	NULL	5.0	0Y	1603318	HE级
2018-05-01 00:00:00	2000355137	数字电视	0.0	00	5.0	0Y	1603354	HC级
2017-12-01 00:00:00	2000355137	数字电视	0.0	NULL	5.0	0Y	1603354	HE级

图 11-3　账单信息表部分数据

订单信息表（order_index）结构如表 11-4 所示，部分数据如图 11-4 所示。

表 11-4　订单信息表结构

字　段	描　述
phone_no	用户编号
owner_name	用户等级名称
optdate	产品订购状态更新时间
Prodname	订购产品名称
sm_name	用户品牌名称
offerid	订购套餐编号
offername	订购套餐名称
business_name	订购业务状态
owner_code	用户等级
prodprcid	订购产品名称（带价格）的编号
prodprcname	订购产品名称（带价格）
effdate	产品生效时间
expdate	产品失效时间
orderdate	产品订购时间
cost	订购产品价格
mode_time	产品标识，辅助标识电视主、附销售品
prodstatus	订购产品状态
run_name	状态名
orderno	订单编号

offerid	offername	owner_name	orderdate	prodname	expdate	business_name
GZ122216	互动标准包(副卡)	HC级	2015-01-30 09:44:21	标清直播基本包_广州	2050-01-01 00:00:00	欠费暂停状态
GZ122216	互动标准包(副卡)	HE级	2015-01-30 09:44:21	所有基本节目_时移	2050-01-01 00:00:00	欠费暂停状态
GZ122216	互动标准包(副卡)	HE级	2015-01-30 09:44:21	个人用户免费专区_点播	2050-01-01 00:00:00	正常状态
GZ122216	互动标准包(副卡)	HE级	2015-01-30 09:44:21	基本组_点播	2015-03-31 00:00:00	到期暂停状态
00118041	[互动]优惠购机(388元)(26.5元/月)	HE级	2013-12-02 15:10:03	个人用户免费专区_点播	2014-12-31 23:59:59	到期暂停状态
GZ101369	支持单片点播权限(按片付费)	HE级	2013-12-02 15:10:03	广州基本点播组	2050-01-01 00:00:00	正常状态
GZ122216	互动标准包(副卡)	HE级	2015-01-30 09:44:21	标清直播基本包_广州	2050-01-01 00:00:00	正常状态
GZ122560	互动+联合宽带-59元包	HE级	2016-01-19 11:07:02	精彩点_点播	2050-01-01 00:00:00	正常状态
GZ122560	互动+联合宽带-59元包	HE级	2016-01-19 11:07:02	宝贝家	2050-01-01 00:00:00	正常状态
GZ122560	互动+联合宽带-59元包	HE级	2016-01-19 11:07:02	应用类点播组	2050-01-01 00:00:00	正常状态

图 11-4　订单信息表部分数据

用户收视行为信息表（media_index）结构如表 11-5 所示，部分数据如图 11-5 所示。

表 11-5　用户收视行为信息表结构

字　段　名	描　述
terminal_no	用户地址编号
phone_no	用户编号
duration	观看时长，单位为 ms
station_name	直播频道名称
origin_time	观看行为开始时间
end_time	观看行为结束时间
owner_code	用户等级
owner_name	用户等级名称

续表

字 段 名	描 述
vod_cat_tags	vod 节目包相关信息（nested object），按不同的节目包目录组织
resolution	点播节目的清晰度
audio_lang	点播节目的语言类别
region	节目地区信息
res_name	设备名称
res_type	媒体节目类型，0 为直播，1 为点播或回看
vod_title	vod 节目名称
category_name	节目所属分类
program_title	直播节目名称
sm_name	用户品牌名称

terminal_no	phone_no	duration	station_name	origin_time	end_time	owner_code	owner_name
2000148366	5179844	434000	中央1台-高清	2018-10-13 22:18:21	2018-10-13 22:25:35	00	HC级
2000256434	1645503	660000	广东体育-高清	2018-10-13 21:19:00	2018-10-13 21:30:00	NULL	HE级
2000228389	1658031	3360000	广东体育-高清	2018-10-13 22:31:00	2018-10-13 23:27:00	00	HC级
2400214315	1709427	57000	湖北卫视-高清	2018-10-13 22:32:31	2018-10-13 22:33:28	00	HC级
2000212569	1405629	265000	上海纪实-高清	2018-10-13 22:22:57	2018-10-13 22:27:22	NULL	HE级
1200256367	1028894	1473000	广东体育-高清	2018-10-13 20:10:57	2018-10-13 20:35:30	00	HC级
12000499	1571196	1800000	CGTN	2018-10-13 23:30:00	2018-10-13 00:00:00	00	EE级
1200049788	1565737	76000	北京卫视-高清	2018-10-13 21:13:11	2018-10-13 21:14:27	00	HC级
1300173753	1993722	154000	北京纪实-高清	2018-10-13 23:44:38	2018-10-13 23:47:12	00	HC级
1100047425	2122375	3060000	湖北卫视-高清	2018-10-13 20:33:00	2018-10-13 21:24:00	00	HC级

图 11-5 用户收视行为信息表部分数据

参考项目 1，将 5 张业务表文件上传到 Linux 操作系统的/opt 目录下，使用 "sed" 命令删除表中的首行字段名，如代码 11-1 所示。

代码 11-1 删除首行字段名

```
sed -i '1d' /opt/mediamatch_userevent.csv
sed -i '1d' /opt/mediamatch_usermsg.csv
sed -i '1d' /opt/media_index.csv
sed -i '1d' /opt/mmconsume_billevents.csv
sed -i '1d' /opt/order_index.csv
```

在 Linux 操作系统的/opt 目录下创建名为 "csv2hive.hql" 的文件，用于创建 Hive 表与导入相关数据，文件内容如表 11-6 所示。

表 11-6 csv2hive.hql 文件内容

```
create database   user_profile;
use user_profile;
create table   mediamatch_usermsg(
terminal_no string,
phone_no string,
sm_name string,
run_name string,
sm_code string,
```

```
owner_name string,
owner_code string,
run_time string,
addressoj string,
open_time string,
force string)
row format delimited fields terminated by '\;';
load data local inpath '/opt/mediamatch_usermsg.csv' overwrite into table mediamatch_usermsg;

create table   mediamatch_userevent(
phone_no string,
run_name string,
run_time string,
owner_name string,
owner_code string,
open_time string)
row format delimited fields terminated by '\;';
load data local inpath '/opt/mediamatch_userevent.csv' overwrite into table mediamatch_userevent;

create table mmconsume_billevents(
terminal_no string,
phone_no string,
fee_code string,
year_month string,
owner_name string,
owner_code string,
sm_name string,
should_pay string,
favour_fee string)
row format delimited fields terminated by '\;';
load data local inpath '/opt/mmconsume_billevents.csv' overwrite into table mmconsume_billevents;

create table order_index(
phone_no string,
owner_name string,
optdate string,
prodname string,
sm_name string,
offerid string,
offername string,
business_name string,
owner_code string,
prodprcid string,
```

```
prodprcname string,
effdate string,
expdate string,
orderdate string,
cost string,
mode_time string,
prodstatus string,
run_name string,
orderno string,
offertype string)
row format delimited fields terminated by '\;';
load data local inpath '/opt/order_index.csv' overwrite into table order_index;

create table media_index(
terminal_no string,
phone_no string,
duration string,
station_name string,
origin_time string,
end_time string,
owner_code string,
owner_name string,
vod_cat_tags array<struct<level1_name:string,level2_name:string, level3_name:string,level4_name:string,level5_name:string>>,
resolution string,
audio_lang string,
region string,
res_name string,
res_type string,
vod_title string,
category_name string,
program_title string,
sm_name string)
row format delimited fields terminated by '\;';
load data local inpath '/opt/media_index.csv' overwrite into table media_index;
```

　　启动 Hadoop 集群、Hive 的 MetaStore 服务，在 Shell 中执行"hive -f /opt/csv2hive.hql"命令，即可完成 5 张业务表的创建与数据导入。

任务 11.2　数据探索与数据预处理

➡ 任务描述

　　本任务将对业务表（用户基本信息表、用户状态信息变更表、账单信息表、订单信息表及用户收视行为信息表）这 5 张表进行总体的概述、探索与预处理数据。

➡ 任务分析

业务表的数据探索与数据预处理操作步骤如下。

（1）总体概述。

（2）探索异常数据。

（3）探索主要业务数据。

（4）探索标签阈值。

（5）预处理数据。

➡ 任务实施

11.2.1　总体概述

本节将对 5 张业务表进行总体的概述，介绍其中的记录数、用户数、观看时长的均值和最值、用户月均观看时长。

1．统计记录数与用户数

启动 Spark 集群，执行 "spark-shell" 命令启动 Spark Shell 界面，读取 Hive 中的数据，如代码 11-2 所示。

代码 11-2　读取数据

```
val hiveContext = new org.apache.spark.sql.hive.HiveContext(sc)
val usermsgData = hiveContext.sql("select * from user_profile.mediamatch_usermsg")
val usereventData = hiveContext.sql("select * from user_profile.mediamatch_userevent")
val billeventsData = hiveContext.sql("select * from user_profile.mmconsume_billevents")
val orderData = hiveContext.sql("select * from user_profile.order_index")
val mediaData = hiveContext.sql("select * from user_profile.media_index")
```

为了初步了解 5 张业务表中的数据量与用户，现统计每张业务表中的记录数与用户数，如代码 11-3 所示。

代码 11-3　统计记录数与用户数

```
usermsgData.count
usereventData.count
billeventsData.count
orderData.count
mediaData.count
usermsgData.select("phone_no").distinct().count
```

每张业务表中的记录数与用户数统计结果如图 11-6 所示。

2．统计观看时长

为了掌握用户收视行为记录中的观看时长的取值范围，统计用户收视行为记录中观看时长的均值、最值和标准差，如代码 11-4 所示。

```
scala> usermsgData.count
res0: Long = 100000

scala> usereventData.count
res1: Long = 3000

scala> billeventsData.count
res2: Long = 439158

scala> orderData.count
res3: Long = 608514

scala> mediaData.count
res4: Long = 4754442

scala> usermsgData.select("phone_no").distinct().count
res5: Long = 100000
```

图 11-6 每张业务表中的记录数与用户数统计结果

代码 11-4 统计用户收视行为记录中观看时长的均值、最值和标准差

```
mediaData.select(avg(col("duration")/1000).alias("avg_duration"),min(col("duration")/1000)
    .alias("min_duration"),max(col("duration")/1000).alias("max_duration"),stddev(col("duration")/1000)
    .alias("std_duration")).show
```

观看时长的均值、最值和标准差如图 11-7 所示。

```
+------------------+------------+------------+-----------------+
|      avg_duration|min_duration|max_duration|     std_duration|
+------------------+------------+------------+-----------------+
|1104.3057458688106|         0.0|     17992.0|1438.586280824835|
+------------------+------------+------------+-----------------+
```

图 11-7 观看时长的均值、最值和标准差

统计每个用户平均每月的观看时长，进而掌握每个用户对电视的依赖程度，如代码 11-5 所示。

代码 11-5 统计每个用户月均观看时长

```
val perUserDuraton =
mediaData.groupBy("phone_no").agg((sum("duration")/(3*1000*60*60))
    .alias("duration_avg"))
    perUserDuraton.orderBy(col("duration_avg").desc).show(5)
```

每个用户月均观看时长如图 11-8 所示。

```
scala> perUserDuraton.orderBy(col("duration_avg").desc).show(5)
+--------+------------------+
|phone_no|      duration_avg|
+--------+------------------+
| 2431708| 647.7153703703704|
| 2038740| 563.5687037037037|
| 4484813| 546.3314814814814|
| 4841334| 533.2892592592592|
| 3639774| 521.6188888888889|
+--------+------------------+
only showing top 5 rows
```

图 11-8 每个用户月均观看时长

11.2.2 探索异常数据

本节主要查看用户基本信息表中是否存在重复记录的用户、特殊线路的用户及政企用户。

1. 查看用户基本信息表中重复记录的用户

通过 groupBy 进行分组，count 统计重复数据，filter 查看记录数大于 1 的用户，如代码 11-6 所示。

代码 11-6　查看用户基本信息表中重复记录的用户

```
usermsgData.groupBy("phone_no").count().filter("count>1").count
usermsgData.groupBy("phone_no").count().orderBy(col("count").desc).show(3)
```

用户记录数如图 11-9 所示。

```
scala> usermsgData.groupBy("phone_no").count().filter("count>1").count
res10: Long = 0

scala> usermsgData.groupBy("phone_no").count().orderBy(col("count").desc).show(3)
+--------+-----+
|phone_no|count|
+--------+-----+
| 2067460|    1|
| 2304330|    1|
| 2167439|    1|
+--------+-----+
only showing top 3 rows
```

图 11-9　用户记录数

2. 查看特殊线路的用户

根据业务人员提供的信息，owner_code 字段的值为 "02" "09" "10" 的记录是特殊路线的用户，接下来对这 5 张业务表中的特殊线路的用户及其数量进行探索，如代码 11-7 所示。

代码 11-7　查看每张业务表中特殊线路的用户及其数量

```
val usermsgCode = usermsgData.groupBy("owner_code").count()
val usereventCode = usereventData.groupBy("owner_code").count()
val billeventsCode = billeventsData.groupBy("owner_code").count()
val orderCode = orderData.groupBy("owner_code").count()
val mediaCode = mediaData.groupBy("owner_code").count()
usermsgCode.show(20)
```

每张业务表中特殊线路的用户及其数量如图 11-10 所示。

```
scala> usermsgCode.show(20)
+----------+-----+
|owner_code|count|
+----------+-----+
|        07|   11|
|        15|   50|
|        00|99231|
|        05|  223|
|        08|    7|
|        02|  124|
|        06|   65|
|      NULL|  289|
+----------+-----+
```

图 11-10　每张业务表中特殊线路的用户及其数量

3. 查看政企用户

广电公司的用户主要是家庭用户，所以政企用户不纳入分析范围。政企用户的标识是 owner_name 字段的值为"EA 级"、"EB 级"、"EC 级"、"ED 级"或"EE 级"的用户，探索相关业务表中的政企用户及其数量（分组信息），如代码 11-8 所示。

代码 11-8 探索相关业务表中的分组信息

```
val usermsgOwnerName = usermsgData.groupBy("owner_name").count()
val usereventOwnerName = usereventData.groupBy("owner_name").count()
val billeventsOwnerName = billeventsData.groupBy("owner_name").count()
val orderOwnerName = orderData.groupBy("owner_name").count()
val mediaOwnerName = mediaData.groupBy("owner_name").count()
usermsgOwnerName.show(20)
usereventOwnerName.show(20)
billeventsOwnerName.show(20)
mediaOwnerName.show(20)
```

用户基本信息表 owner_name 字段的分组信息如图 11-11 所示。

用户状态信息变更表 owner_name 字段的分组信息如图 11-12 所示。

```
scala> usermsgOwnerName.show(20)
+----------+-----+
|owner_name|count|
+----------+-----+
|      EA级|   98|
|      HC级|93465|
|      HA级|  111|
|      EE级| 6130|
|      HE级|    1|
|      HB级|   55|
|      EB级|  140|
+----------+-----+
```

图 11-11 用户基本信息表 owner_name
字段的分组信息

```
scala> usereventOwnerName.show(20)
+----------+-----+
|owner_name|count|
+----------+-----+
|      HC级| 2784|
|      HA级|    3|
|      EE级|  204|
|      HB级|    3|
|      EA级|    5|
|      EB级|    1|
+----------+-----+
```

图 11-12 用户状态信息变更表 owner_name
字段的分组信息

账单信息表 owner_name 字段的分组信息如图 11-13 所示。

用户收视行为信息表 owner_name 字段的分组信息如图 11-14 所示。

```
scala> billeventsOwnerName.show(20)
+----------+------+
|owner_name| count|
+----------+------+
|      EA级|   197|
|      HC级|344537|
|      HA级|    28|
|      EE级| 16788|
|      HE级| 77049|
|      HB级|    71|
|      EB级|   488|
+----------+------+
```

图 11-13 账单信息表 owner_name
字段的分组信息

```
scala> mediaOwnerName.show(20)
+----------+-------+
|owner_name|  count|
+----------+-------+
|      EA级|    367|
|      HC级|4304098|
|      HA级|   1372|
|      EE级|  76566|
|      HE级| 370778|
|      HB级|   1261|
+----------+-------+
```

图 11-14 用户收视行为信息表 owner_name
字段的分组信息

11.2.3 探索主要业务数据

广电公司对主要业务数据的需求如下。

（1）业务品牌为珠江宽频、数字电视、互动电视、甜果电视。

（2）主要状态用户为正常、主动暂停、欠费暂停和主动销户。

（3）有效的收视数据。

因此，本节将对业务表中的品牌类型、用户状态、观看时长进行探索。

1．统计用户基本信息表中各品牌的用户数及占比

统计用户基本信息表中 sm_name 字段各品牌的用户数及占比，如代码 11-9 所示。

代码 11-9　统计用户基本信息表中 sm_name 字段各品牌的用户数及占比

```
val nums = usermsgData.count
usermsgData.groupBy("sm_name").count().withColumn("percent",col("count")/n
ums).show
```

各品牌的用户数及占比如图 11-15 所示。

```
scala> val nums = usermsgData.count
nums: Long = 100000

scala> usermsgData.groupBy("sm_name").count().withColumn("percent",col("count")/nums).show
+------------+-----+-------+
|     sm_name|count|percent|
+------------+-----+-------+
|    互动电视| 8341|0.08341|
|模拟有线电视|49451|0.49451|
|    数字电视|30131|0.30131|
|    珠江宽频| 6850| 0.0685|
|    甜果电视| 5227|0.05227|
+------------+-----+-------+
```

图 11-15　各品牌的用户数及占比

2．过滤用户状态名称

通过 groupBy、count 对用户状态名称进行分组统计，如代码 11-10 所示。

代码 11-10　统计用户基本信息表中各用户状态的记录数

```
usermsgData.groupBy("run_name").count().show()
```

各用户状态的记录数如图 11-16 所示。

```
scala> usermsgData.groupBy("run_name").count().show()
+--------+-----+
|run_name|count|
+--------+-----+
|欠费暂停| 9239|
|    冲正|   67|
|    创建|   30|
|主动暂停|15847|
|主动销户|13879|
|被动销户| 1446|
|    销号|    2|
|    正常|59490|
+--------+-----+
```

图 11-16　各用户状态的记录数

状态名称包含空值一共有 8 种类型，只保留正常、欠费暂停、主动暂停和主动销户的用户，其余状态的用户不需要分析处理。

3. 查询收视记录中的无效数据

用户收视行为信息表中记录了用户每次观看的时长，时间过短及时间过长的数据记录都是无效的。时间过短是因为用户切换频道时产生的记录，时间过长可能是因为用户没有关闭机顶盒产生的记录。时间过短与时间过长的范围需要进行统计分析得到。

（1）在用户收视行为信息表的 duration 字段中记录了用户的每次收视时长，把观看时长以每小时为一个区间来划分，统计各区的记录数，如代码 11-11 所示。

代码 11-11　统计观看时长以每小时为一个区间的记录数及占比

```
val total= mediaData.count.toDouble
val mediaHours= mediaData.withColumn("hours",floor(col("duration")/(1000*60*60)))
val hoursNum =
mediaHours.groupBy("hours").count().withColumn("percent",col("count")/total)
hoursNum.show
```

观看时长的记录数及占比如图 11-17 所示。

由图 11-17 可知，由于观看时长小于 1h 的记录数占了绝大部分，因此把这部分记录按每分钟为一个区间来划分，分析各区间的记录数分布情况，如代码 11-12 所示。

```
scala> hoursNum.show
+-----+-------+--------------------+
|hours|  count|             percent|
+-----+-------+--------------------+
|    0|4465601|  0.9392481809642436|
|    1| 280086| 0.0589103831743031|
|    3|   2439|5.129939538646175E-4|
|    2|   4865|0.001023253622612...|
|    4|   1451|3.051882849764494E-4|
+-----+-------+--------------------+
```

图 11-17　观看时长的记录数及占比

代码 11-12　统计观看时长小于 1h 的各区间的记录数及占比

```
val oneHour = mediaHours.where("hours=0")
val mediaMinutes = oneHour.withColumn("minutes",floor(col("duration")/(1000*60)))
val minutesNum = mediaMinutes.groupBy("minutes").count().withColumn
("percent",col("count")/total)
minutesNum.orderBy(col("minutes").asc).show(10)
```

观看时长小于 1h 的各区间的记录数及占比如图 11-18 所示。

```
scala> minutesNum.orderBy(col("minutes").asc).show(10)
+-------+------+-------------------+
|minutes| count|            percent|
+-------+------+-------------------+
|      0|849137|0.17859866625778587|
|      1|453136|0.09530792467338964|
|      2|282420|0.05940129251760774|
|      3|212649|0.044726384294939345|
|      4|162935|0.03427005734847539|
|      5|192035|0.04039064941795483|
|      6|116067|   0.024412328512999|
|      7|108055|0.022727167562460536|
|      8|100398|0.0211166736328577234|
|      9| 87188|0.018338219290507697|
+-------+------+-------------------+
only showing top 10 rows
```

图 11-18　观看时长小于 1h 的各区间的记录数及占比

（2）由图 11-18 可知，观看时长小于 1min 的记录数约占总记录数的 18%。为了进一步了解观看时长小于 1min 的秒级分布情况，把这部分数据按每秒为一个区间来划分，如代码 11-13 所示。

代码 11-13　统计观看时长小于 1min 的各区间的记录数及占比

```
// 筛选观看时长小于 1min 的记录
val oneMinute = mediaMinutes.where("minutes=0")
// 新增 seconds 字段，将观看时长转为以每秒为间隔的数并向下取整
val mediaSeconds = oneMinute.withColumn("seconds",floor(col("duration")/1000))
// 统计各 seconds 值的记录数
val secondsNum = mediaSeconds.groupBy("seconds").count().withColumn
("percent",col("count")/total)
// 按 seconds 字段升序排序并显示前 10 条结果
secondsNum.orderBy(col("seconds").asc).show(10)
```

观看时长小于 1min 的各区间的记录数及占比如图 11-19 所示。

```
scala> secondsNum.orderBy(col("seconds").asc).show(10)
+-------+-----+--------------------+
|seconds|count|             percent|
+-------+-----+--------------------+
|      0|19449|0.004090700864580954|
|      1| 2793| 5.874506408953985E-4|
|      2| 2485| 5.226691165861315E-4|
|      3| 2450| 5.153075797328057E-4|
|      4| 2365| 4.974295616604431E-4|
|      5| 2599| 5.466466937655355E-4|
|      6| 2385| 5.016361541480578E-4|
|      7| 2533| 5.327649385564069E-4|
|      8| 2544|  5.35078564424595E-4|
|      9| 2593| 5.45384716019251E-4|
+-------+-----+--------------------+
only showing top 10 rows
```

图 11-19　观看时长小于 1min 的各区间的记录数及占比

（3）在用户收视行为信息表中，还有一部分数据是 res_type=0、origin_time 和 end_time 的秒时间单位为 00 的记录，这些记录是机顶盒自动返回的数据，并不是用户真实的观看记录，因此在后续预处理时这一部分数据是需要删除的，如代码 11-14 所示。

代码 11-14　查询收视记录中的无效数据

```
val invalidData = mediaData.filter("res_type=0").filter(col("origin_time")
.endsWith("00") and col("end_time").endsWith("00"))
invalidData.count
invalidData .show(2,false)
```

无效收视记录的数量如图 11-20 所示，无效收视记录如图 11-21 所示。

```
scala> invalidData.count
res23: Long = 880750
```

图 11-20　无效收视记录的数量

```
scala> invalidData .show(2,false)
+-----------+--------+--------+------------+-----------+-------------------+----------+----------+-----------+
|terminal_no|phone_no|duration|station_name|origin_time|           end_time|owner_code|owner_name|vod_cat_tags
           |resolution|audio_lang|region|res_name|res_type|vod_title|category_name|program_title|sm_name |
+-----------+--------+--------+------------+-----------+-------------------+----------+----------+-----------+
|1900060204 |2191025 |1500000 |凤凰中文     |2018-05-02 22:35:00|2018-05-02 23:00:00|00       |          |HE级       |[{NULL, null,
null, null, null}]|NULL       |NULL      |NULL  |NULL    |0       |NULL     |NULL         |凤凰全球连线 |互动电视|
|1400051712 |3661432 |1500000 |中央新闻     |2018-05-06 12:35:00|2018-05-06 13:00:00|00       |          |HC级       |[{NULL, null,
null, null, null}]|NULL       |NULL      |NULL  |NULL    |0       |NULL     |NULL         |每周质量报告 |互动电视|
+-----------+--------+--------+------------+-----------+-------------------+----------+----------+-----------+
only showing top 2 rows
```

图 11-21　无效收视记录

11.2.4 探索标签阈值

本节将对电视用户账单数据和宽带用户账单数据进行分析，以及对电视用户入网程度标签阈值和宽带用户入网程度标签阈值进行探索并制定标签规则，为11.2.5节的数据预处理提供依据。

1．分析电视用户账单数据

本步骤将通过对账单信息表中的电视用户账单数据进行分析，得到电视用户的消费水平标签划分规则。

（1）对电视用户账单数据进行探索，统计每个用户的月均消费金额，并对每个用户的月均消费金额做基本的分析，如代码 11-15 所示。

代码 11-15　统计电视用户月均消费金额

```
val tvBilleventsData = billeventsData.filter("sm_name like '%电视%' and
sm_name !='模拟有线电视'")
val avgTVBillData = tvBilleventsData.groupBy("phone_no").agg(
(sum(col("should_pay")-col("favour_fee"))/7).alias("avg_fee"))
// 统计消费金额的最值、平均值和标准差
avgTVBillData.select(max("avg_fee"),min("avg_fee"),avg("avg_fee"),stddev("avg_fee")).show
```

电视用户月均消费金额如图 11-22 所示。

```
scala> avgTVBillData.select(max("avg_fee"),min("avg_fee"),avg("avg_fee"),stddev("avg_fee")).show
+------------+-------------------+------------------+-------------------+
|max(avg_fee)|       min(avg_fee)|      avg(avg_fee)|stddev_samp(avg_fee)|
+------------+-------------------+------------------+-------------------+
|      2700.0|-42.57142857142857|26.88105528590257|  23.791002359882153|
+------------+-------------------+------------------+-------------------+
```

图 11-22　电视用户月均消费金额

（2）将每月消费金额按 10 元的间隔进行划分，通过 range_fee 字段进行分组，如代码 11-16 所示。

代码 11-16　电视用户每月消费金额按 10 元的间隔进行划分

```
val rangeTVBillData =
avgTVBillData.withColumn("range_fee",floor(col("avg_fee")/10)*10)
```

```
val rangeTVCount = rangeTVBillData.groupBy("range_fee").count()
rangeTVCount.orderBy(col("range_fee").asc).show(30)
```

电视用户每月消费金额按 10 元的间隔进行划分后的月均消费情况如图 11-23 所示。

```
scala> rangeTVCount.orderBy(col("range_fee").asc).show(30)
+---------+-----+
|range_fee|count|
+---------+-----+
|      -50|    1|
|      -10|   49|
|        0| 5311|
|       10| 5553|
|       20|14527|
|       30| 1217|
|       40| 1849|
|       50| 2928|
|       60|  584|
|       70|  187|
|       80|   65|
|       90|   53|
|      100|   27|
|      110|   36|
|      120|   17|
|      130|    7|
|      140|    4|
|      150|    2|
|      160|    2|
|      170|    1|
|      210|    2|
|      250|    2|
|      290|    1|
|      310|    1|
|      330|    2|
|      390|    1|
|      470|    3|
|      620|    1|
|     2700|    1|
+---------+-----+
```

图 11-23　电视用户每月消费金额按 10 元的间隔进行划分后的月均消费情况

（3）由图 11-23 可知，电视用户月均消费金额大致呈正态分布，主要集中在 0～50 元，其中占比最大的是大于或等于 20 元而小于 30 元的消费区间，这是因为大部分电视用户每月都只缴纳 26.5 元基本电视费用。筛选电视用户月均消费大于或等于-10 元且小于或等于 90 元的用户数据，统计其平均值和标准差，如代码 11-17 所示。

代码 11-17　过滤后的电视用户月均消费金额的平均值及标准差

```
avgTVBillData.filter("avg_fee>=-10 and avg_fee<=90").select(avg("avg_fee"),
stddev("avg_fee")).show
```

过滤后的电视用户月均消费金额的平均值及标准差如图 11-24 所示。

```
scala> avgTVBillData.filter("avg_fee>=-10 and avg_fee<=90").select(avg("avg_fee"),stddev("avg_fee")).show
+------------------+--------------------+
|      avg(avg_fee)|stddev_samp(avg_fee)|
+------------------+--------------------+
|26.274197574043434|   16.18597605773502|
+------------------+--------------------+
```

图 11-24　过滤后的电视用户月均消费金额的平均值及标准差

由图 11-24 可知，电视用户月均消费金额在-10～90 元之间的月均消费金额的平均值约为 26.3 元，标准差约为 16.2 元。根据业务特点，结合月均消费金额的平均值和标准差，标签值以月度消费 26.3 元为基础，以标准差向上取整至十位数，即 20 作为浮动阈值，制定 4 个电视消费水平子标签及规则，如表 11-7 所示。

表 11-7 电视消费水平标签

父 级 标 签	子 标 签	标签规则/元	备 注
电视消费水平	电视超低消费	$X<26.3$	X 为电视用户月均消费金额，单位为元
	电视低消费	$26.3 \leqslant X<26.3+20$	
	电视中等消费	$26.3+20 \leqslant X<26.3+40$	
	电视高消费	$26.3+40 \leqslant X$	

2. 分析宽带用户账单数据

本节将对账单信息表中的宽带用户账单信息进行分析，得到宽带用户的消费水平标签划分规则。

（1）对宽带用户账单数据进行探索，统计每个用户的月均消费金额，并对所有用户的月均消费金额做基本的分析，如代码 11-18 所示。

代码 11-18　统计宽带用户月均消费情况

```
val netBilleventsData = billeventsData.filter("sm_name like '%珠江宽频%'")
val avgNetBillData = netBilleventsData.groupBy("phone_no").agg(
(sum(col("should_pay")-col("favour_fee"))/7).alias("avg_fee"))
import org.apache.commons.math3.stat.descriptive.rank.Percentile
val _50_P = new Percentile(50.0)
val _50_udf = udf{(arr: scala.collection.mutable.WrappedArray[Double]) =>
_50_P.evaluate(arr.sorted.toArray)}
avgNetBillData.select(max("avg_fee"),min("avg_fee"),avg("avg_fee"),
stddev("avg_fee"),_50_udf(collect_list("avg_fee")).alias("median")).show
```

宽带用户月均消费情况如图 11-25 所示。

```
scala> avgNetBillData.select(max("avg_fee"),min("avg_fee"),avg("avg_fee"),
  | stddev("avg_fee"),_50_udf(collect_list("avg_fee")).alias("median")).show
+-----------------+-------------------+------------------+------------------+------------------+
|     max(avg_fee)|       min(avg_fee)|      avg(avg_fee)|stddev_samp(avg_fee)|          median|
+-----------------+-------------------+------------------+------------------+------------------+
|281.14285714285717|-25.714285714285715|30.781378565511258|22.053718807164866|21.428571428571427|
+-----------------+-------------------+------------------+------------------+------------------+
```

图 11-25　宽带用户月均消费情况

（2）将每月消费金额按 10 元的间隔进行划分，通过 range_fee 字段进行分组，如代码 11-19 所示。

代码 11-19　宽带用户每月消费金额按 10 元的间隔进行划分

```
val rangeNetBillData =
avgNetBillData.withColumn("range_fee",floor(col("avg_fee")/10)*10)
val rangeNetCount = rangeNetBillData.groupBy("range_fee").count()
rangeNetCount.orderBy(col("range_fee").asc).show
```

宽带用户每月消费金额按 10 元的间隔进行划分后的月均消费情况如图 11-26 所示。

```
scala> rangeNetCount.orderBy(col("range_fee").asc).show
+---------+-----+
|range_fee|count|
+---------+-----+
|      -30|    1|
|      -10|    5|
|        0|  979|
|       10| 2309|
|       20| 2381|
|       30| 1328|
|       40| 1070|
|       50|  664|
|       60|  298|
|       70|  361|
|       80|  119|
|       90|   37|
|      100|   11|
|      110|   14|
|      120|   31|
|      130|   17|
|      140|   15|
|      150|    8|
|      160|    5|
|      170|    1|
+---------+-----+
only showing top 20 rows
```

图 11-26　宽带用户每月消费金额按 10 元的间隔进行划分后的月均消费情况

（3）由图 11-26 可知，宽带用户月均消费金额集中在 0～90 元，其中月均消费金额在 10～20 元的用户最多，为了使宽带用户月均消费金额的均值和标准差更加稳定，过滤月均消费金额小于 0 元或大于 90 元的记录，并求其均值、标准差和中位数，如代码 11-20 所示。

代码 11-20　过滤后的宽带用户月均消费金额的统计

```
avgNetBillData.filter("avg_fee>= 0 and avg_fee<90").select(avg("avg_fee"),
stddev("avg_fee"),_50_udf(collect_list("avg_fee")).alias("median")).show
```

过滤后的宽带用户月均消费情况如图 11-27 所示。

```
scala> avgNetBillData.filter("avg_fee>= 0 and avg_fee<90").select(avg("avg_fee"),
  | stddev("avg_fee"),_50_udf(collect_list("avg_fee")).alias("median")).show
+-----------------+-------------------+-------------------+
|     avg(avg_fee)|stddev_samp(avg_fee)|            median|
+-----------------+-------------------+-------------------+
|29.43056142301313| 18.7475974346535|21.428571428571427|
+-----------------+-------------------+-------------------+
```

图 11-27　过滤后的宽带用户月均消费情况

由图 11-27 可知，过滤部分记录后宽带用户月均消费金额的均值约为 29，标准差约为 19，中位数约为 21。根据统计结果，选择 29 元作为宽带用户的基础消费，19 元作为浮动阈值，制定 3 个宽带消费水平子标签及规则，如表 11-8 所示。

表 11-8　宽带消费水平标签

父 级 标 签	子 标 签	标签规则/元	备　注
宽带消费水平	宽带低消费	$Y<29$	Y 为宽带用户月均消费金额，单位为元
	宽带中消费	$29 \leqslant Y<29+19$	
	宽带高消费	$29+19 \leqslant Y$	

3. 探索电视用户入网程度标签阈值

本节将通过对用户基本信息表中的电视用户的开户时间信息进行分析,得到一个电视用户的入网程度标签划分规则。

(1) 先求用户基本信息表的 open_time 字段的值与当前时间的差值并把该差值转为以年为单位,然后统计所有用户入网时长的最值、均值、30%分位数和中位数,如代码 11-21 所示。

代码 11-21 统计电视用户入网时长

```
val tvUsermsgData = usermsgData.filter("sm_name like '%电视%' and sm_name !='模拟有线电视'")
// 过滤 open_time 字段为空值的记录
val tvFilteredUsermsgData = tvUsermsgData.filter("open_time !- 'NULL'")
// 求用户开户时间与当前时间的差值并向下取整(单位为年)
val yearTVUserData = tvFilteredUsermsgData.groupBy("phone_no").agg(
max(floor(datediff(current_date(),col("open_time"))/365)).alias("years"))
val _30_P = new Percentile(30.0)
val _30_udf = udf{(arr: scala.collection.mutable.WrappedArray[Double]) =>
_30_P.evaluate(arr.sorted.toArray)}
val _50_P = new Percentile(50.0)
val _50_udf = udf{(arr: scala.collection.mutable.WrappedArray[Double]) =>
_50_P.evaluate(arr.sorted.toArray)}
// 统计入网时长的最值、均值、30%分位数和中位数
yearTVUserData.select(max("years"),min("years"),avg("years"),stddev("years"),
_30_udf(collect_list(
col("years").cast("double"))).alias("30%"),_50_udf(collect_list(col("years").
cast("double")))
.alias("median")).show
```

电视用户入网时长情况如图 11-28 所示。

```
scala> yearTVUserData.select(max("years"),min("years"),avg("years"),stddev("years"),_30_udf(collect_list(
     | col("years").cast("double"))).alias("30%"),_50_udf(collect_list(col("years").cast("double")))
     | .alias("median")).show
+----------+----------+-----------------+------------------+----+------+
|max(years)|min(years)|      avg(years)|stddev_samp(years)| 30%|median|
+----------+----------+-----------------+------------------+----+------+
|        18|         8|14.558352087447757|1.2012760405171807|15.0|  15.0|
+----------+----------+-----------------+------------------+----+------+
```

图 11-28 电视用户入网时长情况

(2) 通过 years 字段进行分组,统计各段电视入网户时长的用户数,如代码 11-22 所示。

代码 11-22 统计各段电视入网户时长的用户数

```
val yearTVUserCount=yearTVUserData.groupBy("years").count
yearTVUserCount.orderBy(col("years").asc).show(30)
```

各段电视入网户时长的用户数如图 11-29 所示。

243

```
scala> yearTVUserCount.orderBy(col("years").asc).show(30)
+-----+-----+
|years|count|
+-----+-----+
|    8|  565|
|    9|  936|
|   14| 9794|
|   15|32127|
|   16|  118|
|   17|    3|
|   18|    3|
+-----+-----+
```

图 11-29　各段电视入网户时长的用户数

（3）由图 11-28 和图 11-29 可知，电视用户入网时长的平均值约为 14.6，标准差约为 1.2，30%分位数约为 15，中位数约为 15。根据统计结果及结合实际的业务场景，选择以 30%分位数 15 年为电视用户入网时长的中位数，以标准差取整 1 年为浮动值，制定 3 个电视入网程度子标签及规则，如表 11-9 所示。

表 11-9　电视入网程度标签

父 级 标 签	子 标 签	标签规则/元	备 注
电视入网程度	新用户	$Y \leqslant 14$	Y 为用户入网时长，单位为年
	中等用户	$14 < Y \leqslant 16$	
	老用户	$16 < Y$	

4. 探索宽带用户入网程度标签阈值

在宽带用户的入网时长统计中，主要统计宽带用户入网时长的最值、均值、标准差、中位数，如代码 11-23 所示。

代码 11-23　统计宽带用户入网时长

```
// 筛选宽带用户
val netUsermsgData = usermsgData.filter("sm_name='珠江宽频'")
// 过滤 open_time 字段为空值的记录
val netFilteredUsermsgData = netUsermsgData.filter("open_time != 'NULL'")
// 求用户开户时间与当前时间的差，并向下取整（单位为年）
val yearNetUserData = netFilteredUsermsgData.groupBy("phone_no").agg(
max(floor(datediff(current_date(),col("open_time"))/365)).alias("years"))
// 统计入网时长的最值、均值、标准差、中位数
yearNetUserData.select(max("years"),min("years"),avg("years"),stddev("years"),
_50_udf(collect_list(col("years").cast("double"))).alias("median")).show
```

宽带用户入网时长情况如图 11-30 所示。

```
scala> yearNetUserData.select(max("years"),min("years"),avg("years"),stddev("years"),
     | _50_udf(collect_list(col("years").cast("double"))).alias("median")).show
+----------+----------+------------------+------------------+------+
|max(years)|min(years)|        avg(years)|stddev_samp(years)|median|
+----------+----------+------------------+------------------+------+
|        21|         8|14.655948553054662|2.7908139376216847|  15.0|
+----------+----------+------------------+------------------+------+
```

图 11-30　宽带用户入网时长情况

通过 years 字段进行分组，统计各段宽带入网户时长的用户数，如代码 11-24 所示。

代码 11-24 统计各段宽带入网户时长的用户数

```
val yearNetUserCount=yearNetUserData.groupBy("years").count
yearNetUserCount.orderBy(col("years").asc).show()
```

各段宽带入网户时长的用户数如图 11-31 所示。

```
scala> yearNetUserCount.orderBy(col("years").asc).show()
+-----+-----+
|years|count|
+-----+-----+
|    8|  419|
|    9|  561|
|   14| 1324|
|   15| 1587|
|   16| 1469|
|   17|  840|
|   18|  483|
|   19|  127|
|   20|   29|
|   21|    3|
+-----+-----+
```

图 11-31 各段宽带入网户时长的用户数

由图 11-30 和图 11-31 可知，宽带用户中入网时长的均值约为 15，标准差约为 3，中位数为 15，入网时长主要集中在 14 至 17 年，其中入网时长为 15 年的用户最多。根据统计结果及结合实际的业务场景，选择以 15 年作为入网时长的中间值，以标准差 3 年作为浮动值，制定 3 个宽带入网程度子标签及规则，如表 11-10 所示。

表 11-10 宽带入网程度标签

父 级 标 签	子 标 签	标签规则/元	备 注
宽带入网程度	新用户	$Y \leqslant 12$	Y 为用户入网时长，单位为年
	中等用户	$12 < Y \leqslant 18$	
	老用户	$18 < Y$	

11.2.5 数据预处理

参考项目 10，在 IDEA 中创建一个名为“zjsm”的 Maven 工程，并在工程中添加 Scala 插件、导入 Spark 软件包中的 jars 文件夹、配置好 Spark 开发环境。

通过封装函数实现数据预处理的过程如下。

（1）通过上文得到业务表的数据预处理规则，如表 11-11 所示。

表 11-11 业务表的数据预处理规则

表 名 称	数据预处理规则
账单信息表 订单信息表 用户基本信息表 用户收视行为信息表	1. 删除 owner_name='EA 级', 'EB 级', 'EC 级', 'ED 级', 'EE 级'的数据； 2. 删除 owner_code='02', '09', '10'的数据； 3. 保留 sm_name='珠江宽频', '数字电视', '互动电视', '甜果电视'的数据

表 名 称	数据预处理规则
用户状态信息变更表	
订单信息表	保留 run_name='正常', '主动暂停', '欠费暂停', '主动销户'的数据
用户基本信息表	
用户基本信息表	用户编号 phone_no 字段数据去重
用户收视行为信息表	1. 保留观看时长 duration≥20s 且 duration≤5h 的数据； 2. 删除用户收视行为信息表中 res_type=0 时 origin_time 和 end_time 中秒单位为 00 的数据
用户状态信息变更表	1. 删除 owner_name='EA 级','EB 级','EC 级','ED 级','EE 级'的数据； 2. 删除 owner_code='02', '09', '10'的数据

从表 11-11 可以发现，这 5 张业务表的数据预处理规则都有共同的地方，此外用户基本信息表与用户收视行为信息表还有其他的处理规则。根据此特点，可以将这些规则封装成一个函数来实现数据预处理，以达到代码复用的目的，此函数需要考虑以下参数的问题。

① 需要传入一个 HiveContext 实例，这是因为需要在 Hive 中进行读取和写入的操作。

② 需要指定从 Hive 中读取数据的表名称。

③ 由于不同的业务表的处理逻辑不一样，因此需要一个标记参数区分输入的表。

④ 数据预处理完成后，需要指定数据存储在 Hive 中表的名称。

根据以上的业务逻辑及参数封装要求，得到关于数据预处理功能的代码，如代码 11-25 所示。

代码 11-25 数据预处理

```
/**
 * 数据预处理
 */
object DataProcess {
  def main(args: Array[String]): Unit = {
    if (args.length != 10) {
      printUsage()
      System.exit(1)
    }
    val conf = new SparkConf().setAppName("DataProcess")
    val sc = new SparkContext(conf)
    val sqlContext = new HiveContext(sc)
    // media_index 数据预处理
    val originMediaIndexTable = args(0)
    val processMediaIndexTable = args(1)
    dataProcessing(sqlContext, originMediaIndexTable, "media",
processMediaIndexTable)
    // mediamatch_userevent 数据预处理
    val originMediamatchUsereventTable = args(2)
    val processMediamatchUsereventTable = args(3)
    dataProcessing(sqlContext, originMediamatchUsereventTable,
      "userevent", processMediamatchUsereventTable)
```

```scala
    //mediamatch_usermsg 数据处理
    val originalMediamatchUsermsgTable = args(4)
    val processMediamatchUsermsgTable = args(5)
    dataProcessing(sqlContext, originalMediamatchUsermsgTable,
      "usermsg", processMediamatchUsermsgTable)
    //mmconsume_billevents 数据预处理
    val originalMMConsumeBilleventsTable = args(6)
    val processMMConsumeBilleventsTable = args(7)
    dataProcessing(sqlContext, originalMMConsumeBilleventsTable,
      "bill", processMMConsumeBilleventsTable)
    //order_index 数据预处理
    val originalOrderIndexTable = args(8)
    val processOrderIndexTable = args(9)
    dataProcessing(sqlContext, originalOrderIndexTable, "order",
processOrderIndexTable)
    sc.stop()
  }


  /**
    * @param sqlContext
    * @param inputTable  Hive 表的名称
    * @param flag   各表的标记符，由于有些表的处理逻辑不同(值为 media、usermsg、
    * userevent、order、bill)
    * @param outputTable 输出至 Hive 表的名称
    */
  def dataProcessing(sqlContext: HiveContext, inputTable: String, flag:
String, outputTable: String): Unit = {
    val df = sqlContext.sql("select * from " + inputTable)
    //数据去重，并删除政企用户
    val commonDF = if (!flag.equals("userevent")) {
      df.distinct().filter("owner_name!='EA 级' and owner_name!='EB 级' and
owner_name!='EC 级' " +
        "and owner_name!='ED 级' and owner_name!='EE 级'")
      //删除特殊线路的用户
        .filter("owner_code!='02' and owner_code!='09' and owner_code!='10'")
        .filter("sm_name='珠江宽频' or sm_name='数字电视' or sm_name='互动电视' " +
        "or sm_name='甜果电视'")
    } else {
      df.distinct().filter("owner_name!='EA 级' and owner_name!='EB 级' and
owner_name!='EC 级' " +
        "and owner_name!='ED 级' and owner_name!='EE 级'")
      //删除特殊线路的用户
        .filter("owner_code!='02' and owner_code!='09' and owner_code!='10'")
    }
```

```
    val resultDF = if (flag.equals("media")) {
      //保留观看时长 duration≥20s 且 duration≤5h 的数据
      commonDF.filter("duration>=20000 and duration<=18000000")
        //删除用户收视行为信息表中 res_type=0 时,origin_time 和 end_time 中秒单位为 00
        //的数据
        .filter(col("res_type").notEqual(0)
or !col("origin_time").rlike("00$")
          or !col("end_time").rlike("00$"))
    } else if (flag.equals("usermsg")) {
      val maxTimeUsermsg =
commonDF.groupBy("phone_no").agg(max("run_time").alias("run_time"))
      commonDF.join(maxTimeUsermsg, Seq("phone_no", "run_time"))
        .filter("run_name='正常' or run_name='主动暂停' or run_name='欠费暂停' " +
          "or run_name='主动销户'")
    } else if (flag.endsWith("order") || flag.equals("userevent")) {
      //保留 run_name='正常','主动暂停','欠费暂停','主动销户'的数据
      commonDF.filter("run_name='正常' or run_name='主动暂停' or run_name='欠费
暂停' " +
        "or run_name='主动销户'")
    } else {
      commonDF
    }
    //将预处理结果输出到 Hive 表中
    resultDF.write.mode(SaveMode.Overwrite).saveAsTable(outputTable)
  }


  /**
   * 使用说明
   */
  def printUsage(): Unit = {
    val buff = new StringBuilder
    buff.append("Usage : com.tipdm.scala.processing.DataProcess").append(" ")
      .append("<originMediaIndexTable>").append(" ")
      .append("<processMediaIndexTable>").append(" ")
      .append("<originMediamatchUsereventTable>").append(" ")
      .append("<processMediamatchUsereventTable>").append(" ")
      .append("<originalMediamatchUsermsgTable>").append(" ")
      .append("<processMediamatchUsermsgTable>").append(" ")
      .append("<originalMMConsumeBilleventsTable>").append(" ")
      .append("<processMMConsumeBilleventsTable>").append(" ")
      .append("<originalOrderIndexTable>").append(" ")
      .append("<processOrderIndexTable>").append(" ")
    println(buff.toString())
  }
}
```

（2）参考项目 3，将代码 11-25 打包成 datapro.jar，并将该 jar 包上传到 Liunx 操作系统

的/opt 目录下，执行"cd /opt"命令进入 jar 包所在的目录，通过 spark-submit 运行预处理任务，如代码 11-26 所示。

代码 11-26　运行预处理任务

```
spark-submit --master spark://master:7077 --total-executor-cores 2 \
--executor-cores 1 \
--name DataProcess \
--class datapro.DataProcess \
/opt/datapro.jar \
user_profile.media_index user_profile.media_index_process \
user_profile.mediamatch_userevent user_profile.mediamatch_userevent_process \
user_profile.mediamatch_usermsg user_profile.mediamatch_usermsg_process \
user_profile.mmconsume_billevents user_profile.mmconsume_billevent_process \
user_profile.order_index user_profile.order_index_process
```

（3）确认预处理任务运行成功后，在 Linux 终端中执行"spark-shell"命令启动 Spark Shell 界面，查看用户基本信息表 mediamatch_usermsg_process 在 Hive 中的存储情况，如代码 11-27 所示。

代码 11-27　用户基本信息表数据预处理验证

```
val hiveContext = new org.apache.spark.sql.hive.HiveContext(sc)
val originUsermsg = hiveContext.sql("select * from user_profile.
mediamatch_usermsg")
val processedUsermsg = hiveContext.sql("select * from  user_profile.
mediamatch_usermsg_process")
originUsermsg.count
processedUsermsg.count
processedUsermsg.select("phone_no").distinct.count
processedUsermsg.select("sm_name").distinct.show
processedUsermsg.select("run_name").distinct.show
processedUsermsg.select("owner_name").distinct.show
processedUsermsg.select("owner_code").distinct.show
```

代码 11-27 的验证结果如图 11-32～图 11-36 所示。

```
scala> originUsermsg.count
res0: Long = 100000

scala> processedUsermsg.count
res1: Long = 44757

scala> processedUsermsg.select("phone_no").distinct.count
res2: Long = 44757
```

图 11-32　预处理后用户基本信息表中的记录数

```
scala> processedUsermsg.select("sm_name").distinct.show
+-------+
| sm_name|
+-------+
| 互动电视|
| 数字电视|
| 珠江宽频|
| 甜果电视|
+-------+
```

图 11-33　电视的品牌

```
scala> processedUsermsg.select("run_name").distinct.show
+-------+
|run_name|
+-------+
| 欠费暂停|
| 主动暂停|
| 主动销户|
|    正常|
+-------+
```

图 11-34　用户的状态变更

```
scala> processedUsermsg.select("owner_name").distinct.show
+---------+
|owner_name|
+---------+
|    HC级|
|    HA级|
|    HB级|
+---------+
```

图 11-35　删除政企用户后的结果

```
scala> processedUsermsg.select("owner_code").distinct.show
+----------+
|owner_code|
+----------+
|        07|
|        15|
|        00|
|        05|
|        08|
|        06|
|      NULL|
+----------+
```

图 11-36   删除 owner_code='02', '09', '10'的数据后的结果

根据代码 11-27 的验证结果，可以发现根据用户基本信息表通过数据预处理规则过滤后记录数减少了一大半，其记录数和用户数也符合设置的规则（每个用户有且只有一条记录），并且其他字段的过滤，如 owner_name、owner_code、sm_name、run_name 等字段，也达到了预期的效果，说明数据预处理代码是正确的。

任务 11.3   构建 SVM 预测模型与用户画像

🡆 任务描述

用户画像是根据用户社会属性、生活习惯和消费行为等信息抽象出来的，一个标签化的用户模型。构建用户画像的核心工作就是给用户贴"标签"，而标签是通过分析用户信息得到的高度精练的特征标识。用户画像中的一个标签为用户是否挽留，该标签的计算规则比较复杂，不是通过统计用户的数据获得的，而是需要构建模型并根据指定的特征进行预测获得的。常用于分类、预测是与否（0/1）事件的模型是 SVM 模型。SVM（Support Vector Mac）又被称为支持向量机，是一种较好的二分类模型。

本节先对广电大数据用户数据建立 SVM 模型，并进行模型评估和预测，然后基于上文的探索与模型预测结果构建用户画像。

🡆 任务分析

构建 SVM 预测模型与用户画像的实现流程如下。

（1）构建特征列和标签列数据。

（2）构建 SVM 模型、评价模型效果并预测用户是否挽留。

（3）构建用户画像。

🡆 任务实施

11.3.1   构建特征列和标签列数据

在预处理后的数据中，没有能被算法模型识别出来的特征列和标签列，为了后续可以构建模型，本节需要对预处理后的数据进行构建特征列和标签列。

（1）根据每个用户的月均消费金额、入网时长、平均每次观看多久电视来构建特征列，如代码 11-28～代码 11-31 所示。

代码 11-28 统计每个用户的月均消费金额

```
val billevents = hiveContext.sql("select phone_no, sum(should_pay)/3 as
consume from user_profile.mmconsume_billevent_process where sm_name not like '%
珠江宽频%' group by phone_no")
```

代码 11-29 统计每个用户的入网时长

```
val userevents = hiveContext.sql("select
phone_no,max(months_between(current_date(),run_time)/12) join_time from
user_profile.mediamatch_userevent_process group by phone_no")
```

代码 11-30 统计每个用户的平均每次观看多久电视

```
val media_index = hiveContext.sql("select
phone_no,(sum(media.duration)/(1000*60*60))/count(1) as count_duration from
user_profile.media_index_process media group by phone_no")
```

代码 11-31 通过 join 连接表

```
val billevents_userevents_media = billevents.join(userevents,
Seq("phone_no")).join(media_index, Seq("phone_no"))
  billevents_userevents_media.show(5)
```

特征列如图 11-37 所示。

```
scala> billevents_userevents_media.show(5)
+--------+-----------------+------------------+-------------------+
|phone_no|          consume|         join_time|     count_duration|
+--------+-----------------+------------------+-------------------+
| 2187907|138.666666666666|13.795613239166668| 0.3801196488696489|
| 2036865|53.333333333336| 4.643737616666667| 0.3263412366341237|
| 2246231|             92.0|13.783992744166667|0.18831944444444443|
| 2127083|            117.0|13.793627040833334|0.16314045250388282|
| 2215163|111.906666666668|13.793905783333335| 0.24010876369327075|
+--------+-----------------+------------------+-------------------+
only showing top 5 rows
```

图 11-37 特征列

（2）根据 mediamatch_usermsg 选出 run_name 字段是主动暂停或主动销户的用户，并将其贴上标签 0，0 代表非挽留用户；根据 mediamatch_usermsg 选出 run_name 字段是正常并且是活跃的用户，并将其贴上标签 1，1 代表挽留用户，具体实现如下。

选取一个月的数据，汇总总观看时长大于 18 936 000ms 的用户，如代码 11-32 所示。

代码 11-32 汇总总观看时长大于 18 936 000ms 的用户

```
val msg = hiveContext.sql("select distinct phone_no,0 as col1 from
user_profile.mediamatch_usermsg_process")
val mediaIndex = hiveContext.sql("select phone_no,sum(duration) as
total_one_month_seconds from user_profile.media_index_process where
origin_time>=add_months('2018-08-01 00:00:00',-1) group by phone_no having
total_one_month_seconds>18936000").select("phone_no", "total_one_month_seconds")
```

过滤 order_index 中 run_name 字段等于"正常"的数据，offername 字段中关键字为"废"

"赠送" "免费体验" "提速" "提价" "转网优惠" "虚拟" "空包" "宽带" 的数据，如代码 11-33 所示。

代码 11-33　过滤数据

```
    val orderIndexTV = hiveContext.sql("select * from
user_profile.order_index_process where run_name='正常' and offername!='废' and
offername!='赠送' and offername!='免费体验' and offername!='提速' and offername!='
提价' and offername!='转网优惠' and offername!='虚拟' and offername!='空包' and
offername not like '%宽带%'").select("phone_no").distinct()
```

通过 join 连接表获得活跃用户，如代码 11-34 所示。

代码 11-34　连接表

```
    val media_order = mediaIndex.join(orderIndexTV, Seq("phone_no"),
"inner").selectExpr("phone_no", "1 as col2").distinct()
    val msg_media_order = msg.join(media_order, Seq("phone_no"),
"left_outer").na.fill(0).selectExpr("phone_no", "col2 as col1")
```

过滤关键字为包含"珠江宽频"的数据，通过 join 连接表并给活跃用户贴上标签 1，给不活跃用户贴上标签 0，如代码 11-35 所示。

代码 11-35　贴标签

```
    val billevents = hiveContext.sql("select phone_no, sum(should_pay)/3 consume
from user_profile.mmconsume_billevent_process where sm_name not like '%珠江宽频%'
group by phone_no")
    val userevents = hiveContext.sql("select
phone_no,max(months_between(current_date(),run_time)/12) join_time from
user_profile.mediamatch_userevent_process group by phone_no")
    val media_index = hiveContext.sql("select
phone_no,(sum(media.duration)/(1000*60*60))/count(1) as count_duration from
user_profile.media_index_process media group by phone_no")
    val billevents_userevents_media = billevents.join(userevents,
Seq("phone_no")).join(media_index, Seq("phone_no"))
    val usermsg = hiveContext.sql("select * from
user_profile.mediamatch_usermsg_process where  run_name ='主动销户' or run_name='
暂停' ")
    val usermsg_billevents_userevents_media =
usermsg.join(billevents_userevents_media, Seq("phone_no"),
"inner").withColumn("label", billevents_userevents_media("consume") * 0)
    val activateUser = msg_media_order.where("col1=1")
    val billevents_userevents_activateUser =
billevents_userevents_media.join(activateUser, Seq("phone_no"),
"inner").withColumn("label", billevents_userevents_media("consume") * 0 + 1)
    val unionData = usermsg_billevents_userevents_media.select("phone_no",
"consume", "join_time", "count_duration",
```

```
"label").unionAll(billevents_userevents_activateUser.select("phone_no",
"consume", "join_time", "count_duration", "label"))
    unionData.show(5)
```

构建好的数据集如图 11-38 所示。

```
scala> unionData.show(5)
+--------+--------------------+------------------+-------------------+-----+
|phone_no|             consume|         join_time|     count_duration|label|
+--------+--------------------+------------------+-------------------+-----+
| 2260888|                20.0|4.627865859166667|0.22804455445544553|  0.0|
| 2000121|  53.333333333333336|4.659988363333333| 0.2584838145231846|  1.0|
| 2000126| 115.33333333333333|      9.328310185| 0.6904332313965342|  1.0|
| 2000638|  62.333333333333336|     9.2347701675| 0.35859410430839006|  1.0|
| 2000812|  62.333333333333336|     9.3483516275|0.17781600407747195|  1.0|
+--------+--------------------+------------------+-------------------+-----+
only showing top 5 rows
```

图 11-38　构建好的数据集

通过代码 11-35 得到了一份 DataFrame 的数据 unionData，该数据中包含了 5 个字段，分别为用户 ID、电视消费水平、电视入网时长、电视依赖度、标签。后续可利用这份数据进行 SVM 建模。

11.3.2　构建 SVM 模型、评价模型效果并预测用户是否挽留

基于 11.3.1 节处理后含特征列和标签列的数据集，在构建模型之前，先将特征列数据转化成 RDD[LabelPoint]类型，消除量纲影响，并对数据进行标准化处理；然后对数据集进行划分，构建 SVM 模型，并对该模型效果进行评价；最后使用构建好的模型预测用户是否挽留。

（1）对特征列数据进行标准化处理，为了后面对模型进行评估，根据二八原则将标准化数据划分成训练集和验证集，用训练集来构建模型，用验证集来评价模型，如代码 11-36 所示。

代码 11-36　构建 SVM 模型

```
import org.apache.spark.mllib.regression.LabeledPoint
import org.apache.spark.mllib.linalg.Vectors
import org.apache.spark.mllib.feature.StandardScaler
val traindata = unionData.select("consume", "join_time",
"count_duration").rdd.zip(unionData.select("label").rdd).map(x =>
LabeledPoint(x._2.get(0).toString.toDouble,Vectors.dense(x._1.toSeq.toArray.map(_
.toString.toDouble))))
val scaler = new StandardScaler(withMean = true, withStd =
true).fit(traindata.map(x => x.features))
val data2 = traindata.map(x => LabeledPoint(x.label,
scaler.transform(Vectors.dense(x.features.toArray))))
val data2_test = data2.map(x => (x.label,
scaler.transform(Vectors.dense(x.features.toArray))))
val train_validate = data2.randomSplit(Array(0.8, 0.2))
val (train_data, validate_data) = (train_validate(0), train_validate(1))
train_data.cache()
```

```
validate_data.cache()
import org.apache.spark.mllib.classification.SVMWithSGD
val model = SVMWithSGD.train(train_data, 10, 1.0, 0.01, 1.0)
```

构建好的 SVM 模型如图 11-39 所示。

```
scala> val model = SVMWithSGD.train(train_data, 10, 1.0, 0.01, 1.0)
model: org.apache.spark.mllib.classification.SVMModel = org.apache.spark.mllib.classification.SVMModel: intercept = 0.0
, numFeatures = 3, numClasses = 2, threshold = 0.0
```

图 11-39　构建好的 SVM 模型

（2）用验证集来评价模型的效果，并计算模型的准确率、AUROC 值和 AUPRC 值，如代码 11-37 所示。

代码 11-37　评价模型

```
import org.apache.spark.mllib.evaluation.BinaryClassificationMetrics
import org.apache.spark.sql.types.{DoubleType, StringType, StructField,
StructType}
import org.apache.spark.sql.Row
val predictAndLabel = validate_data.map(row => {
    val predict = model.predict(row.features)
    val label = row.label
    (predict, label)
})
val validateCorrectRate = predictAndLabel.filter(r => r._1 ==
r._2).count.toDouble / validate_data.count()
val metrics = new BinaryClassificationMetrics(predictAndLabel)
val schema1 = StructType(Array(
    StructField("param_original", StringType, false),
    StructField("value", DoubleType, false)))
val rdd1 = sc.parallelize(Array(
    Row("correctRate", validateCorrectRate),
    Row("areaUnderROC", metrics.areaUnderROC()),
    Row("areaUnderPR", metrics.areaUnderPR())
))
val evaluation = hiveContext.createDataFrame(rdd1, schema1)
evaluation.show
```

评价模型的结果如图 11-40 所示。

```
scala> evaluation.show
+--------------+------------------+
|param_original|             value|
+--------------+------------------+
|   correctRate|           0.46875|
|  areaUnderROC|0.7258064516129032|
|   areaUnderPR|0.9914314516129032|
+--------------+------------------+
```

图 11-40　评价模型的结果

由图 11-40 可知，模型的准确率大概为 0.468 75，AUROC 值（ROC 曲线下的面积）大概为 0.725 8，AUPRC 值（PR 曲线下的面积）大概为 0.991 4。在一般情况下，ROC 曲线下的面积的取值范围为 0.5～1，面积值越大说明分类效果越好。

（3）将 billevents_userevents_media 数据（测试数据）转换成 RDD[(String,Vector)]类型，并取出 RDD 中的

Vector 数据作为 predict 的输入参数，如代码 11-38 所示。

代码 11-38　预测模型

```
val test_data = billevents_userevents_media.select("phone_no").rdd.zip
(billevents_userevents_media.select("consume", "join_time", "count_duration").
rdd).map(x => (x._1.get(0).toString, Vectors.dense(x._2.toSeq.toArray.map
(_.toString.toDouble))))
val predictData = test_data.map(row => {
    val predict = model.predict(row._2)
    Row(row._1, row._2(0), row._2(1), row._2(2), predict)
  })
val schema = StructType(Array(StructField("phone_no", StringType, false),
StructField("consume", DoubleType, false), StructField("join_time", DoubleType,
false), StructField("count_duration", DoubleType, false), StructField("label",
DoubleType, false)))
val predictDF = hiveContext.createDataFrame(predictData, schema)
predictDF.show(5)
// 将预测结果保存至 Hive 数据库中
predictDF.write.mode("overwrite").saveAsTable("user_profile.svm_prediction")
```

预测模型的结果如图 11-41 所示。

```
scala> predictDF.show(5)
+--------+------------------+------------------+-------------------+-----+
|phone_no|           consume|         join_time|     count_duration|label|
+--------+------------------+------------------+-------------------+-----+
| 2187907|138.66666666666666|13.798301411666666| 0.3801196488696489|  1.0|
| 2036865|53.333333333333336| 4.646425789166667| 0.3263412366341237|  1.0|
| 2246231|              92.0|13.786680916666667|0.18831944444444443|  1.0|
| 2127083|             117.0|13.796315213333335|0.16314045250388282|  1.0|
| 2144366|111.90666666666668|      13.796593955|0.24010876369327075|  1.0|
+--------+------------------+------------------+-------------------+-----+
only showing top 5 rows
```

图 11-41　预测模型的结果

11.3.3　构建用户画像

通过上文得到的结论，构建消费内容、电视消费水平、宽带消费水平、宽带产品带宽、销售品名称、业务品牌、电视入网程度、宽带入网程度、用户是否挽留的用户画像。

1. 消费内容用户画像

选择 phone_no、fee_code 字段并去重；根据 fee_code 字段来贴标签，标签规则如下。

（1）如果 fee_code='0J'、'0B'或'0Y'，则标签为直播。

（2）如果 fee_code='0X'，则标签为应用。

（3）如果 fee_code='0T'，则标签为付费频道。

（4）如果 fee_code='0W'、'0L'、'0Z'或'0K'，则标签为宽带。

（5）如果 fee_code='0D'，则标签为点播；如果 fee_code='0H'，则标签为回看。

（6）如果 fee_code='0U'，则标签为有线电视收视费。

消费内容用户画像实现如代码 11-39 所示。

代码 11-39　消费内容用户画像实现

```
hiveContext.sql("select distinct phone_no,case when fee_code='0J' or
fee_code='0B' or fee_code='0Y' then '直播' when fee_code='0X' then '应用' when
fee_code='0T' then '付费频道' when fee_code='0W' or fee_code='0L' or fee_code='0Z'
or fee_code='0K' then '宽带' when fee_code='0D' then '点播' when fee_code='0H' then
'回看' when fee_code='0U' then '有线电视收视费'  end as label,'消费内容' as parent_label
from user_profile.mmconsume_billevent_process").show(5)
```

消费内容用户画像如图 11-42 所示。

```
+--------+---------+------------+
|phone_no|    label|parent_label|
+--------+---------+------------+
| 2834562|     宽带|    消费内容|
| 5333360|     宽带|    消费内容|
| 3913665|     直播|    消费内容|
| 2310695| 付费频道|    消费内容|
| 4491587|     宽带|    消费内容|
+--------+---------+------------+
only showing top 5 rows
```

图 11-42　消费内容用户画像

2. 电视消费水平用户画像

根据 sm_name 字段不包含"珠江宽频"筛选电视的数据，计算数据中 should_pay-favour_fee 字段的月平均值 X，标签规则如下。

（1）如果 $X<26.3$，则标签为电视超低消费。

（2）如果 $26.3 \leqslant X<46.3$，则标签为电视低消费。

（3）如果 $46.3 \leqslant X<66.3$，则标签为电视中等消费。

（4）如果 $X \geqslant 66.3$，则标签为电视高消费。

电视消费水平用户画像实现如代码 11-40 所示。

代码 11-40　电视消费水平用户画像实现

```
hiveContext.sql("select t2.phone_no,case when fee_per_month<26.3 then '电视
超低消费' when fee_per_month>=26.3 and fee_per_month<46.3 then '电视低消费' when
fee_per_month>=46.3 and fee_per_month<66.3 then '电视中等消费' when
66.3<=fee_per_month then '电视高消费'  end as label,'电视消费水平' as parent_label
from (select t1.phone_no,sum(real_pay)/3 as fee_per_month  from (select
phone_no,nvl(should_pay,0)-nvl(favour_fee,0) as real_pay from
user_profile.mmconsume_billevent_process where sm_name like '%电视%') t1 group by
t1.phone_no) t2").show(5)
```

电视消费水平用户画像如图 11-43 所示。

3. 宽带消费水平用户画像

根据 sm_name 字段包含"珠江宽频"筛选宽带的数据，计算 3 个月数据 should_pay-favour_fee 字段的月平均值 Y，标签规则如下。

（1）如果 $Y \leqslant 29$，则标签为宽带低消费标签。

（2）如果 $29<Y \leqslant 48$，则标签为宽带中等消费标签。

（3）如果 $Y>48$，则标签为宽带高消费标签。

宽带消费水平用户画像实现如代码 11-41 所示。

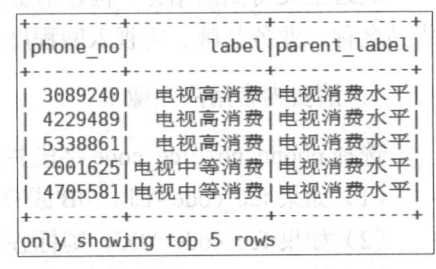

```
+--------+-----------+------------+
|phone_no|      label|parent_label|
+--------+-----------+------------+
| 3089240|电视高消费 |电视消费水平|
| 4229489|电视高消费 |电视消费水平|
| 5338861|电视高消费 |电视消费水平|
| 2001625|电视中等消费|电视消费水平|
| 4705581|电视中等消费|电视消费水平|
+--------+-----------+------------+
only showing top 5 rows
```

图 11-43　电视消费水平用户画像

代码 11-41 宽带消费水平用户画像实现

```
hiveContext.sql("select t2.phone_no,case when fee_per_month<=29 then '宽带低
消费' when fee_per_month>29 and fee_per_month<=48 then '宽带中等消费' when
fee_per_month>48 then '宽带高消费' end as label,'宽带消费水平' as parent_label from
(select t1.phone_no,sum(real_pay)/3 as fee_per_month from (select
phone_no,nvl(should_pay,0)-nvl(favour_fee,0) as real_pay from
user_profile.mmconsume_billevent_process where sm_name='珠江宽频') t1 group by
t1.phone_no) t2").show(5)
```

宽带消费水平用户画像如图 11-44 所示。

4. 宽带产品带宽用户画像

根据 sm_name='珠江宽频'筛选宽带的用户；通过
phone_no 字段进行分组，取 optdate 最大且 effdate<
当前时间<expdate 的数据；根据 prodname 字段确定
标签，prodname 字段的值为标签名称，如代码 11-42
所示。

```
+--------+---------+------------+
|phone_no|    label|parent_label|
+--------+---------+------------+
| 3972230|宽带高消费|宽带消费水平|
| 3777661|宽带高消费|宽带消费水平|
| 4945304|宽带中等消费|宽带消费水平|
| 5286290|宽带中等消费|宽带消费水平|
| 4113121|宽带低消费|宽带消费水平|
+--------+---------+------------+
only showing top 5 rows
```

图 11-44 宽带消费水平用户画像

代码 11-42 宽带产品带宽用户画像实现

```
hiveContext.sql("select b.phone_no,case when prodname=prodname then prodname
end as label,'宽带产品带宽' as parent_label from (select
a.phone_no,a.optdate,a.prodname,a.sm_name,row_number() over (partition by
a.phone_no order by a.optdate desc) rank from (select
phone_no,prodname,expdate,optdate,sm_name from user_profile.order_index_process
where effdate < from_unixtime(unix_timestamp(),'yyyy-MM-dd HH:mm:ss') and
from_unixtime(unix_timestamp(),'yyyy-MM-dd HH:mm:ss') < expdate) a) b where
b.rank=1 and b.sm_name='珠江宽频'").show(5)
```

```
+--------+------------+------------+
|phone_no|       label|parent_label|
+--------+------------+------------+
| 2000110| 联通宽带15M|宽带产品带宽|
| 2000338|宽带空指令产品|宽带产品带宽|
| 2000681|宽带空指令产品|宽带产品带宽|
| 2000712|宽带空指令产品|宽带产品带宽|
| 2000746|宽带空指令产品|宽带产品带宽|
+--------+------------+------------+
only showing top 5 rows
```

图 11-45 宽带产品带宽用户画像

宽带产品带宽用户画像如图 11-45 所示。

5. 销售品名称用户画像

过滤 cost 字段小于等于 0 的数据，且 offername
字段不包含空包的记录；根据 sm_name 字段区分电视
和宽带，sm_name 包含"珠江宽频"的为宽带，sm_name
字段不包含珠江宽频的为电视，标签规则如下。

（1）电视主销售品：找出 mode_time='Y'，
offertype=0、prodstatus='YY'、effdate<当前时间<expdate
且 optdate 最大的数据。

（2）电视附属销售品：找出 mode_time='Y'、offertype=0、prodstatus='YY'且 effdate<当前
时间<expdate 的数据。

（3）宽带：找出 effdate<当前时间<expdate 且 optdate 最大的数据。

根据筛选出来的数据，选择 phone_no、offername 字段并去重后，再根据 offername 字段
贴标签，如代码 11-43 所示。

代码 11-43　销售品名称用户画像实现

```
hiveContext.sql("select phone_no,case when offername=offername then offername
end as label,'销售品名称' as parent_label from(select phone_no,offername from (select
t2.phone_no,t2.optdate,t2.offername,row_number() over (partition by t2.phone_no
order by t2.optdate desc) rank from (select t1.phone_no,t1.offername,t1.optdate
from (select * from user_profile.order_index_process where cost>0 and offername
not like '%空包%') t1 where t1.sm_name like '%电视%' and t1.mode_time='Y' and
t1.offertype=0 and t1.prodstatus='YY' and t1.effdate <
from_unixtime(unix_timestamp(),'yyyy-MM-dd HH:mm:ss') and
from_unixtime(unix_timestamp(),'yyyy-MM-dd HH:mm:ss') < t1.expdate) t2) t3 where
t3.rank=1 union all select  phone_no,offername from (select * from
user_profile.order_index_process where cost>0 and offername not like '%空包%') t3
where t3.sm_name like '%电视%' and t3.mode_time='Y' and t3.offertype=1 and
t3.prodstatus='YY' and t3.effdate < from_unixtime(unix_timestamp(),'yyyy-MM-dd
HH:mm:ss') and from_unixtime(unix_timestamp(),'yyyy-MM-dd HH:mm:ss') < t3.expdate
union all select phone_no,offername from (select
t2.phone_no,t2.optdate,t2.offername,row_number() over (partition by t2.phone_no
order by t2.optdate desc) rank from (select t1.phone_no,t1.offername,t1.optdate
from (select * from user_profile.order_index_process where cost>0 and offername
not like '%空包%') t1 where t1.sm_name like '%珠江宽频%' and t1.effdate <
from_unixtime(unix_timestamp(),'yyyy-MM-dd HH:mm:ss') and
from_unixtime(unix_timestamp(),'yyyy-MM-dd HH:mm:ss') < t1.expdate) t2 )t3 where
t3.rank=1) tt").show(5)
```

销售品名称用户画像如图 11-46 所示。

图 11-46　销售品名称用户画像

6. 业务品牌用户画像

选择 phone_no、sm_name 字段并去重，删除 sm_name 包含"模拟有线电视"或"番通"的数据，根据 sm_name 字段来贴标签，标签规则如下。

（1）若 sm_name='互动电视'，则标签为互动电视。

（2）若 sm_name='数字电视'，则标签为数字电视。

（3）若 sm_name='甜果电视'，则标签为甜果电视。

（4）若 sm_name='珠江宽频'，则标签为珠江宽频。

业务品牌用户画像实现如代码 11-44 所示。

代码 11-44　业务品牌用户画像实现

```
hiveContext.sql("select phone_no,case when sm_name='互动电视' then '互动电视'
when sm_name='数字电视' then '数字电视' when sm_name='甜果电视' then '甜果电视' when
sm_name='珠江宽频' then '珠江宽频' end as label,'业务品牌' as parent_label from
user_profile.mediamatch_usermsg_process where sm_name not like '%模拟有线电视%' or
sm_name not like '%番通%'").show(5)
```

业务品牌用户画像如图 11-47 所示。

图 11-47　业务品牌用户画像

7．电视入网程度用户画像

筛选 sm_name 字段包含"互动电视""甜果电视""数字电视"的记录。通过 phone_no 字段进行分组，找出 open_time（用户开户时间）字段并与当前时间做差得到 T（单位为年），标签规则如下。

（1）若 $T>16$，则标签为老用户。

（2）若 $14<T\leqslant16$，则标签为中等用户。

（3）若 $T\leqslant14$，则标签为新用户。

电视入网程度用户画像实现如代码 11-45 所示。

代码 11-45　电视入网程度用户画像实现

```
hiveContext.sql("select t1.phone_no,case when T>16 then '老用户' when T>14 and
T<=16 then '中等用户' when T<=14 then '新用户' end as label,'电视入网程度' as
parent_label from(select phone_no,max(datediff(current_date(),open_time)/365) as
T from user_profile.mediamatch_usermsg_process where sm_name like '%电视%' and
open_time is not NULL group by phone_no) t1").show(5)
```

电视入网程度用户画像如图 11-48 所示。

图 11-48　电视入网程度用户画像

8．宽带入网程度用户画像

选择 sm_name 字段包含"珠江宽频"、force 等于"宽带生效"且 sm_code=b0 的数据；通过 phone_no 字段进行分组，找出 open_time 字段（用户的开户时间）并与当前时间做差得到 T，标签规则如下。

（1）若 $T>18$，则标签为老用户。

（2）若 $12<T\leq18$，则标签为中等用户。

（3）若 $T\leq12$，则标签为新用户。

宽带入网程度用户画像实现如代码 11-46 所示。

代码 11-46　宽带入网程度用户画像实现

```
hiveContext.sql("select t1.phone_no,case when T>18 then '老用户' when T>12 and
T<=18 then '中等用户' when T<=12 then '新用户' end as label,'宽带入网程度' as
parent_label from (select phone_no,max(datediff(current_date(),open_time)/365) as
T from user_profile.mediamatch_usermsg_process where sm_name='珠江宽频' and force
like '%宽带生效%' and sm_code='b0' group by phone_no) t1").show(5)
```

宽带入网程度用户画像如图 11-49 所示。

```
+--------+--------+------------+
|phone_no|   label|parent_label|
+--------+--------+------------+
| 2030796|中等用户|宽带入网程度|
| 2001107|  新用户|宽带入网程度|
| 2237166|  老用户|宽带入网程度|
| 2010800|  新用户|宽带入网程度|
| 2239886|中等用户|宽带入网程度|
+--------+--------+------------+
only showing top 5 rows
```

图 11-49　宽带入网程度用户画像

9. 用户是否挽留用户画像

在 11.3.2 节中使用了 SVM 模型预测用户的挽留状态，并将预测结果保存在 Hive 的 user_profile 库的 svm_prediction 表中，因此用户是否挽留用户画像可根据 svm_prediction 表的 label 字段进行计算，label 字段等于 1 为挽留用户，label 字段等于 0 为非挽留用户，如代码 11-47 所示。

代码 11-47　用户是否挽留用户画像实现

```
hiveContext.sql("select phone_no,case when label=1 then '挽留用户' when label=0
then '非挽留用户' end as label,'用户是否挽留' as parent_label from
user_profile.svm_prediction").show(5)
```

用户是否挽留用户画像如图 11-50 所示。

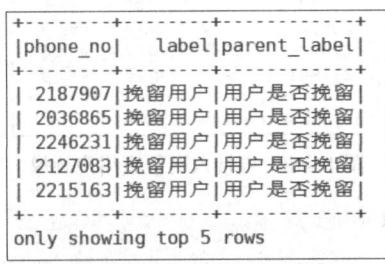

```
+--------+--------+------------+
|phone_no|   label|parent_label|
+--------+--------+------------+
| 2187907|挽留用户|用户是否挽留|
| 2036865|挽留用户|用户是否挽留|
| 2246231|挽留用户|用户是否挽留|
| 2127083|挽留用户|用户是否挽留|
| 2215163|挽留用户|用户是否挽留|
+--------+--------+------------+
only showing top 5 rows
```

图 11-50　用户是否挽留用户画像

综上，用户画像已构建好，其中可借助 Python 或 Spring Boot 等技术来实现用户画像可视化。使用 Spring Boot 技术实现的用户 ID 为 2463779 的用户画像可视化示例图，如图 11-51 所示。具体的用户画像可视化读者可自行实现。

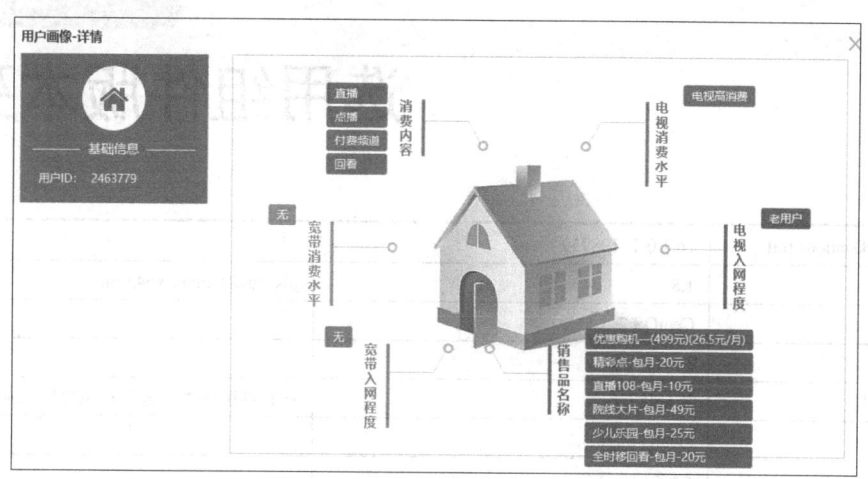

图 11-51 用户画像可视化示例图

项目总结

本项目通过分析收视行为、用户活跃度，对用户服务进行分级定义，挖掘分析用户相关数据，对用户数据进行标签化，建立一个用户画像模型；以此为基础，建立分类模型，预测用户是否挽留，并将预测结果作为用户画像的一个标签；通过数据分析建立用户服务分析模型，一方面可以给用户提供更好的服务，另一方面可以预测用户流失情况，从而支撑用户挽留工作，最终提高用户的使用黏度，为拓展广电业务提供有力的支撑。

附录 A

选用组件版本列表

VMware workstations full	16.1.0-17198959	
JDK	1.8	jdk-8u281-linux-x64.rpm
Linux OS	CentOS 7	
Hadoop	3.1.4	
SSH 连接工具	Xshell 7	在官网选择"家庭/学校免费"选项进行下载
IDEA	ideaIC-2018.3.6	
ZooKeeper	3.6.3	
Hive	3.1.2	
MySQL 软件包	8.0.21	
MySQL	8.0.21	
HBase	2.4.11	
Sqoop	1.4.7	sqoop-1.4.7.bin__hadoop-2.6.0.tar.gz
Flume	1.9.0	
Kafka	2.11-2.3.1	
Spark	3.2.1	完全分布式安装
Scala 插件	scala-intellij-bin-2018.3.6	

反侵权盗版声明

电子工业出版社依法对本作品享有专有出版权。任何未经权利人书面许可，复制、销售或通过信息网络传播本作品的行为；歪曲、篡改、剽窃本作品的行为，均违反《中华人民共和国著作权法》，其行为人应承担相应的民事责任和行政责任，构成犯罪的，将被依法追究刑事责任。

为了维护市场秩序，保护权利人的合法权益，我社将依法查处和打击侵权盗版的单位和个人。欢迎社会各界人士积极举报侵权盗版行为，本社将奖励举报有功人员，并保证举报人的信息不被泄露。

举报电话：（010）88254396；（010）88258888

传　　真：（010）88254397

E-mail：　　dbqq@phei.com.cn

通信地址：北京市万寿路 173 信箱

　　　　　电子工业出版社总编办公室

邮　　编：100036